중간 · 기말 · 내신 대비를 위한

평가문제집

중학교

기술 · 가정 2

(주) 삼양미디어

발 행 일 2021년 5월 20일
저 자 김성교 · 이정규 · 한주 · 김갑순 · 안영순 · 한정동
발 행 인 신재석
발 행 처 **(주) 삼양미디어**
등록번호 제10-2285호
주 소 서울시 마포구 양화로 6길 9-28
전 화 02 335 3030
팩 스 02 335 2070
홈페이지 **www.samyangM.com**
정 가 11,000원
I S B N 978-89-5897-352-2(53590)

CONTENTS

중학교 기술 · 가정 ②

건강한 가족 관계

건강하고 안전한 가정생활

일 · 가정 양립과 생애 설계

수송 기술과 에너지 활용

정보 통신 기술 시스템

생명 기술과 지속 가능한 발전

정답과 해설

I

건강한 가족 관계

01 변화하는 가족과 건강 가정

① 가족의 모습은 어떻게 변화하고 있을까

1 가족의 의미

❶ 가족은 사회를 구성하는 기본 단위이다.
❷ 일정한 장소에서 공동생활을 통하여 그 가족만이 갖는 고유한 생활 습관이나 행동 유형, 즉 가족 문화 또는 가풍을 형성하는 문화 집단이다.

2 가족의 기능 변화

전통적 가족의 기능은 경제적 생산 기능, 교육 기능, 종교, 오락, 의료 기능 등이 있다. 하지만 현대 가족에는 애정적 기능, 자녀 출산과 양육, 사회화 기능이 고유하게 남아서 강조되고 있으며 그 외 많은 기능이 사회로 이전되면서 약화되고 있다.

▲ 가족의 기능

❶ **자녀 출산 · 양육 및 교육의 기능**: 부모는 자녀를 출산할 뿐만 아니라 자녀의 도덕적, 지적 발달에 대한 책임을 진다. 물론 자녀의 사회화와 교육을 사회가 담당하고 있지만, 자녀를 최초로 사회화시키고 기본적인 교육을 담당하는 것은 가족이다.
❷ **경제적 기능**: 가족의 경제적 기능은 생산 기능과 소비 기능으로 나누어지는데, 최근 현대 가족은 주로 소비의 기능만을 하게 되었다.
❸ **애정 · 정서적 지지 기능**: 가족 구성원은 서로 사랑과 이해를 주고받는 수용적이며 친밀한 집단이다. 이 기능은 부부 간의 성적 기능을 합법화함으로써 남녀의 성적 욕구를 충족시켜줄 뿐만 아니라 자녀를 출산할 수 있는 기능이기도 하다.
❹ **보호 기능**: 가족 구성원의 생명이나 재산의 전반적인 보호와 환자, 노인, 어린이 등을 보호하는 기능이다. 이 기능은 산업화에 의해 사회에서 담당하기도 하지만, 일차적이고 기본적인 보호의 기능은 가족이다.
❺ **휴식 · 여가의 기능**: 사회생활을 원만하게 영위하기 위한 재충전과 가족 구성원들의 삶의 질을 향상시키는 주된 역할을 하는 것은 가족이다.

하나 더 알기 앞으로 더욱 강조되어야 할 가족의 기능

강조되어야 할 가족의 기능	그렇게 생각하는 이유
정서적 안정의 기능	사회 발달에 따른 고독, 외로움, 정서적 유대 약화
소비 기능	산업화, 전문화에 따른 가정의 생산 기능 약화
애정적 기능	합법적 성적 욕구 충족과 인성 교육의 중요성 강화
사회화 기능	기초 교육의 중요성 강화

3 가족의 형태 변화

❶ 급격한 산업화와 도시화, 여성의 경제 활동 증가, 저출산 · 고령화, 이혼의 증가 등으로 우리 사회의 가족 구조와 형태에 많은 변화가 나타나고 있다.
❷ 독신 가족, 무자녀 가족, 기러기 가족, 입양 가족, 한 부모 가족, 재혼 가족, 국제결혼의 증가로 인한 다문화 가족 등이 출현했다.

한 부모 가족

이혼, 별거, 사별, 미혼모 등의 이유로 자녀가 부모 중 한 명과 사는 가족

다문화 가족

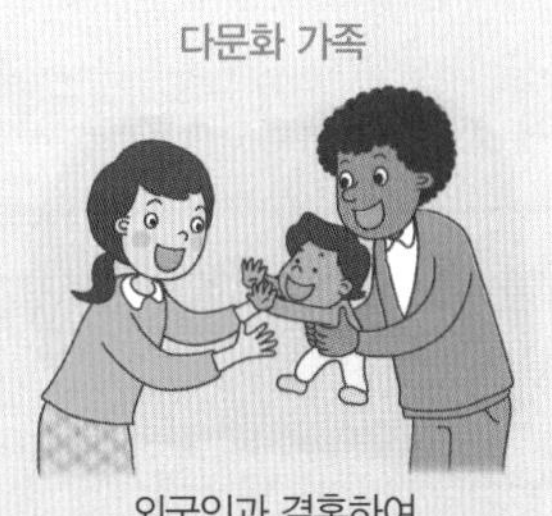

외국인과 결혼하여 가정을 이룬 가족

독신 가족

결혼하지 않고 홀로 가정을 이루어 사는 가족

입양 가족

자녀를 입양하여 구성된 가족

▲ 다양한 가족 형태

4 가족 가치관의 변화와 가족 구성원의 역할 변화

➊ 양성평등적인 가치관 확산
➋ 교육의 기회 균등
➌ 결혼을 선택의 문제로 인식
➍ 여성의 고학력 증가와 취업률 증가
➎ 가족 구성원의 역할 변화(가정의 모든 일을 함께 공유)
➏ 부모와 자녀 사이의 관계 변화(하나의 인격체로 인정하여 서로 협조)

2 건강 가정, 어떻게 만들까

1 건강 가정이란

➊ 건강한 가정이란 가족 구성원의 욕구가 충족되고 인간다운 삶이 보장되는 가정으로 정의된다.
➋ 가족 구성원은 부양 · 자녀 양육 · 가사 노동 등 가정생활의 운영에 동참해야 하고, 서로 존중하며 신뢰해야 한다.

2 건강한 가정의 특징

➊ 서로를 격려하고 지지하며 개성을 존중한다.
➋ 가족 간 역할을 분담하고 책임을 진다.
➌ 가족이 함께 지내고 대화하는 시간이 많다.
➍ 서로의 일에 관심을 보이며 애정을 표현한다.
➎ 문제와 위기 상황에 효과적으로 대처한다.

3 건강한 가정을 만들기 위한 열 가지 지침

➊ 감사하는 마음 갖기
➋ 서로 사랑하며 친밀감을 갖고 정서적 유대감 가지기
➌ 상호 존중과 지지를 바탕으로 평등한 관계 유지하며 맡은 역할은 책임감 갖고 수행하기
➍ 가족 간 대화의 시간을 가지기
➎ 가족원의 개성 및 사생활을 존중하기
➏ 가족원이 함께하는 시간을 가지기
➐ 인생의 목표를 세우고 도덕적 가치관을 세우기
➑ 가족의 일을 결정할 때 모든 가족원의 합의하에 결정하기
➒ 문제가 발생하거나 위기에 처했을 때 긍정적 사고로 협동하며 대처하기
➓ 주변 사회와 긴밀한 유대를 가지도록 하기

▲ 건강한 가족을 만들기 위한 노력

중단원 핵심 문제

01 다음 중 오늘날의 가족 변화에 대한 설명으로 적절한 것은?

① 점차 확대 가족이 증가하고 있다.
② 노인 가족의 수가 감소하고 있다.
③ 이혼, 재혼하는 가족의 수가 감소하고 있다.
④ 혈연으로만 이루어진 가족의 수가 증가하고 있다.
⑤ 외국인 노동자의 이주에 따른 다문화 가족이 증가하고 있다.

02 다음 중 현대에 오면서 생겨난 가족 가치관의 변화로 볼 수 없는 것은?

① 부부 중심의 생활 문화
② 개인 중심적 가치관의 확산
③ 자녀의 성별에 대한 인식 변화
④ 가문의 중요성에 대한 인식 확산
⑤ 가정생활에서의 공평한 역할 분담

03 다음 중 현대 사회에서 가족의 형태 변화에 영향을 준 요인과 거리가 먼 것은?

① 남녀 평균 수명의 연장
② 가정 기능의 사회화 현상
③ 여성 사회활동 인구 증가
④ 결혼 제도에 대한 가치관 변화
⑤ 시골로 귀농, 귀촌하는 현상의 급증

04 다음 〈보기〉의 (　　　) 안에 들어갈 가족의 기능은 무엇인가?

〈보기〉

오늘날 가정의 기능이 약화되어 가는 가운데, 가족 구성원이 매일 겪게 되는 각종 스트레스 해소를 위해 오히려 더욱 강조되는 기능은 (　　　)이다.

① 자녀 출산의 기능　② 경제적 기능
③ 자녀 양육의 기능　④ 교육의 기능
⑤ 애정 및 정서적 지지의 기능

05 다음 두 상황에서 알 수 있는 가족의 기능을 바르게 짝지은 것은?

㉠

㉡

	㉠	㉡
①	경제적 기능	보호의 기능
②	경제적 기능	자녀 양육의 기능
③	경제적 기능	자녀 출산의 기능
④	자녀 출산의 기능	자녀 양육의 기능
⑤	보호의 기능	애정 및 정서적 지지의 기능

06 다음 중 밑줄 친 ㉠과 ㉡에 해당하는 내용이 올바르게 짝지어지지 않은 것은?

현대에 와서 ㉠ 가정의 기능 중 일부가 ㉡ 사회의 전문 기관에 맡겨지기 시작하면서 가정의 기능이 점차 약화되고 있다.

	㉠	㉡
①	보호의 기능	병원, 경찰서
②	자녀 교육의 기능	학교, 학원
③	생산의 기능	기업, 무역회사
④	휴식 및 여가의 기능	놀이공원, 노래방
⑤	애정 및 정서적 지지의 기능	영화관, 보육시설

07 현대 사회에서 더욱 강조되고 있는 가족의 기능은 무엇인가?

① 생산의 기능　② 교육의 기능
③ 정서적 안정의 기능　④ 자녀 출산의 기능
⑤ 오락의 기능

08 다음 표를 통해 알 수 있는 현대 가족의 변화에 대한 설명으로 옳은 것은?

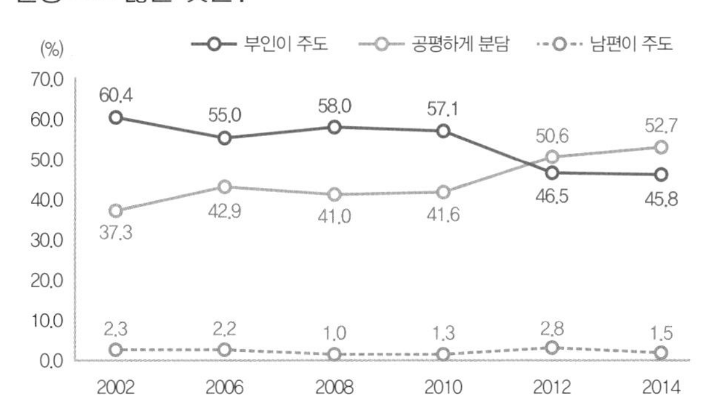

① 맞벌이 부부가 증가하고 있다.
② 여성의 고학력 현상이 나타나고 있다.
③ 가사 노동의 사회화 현상이 증가하고 있다.
④ 가사 노동은 남성이 주도해야 한다는 생각이 증가하고 있다.
⑤ 가사 노동을 공평하게 분담해야 한다는 생각이 증가하고 있다.

09 다음 중 가족의 의미를 설명한 것으로 적절하지 않은 것은 무엇인가?

① 갈등 집단
② 혈연 집단
③ 애정적 집단
④ 공동생활 집단
⑤ 공동 재산 소유의 집단

10 건강한 가족에서 볼 수 있는 특징으로 적절하지 않은 것은?

① 감사와 사랑하는 마음을 자주 표현한다.
② 갈등에 대처할 능력과 대처 기술을 익힌다.
③ 각자 자신의 역할에 충실하고 책임은 공유한다.
④ 여가 시간은 되도록 독립적으로 보낼 수 있도록 노력한다.
⑤ 대화를 자주 나누고 양성평등한 가족관계 형성을 위해 노력한다.

주관식 문제

11 다양한 가족의 유형 중 다음의 (　　　) 안에 들어갈 알맞은 가족을 쓰시오.

> 오늘날 가족주의 가치관이 약화되고 결혼에 대한 인식이 달라지면서 가족 형태도 변화하고 있다. 결혼을 하지 않는 독신 가족, 자녀가 없는 (㉠) 가족, 민족이나 인종이 다른 구성원으로 이루어진 다문화 가족, 자녀를 입양하여 구성하는 (㉡) 가족 등 다양한 형태의 가족이 등장하고 있다.

㉠　　　　　　　　㉡

12 다음 〈보기〉에서 설명하는 가족 유형은 무엇인가?

〈 보기 〉
- 우리나라 전통적인 가족 유형이다.
- 결혼한 장남이 부모와 함께 사는 가족 유형이다.
- 가계 계승은 장남-장손으로 이어진다.

13 오늘날 현대 사회의 변화하는 가족의 특성을 간단하게 요약하여 설명해 보자.

- 가족원 수:
- 가족 형태:

14 우리 가족을 건강한 가정으로 만들기 위한 방법을 서술해 보시오.

02 양성평등하고 민주적인 가족 관계

① 가족 내 인간관계에는 어떤 것이 있을까

1 부부 관계

❶ 남녀 간의 사랑이 기초가 되어 혼인을 함으로써 이루어진다.
❷ 부부간에는 이해와 협력이 중요하다.
❸ 여성의 교육 수준 향상과 사회 진출 증가로 수평적이며 동료적 부부 관계가 확대되고 있다.
❹ 최근 이혼율의 증가로 재혼한 부부 관계가 증가한다.

2 부모-자녀 관계

❶ 혈연으로 맺어진 관계다.
❷ 조건 없는 애정을 주고받는 매우 가깝고 기본적인 관계다.
❸ 자녀는 부모의 사랑과 가르침을 배우는 과정에서 정서적 · 사회적 · 인지적 발달이 이루어진다.
❹ 부모는 자녀에게 의식주를 제공해 주고, 신체적 · 정신적 건강을 보살펴 준다.
❺ 세대와 가치관의 격차로 갈등을 경험하기도 한다.

3 형제자매 관계

❶ 일생 중 가장 오랫동안 지속되는 가족 관계다.
❷ 서로를 보호하고 의존하기도 하지만, 경쟁과 갈등이 일어날 수도 있는 관계다.
❸ 대체로 비슷한 생활 경험을 가지고 있어서 선의의 경쟁자가 되기도 하고 서로에게 교육적 역할을 하기도 한다.
❹ 부모님과의 관계를 조정하는 역할도 한다.
❺ 재혼 등의 이유로 비혈연의 형제자매 관계가 형성되기도 한다.

4 조부모-손자녀 관계

❶ 조부모는 한 가족의 뿌리와 같은 존재다.
❷ 조부모로부터 가족의 역사와 삶의 지혜를 배우며 무한한 사랑을 받게 된다.
❸ 오늘날 핵가족화로 조부모와의 관계가 소원해지는 경향이 있다.
❹ 전화나 편지 등을 통해 지속적인 애정과 관심을 표현해야 한다.

② 바람직한 가족 관계란 무엇일까

1 바람직한 가족 관계

❶ 가족 구성원과 원만한 관계를 유지하는 것은 개인과 가족 행복의 기초가 된다.
❷ 원만한 가족 관계는 원만한 인간관계를 형성하는 바탕이 된다.

2 원만한 가족 관계를 위한 노력

❶ 개인과 가족의 행복을 위해 가족 구성원은 서로를 이해하고 하나의 인격체로 존중해야 한다.
❷ 가족은 어려운 상황에서 서로에게 용기와 힘을 북돋아 주는 존재가 되어야 한다.
❸ 청소년기는 자아 정체감이 형성되는 시기로 가족 관계에 어려움을 겪기도 하는데, 문제를 긍정적으로 해결할 수 있는 힘도 가족 구성원으로부터 받게 되므로 상호작용을 통해 함께 성장할 수 있도록 해야 할 것이다.
❹ 양성평등하고 민주적인 가족 관계 형성을 위해 모든 가족 구성원은 함께 노력해야 한다.
❺ 가족 구성원 모두가 가사 노동, 자녀 양육 등 가정생활에서 발생하는 문제에 관한 의사 결정에 함께 참여해야 한다.
❻ 상대방을 배려하고 이해하려는 마음으로 대화하고, 서로의 차이를 이해하고 받아 들이는 노력이 필요하다.

중단원 핵심 문제

01 다음 중 부모-자녀 관계에서 부모의 역할 설명으로 적절하지 않은 것은?

① 애정과 관심을 보인다.
② 신체적 · 정신적 건강을 보살펴준다.
③ 자녀에게 역할 본보기가 된다.
④ 비슷한 생활 경험을 하며 함께 성장한다.
⑤ 의식주를 제공하는 등 경제적 지원을 한다.

02 다음과 같은 특징을 가진 가족 관계는?

- 서로를 보호하고 의존하지만, 경쟁과 갈등이 일어날 수도 있다.
- 선의의 경쟁자가 되기도 하고, 서로에게 교육적 역할을 하기도 한다.
- 부모님과의 관계를 조정하는 역할을 한다.

① 부부 관계 ② 숙부모-조카 관계
③ 형제자매 관계 ④ 부모-자녀 관계
⑤ 조부모-손자녀 관계

03 다음 가족 관계 중 남녀 간의 사랑이 기초가 되어 혼인을 함으로써 이루어지며 서로 간의 이해와 협력이 가장 중요한 관계는?

① 부부 관계 ② 숙부모-조카 관계
③ 형제자매 관계 ④ 부모-자녀 관계
⑤ 조부모-손자녀 관계

04 형제자매 관계의 특징으로 적절하지 않은 것은?

① 생활의 지혜와 전통을 배울 수 있다.
② 보호하고 의존하는 관계가 형성된다.
③ 부모의 보조자로서 역할 수행을 한다.
④ 서로의 필요를 인식하고 애착을 느낀다.
⑤ 선의의 경쟁 관계로 긍정적 영향을 주고받는다.

05 다음의 가족 관계 중 서로의 사회화에 영향을 미치며 선의의 경쟁 관계에 있는 것은?

① 부부 관계
② 형제자매 관계
③ 부모-자녀 관계
④ 조부모-손자녀 관계
⑤ 시부모-며느리 관계

06 부모와 자녀 간의 관계를 원활하게 하기 위한 방안으로 적절하지 않은 것은?

① 수용적인 태도를 보인다.
② 부모는 자녀를 하나의 인격체로 존중한다.
③ 부모는 권위적이고 독단적인 태도를 버리도록 한다.
④ 자녀는 세대가 다른 부모를 인정하고 편견을 갖는다.
⑤ 언어 사용에서도 가능한 세대 차이를 느끼지 않도록 주의한다.

07 다음 우리 집 가계도에서 어머니의 오빠의 아들은 나와 어떤 관계인가?

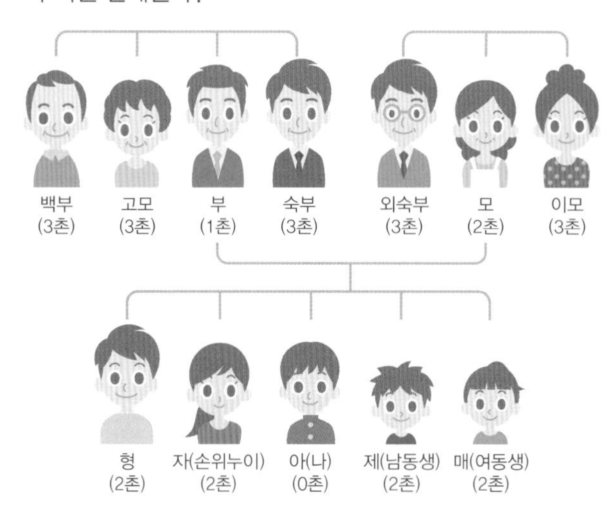

① 친사촌 ② 외사촌
③ 당사촌 ④ 이종사촌
⑤ 고종사촌

08 다음의 가족 관계 중에서 특히 양성평등한 가치관을 바탕으로 역할을 분담해야 하는 관계에 있는 것은?

① 부부 관계
② 형제자매 관계
③ 부모–자녀 관계
④ 조부모–손자녀 관계
⑤ 시부모–며느리 관계

09 다음 중 부모–자녀 관계에 대한 설명으로 적절하지 않은 것은?

① 인간이 경험하는 최초의 관계이다.
② 조건 없이 애정을 주고받는 기본적인 관계이다.
③ 삶에 필요한 규범과 질서를 배우게 되는 관계이다.
④ 부모는 자녀가 건강한 사회인으로 성장하도록 도움을 주어야 한다.
⑤ 부모는 자녀를 자신의 분신으로 생각하고 끊임없는 경제적 지원을 해야 한다.

주관식 문제

10 다음의 설명에 해당하는 가족 관계는 어느 것인가?

- 핵가족화가 진행되면서 교류할 기회가 점차 줄어들고 있다.
- 우리 집의 다양한 전통을 배울 수 있다.
- 세대 차이로 인한 의사소통의 어려움을 느낄 수 있다.

11 다음 〈보기〉에서 조부모–손자녀의 관계 유지를 위해 필요한 것을 모두 고르시오.

〈보기〉
㉠ 가족의 역사와 삶의 지혜를 배운다.
㉡ 선의의 경쟁자가 되어 경쟁하고 갈등한다.
㉢ 의식주를 제공하고, 인격 형성에 도움을 준다.
㉣ 핵가족의 경우 친밀한 관계를 유지하기 위해 전화나 편지를 자주 한다.

12 건강한 가족이란 어떤 것인지 자신의 생각을 서술해 보시오.

13 손자녀로서 조부모님과 함께 할 수 있는 활동을 서술하시오.

03 효과적인 의사소통과 갈등 관리

① 가족 간 갈등은 왜 일어날까

1 가족 갈등의 종류와 원인

❶ 사회가 변화하고 가족의 형태, 기능 등이 변화하면서 가족 갈등의 종류와 원인의 다양화되고 있다.

| 가족 갈등의 예 |
- 방 청소를 놓고 벌이는 엄마와 자녀 사이의 문제
- 맞벌이 가정에서 부부의 역할과 가사 분담 문제
- 가정의 경제적 어려움
- 가족 구성원의 질병, 장기 실직으로 인한 가정 경제 약화

❷ 역할 갈등: 역할 기대와 역할 수행 간의 차이에서 나타나는데, 자신이 생각하는 역할과 타인의 기대가 서로 다르거나, 사회 변화로 인해 역할의 내용이 달라지면서 생기는 혼란이 원인이다.

| 역할 갈등의 예 |
- 신혼부부 경우 가사 일을 누가 무엇을 할 것인지의 문제
- 성적에 대한 부모의 기대에 자녀가 미치지 못할 때
- 맞벌이 가정의 여성의 경우 어머니와 아내로서의 역할과 직장인으로서의 역할이 동시에 부딪힐 때

2 가족 내 갈등 해결 방법

❶ 가족끼리 아껴주고 사랑하기: 갈등이 깊을수록 서로 사랑을 보여주도록 노력한다.

❷ 서로의 입장을 이해하는 대화 나누기: 갈등이 생길 때는 진솔하고 긍정적인 대화를 나누는 것이 우선이다.

❸ 가족과 함께 있는 시간 늘리기: 여가, 문화생활 등을 함께 즐기고 공유함으로써 공감대를 형성한다.

❹ 가족 안에서 나의 위치 깨닫기: 자신이 가족에게 매우 소중한 존재라는 것을 알고 자신의 역할을 수행하여 갈등을 예방한다.

❺ 가족 구성원 모두 역할 분담에 참여하기: 가정생활의 역할을 분담하고 가족의 일에 협력한다.

❻ 가정 폭력에 대처하는 올바른 행동 태도 익히기: 가정 내 폭력을 가족끼리 해결하기 어려울 때 관련 기관과 전문가의 도움을 받도록 한다.

② 효과적인 의사소통, 어떻게 해야 할까

1 의사소통

❶ 사람은 의사소통 과정을 통하여 다른 사람과 관계를 맺음으로써 사회적 존재가 된다.

❷ 특히 가족 내 원활한 의사소통은 대인관계를 원만하게 이끌어가는 기본이 된다.

2 가족 간 의사소통

❶ 가족의 의사소통은 가족 구성원 간의 이해를 증진시키며 유대감과 친밀감을 유지시켜준다.

❷ 가족 간의 칭찬, 격려, 지지, 지원 등과 같은 긍정적인 의사소통 방법은 가족 상호 간의 이해를 증진시켜준다.

❸ 비난, 명령, 방어, 회피 등의 부정적인 의사소통은 가족관계를 악화 · 단절시킨다.

❹ 가까울수록 예의를 지키고 감정을 표현을 할 때 신중해야 한다.

3 효과적인 의사소통 방법

❶ 경청과 공감하기: 상대방의 감정을 존중하고 관심을 기울여 들어주는 태도는 매우 중요하다. 잘 듣기 위해서는 말하는 사람의 감정을 확인하면서 자신의 말로 정리해 주는 공감적 경청이 필요하다.

❷ 긍정적인 언어 사용하기: 칭찬은 고래도 춤추게 한다고 한다. 긍정적인 말은 상대의 닫힌 마음을 열고 용기를 잃은 사람에게 용기를 북돋아 주므로 가족 간에도 긍정적인 언어를 사용한다.

❸ 나 전달법으로 감정 표현하기: 나를 주어로 하여 상대방의 기분을 상하지 않게 하면서 자신의 생각이나 감정을 표현한다.

| 나 전달법의 예 |
- 저는 엄마가 제 말을 먼저 듣고 판단해 주셨으면 좋겠어요.
- 화부터 내시면 더 말하기가 싫어져요.

중단원 핵심 문제

01 원활한 의사소통을 위한 노력으로 적절하지 않은 것은?

① 상대방의 감정과 사고를 수용한다.
② 목소리를 낮추고 감정 조절을 한다.
③ 긍정적인 내용으로 대화를 시작한다.
④ 상대방의 입장에서 이해하려고 한다.
⑤ 자신의 생각이나 감정만을 표현하면 된다.

02 다음 중 비언어적 의사소통 방법을 사용한 경우는 어느 것인가?

① 친구에게 휴대폰으로 문자 메시지를 보냈다.
② 외국에 계시는 친척에게 크리스마스 카드를 보냈다.
③ 청소를 도와주는 친구에게 고마움의 표시로 하이파이브를 했다.
④ 핸드폰 애플리케이션을 통해 과제 제출을 하고 난 뒤 담임 선생님의 공지 글에 댓글을 달았다.
⑤ 학교 폭력을 당하고 나서 117번에 전화를 걸어 오랫동안 상담을 하였다.

03 다음 대화의 내용 가운데 '나 전달법'으로 가장 적절한 경우는 어느 것인가?

① 너는 어쩜 그렇게도 지저분하니!
② 넌 왜 늘 짜증스럽게 반응을 하는지 모르겠구나!
③ 너희가 쓰는 교실인데 왜 이렇게 청소하기를 싫어하니?
④ 너는 매번 약속을 어겨서 우리 반에 피해를 주는구나!
⑤ 학생의 품위를 손상시키는 행동을 하니 너무 속상하구나!

04 다음의 의사소통 기법 중 비언어적 의사소통 방법에 속하지 않는 것은?

① 눈빛　② 표정
③ 동작　④ 포옹
⑤ 문자 메시지

05 다음 중 가족 구성원 간의 바람직한 의사소통 방법으로 적절하지 않은 것은?

① 상대방의 말을 잘 들어 준다.
② 되도록 긍정적인 언어를 사용한다.
③ 자신의 생각이나 감정만 표현하면 된다.
④ '나'를 주어로 하여 솔직하게 자신을 표현한다.
⑤ 언어적 의사소통과 비언어적 의사소통을 일치시킨다.

06 다음 중 바람직한 의사소통 방법으로 올바른 것은?

① 명확한 대답과 분명한 언어로만 의사소통을 해야 한다.
② 나를 중심으로 한 '나 전달법'은 이기주의적인 생각이 될 수 있다.
③ 대화할 때는 언어적, 비언어적 표현을 적절하게 사용하는 것이 좋다.
④ 자신의 솔직한 감정 표현은 상대방에게 불쾌감을 줄 수 있으므로 자제한다.
⑤ 다른 문화권의 사람들과 의사소통할 경우에도 같은 표현 방식을 쓰도록 한다.

07 다음 중 바람직한 의사소통 방법으로 옳은 것은?

① 상대방의 이야기에 관심을 갖고 다 듣기 전에 미리 결론을 내린다.
② 부정적인 언어를 사용하지 말고 격려와 인정으로 상대방의 마음을 열게 한다.
③ 내 자신의 감정이나 생각은 되도록 표현하지 말고 상대방의 의견을 존중한다.
④ '너'를 주어로 한 전달법을 사용하여 상대방을 존중하면서 자신의 주장을 전달한다.
⑤ 상대방을 배려하고 깊은 유대감을 형성하기 위해 침묵이나 비언어적 의사소통만 한다.

08 '나 전달법'의 사용 방법으로 적절하지 않은 것은?

① 상대방을 비난하지 않는다.
② 구체적인 사실만 이야기한다.
③ 다른 사람을 평가하지 않는다.
④ 긍정적인 상황에서만 사용한다.
⑤ 자신의 감정을 솔직하게 전달한다.

09 다음과 같은 상황에서 가족 갈등의 해결 방법으로 적절한 것은?

① 가족 공통의 이야기 거리를 찾는다.
② 가족 구성원 모두가 역할 분담에 참여한다.
③ 상대방의 잘못을 공격적으로 먼저 이야기한다.
④ 상대방에 대한 불만이나 비판을 그대로 표출한다.
⑤ 서로 의견이 일치하지 않을 때는 각자 원하는 대로 한다.

10 다음 중 가족 내에서 갈등이 발생할 수 있는 요인으로 보기 어려운 것은?

① 부부가 가사와 양육 등에서 역할 기대의 차이로 발생할 수 있다.
② 가족 간의 기상이나 취침 등의 생활 습관 차이에서 발생할 수 있다.
③ 부모나 자녀 사이에 옷차림 등의 인식 차이로 갈등이 생길 수 있다.
④ 형제 사이에 좋아하는 음식의 기호 차이에서 갈등이 발생할 수 있다.
⑤ 부부나 자식 간에 공통의 취미를 갖고 여가 활동을 즐길 때 발생할 수 있다.

11 다음 상황에서 부모님과의 갈등 해결 방법으로 적절하지 않은 것은?

> 나는 최근 부모님과 사이가 좋지 않다. 부모님이 나의 단짝 ㅇㅇ(이)를 못마땅하게 생각하시기 때문이다. 엄마는 ㅇㅇ(이)가 공부는 뒷전이고 멋만 부리며 남자 친구나 사귄다며 친하게 지내는 걸 반대하신다.

① 부모님의 말을 경청한다.
② 상호 상대방이 하는 말에 공감한다.
③ 자녀로서 나의 감정을 솔직하게 전달한다.
④ 가능한 비난, 명령 등의 말을 사용하지 않는다.
⑤ 부모님께는 비언어적 표현만으로 나의 불만을 전달한다.

주관식 문제

12 다음은 의사소통을 위한 네 가지 구성 요소를 나타낸 것이다. ㉢에 해당하는 것은 무엇인가?

㉠ 송신자(말하는 사람)	㉡ 수신자(말을 듣는 사람)
㉢ (　　　)	㉣ 반응

13 가족 갈등 극복 전략을 세 가지 이상 서술하시오.

14 다음은 연락도 없이 늦게 귀가하는 아들을 꾸중하는 ○○이 엄마의 말이다. 이를 '나 전달법'으로 바꾸어 표현해 보자.

> "지금이 몇 시니! 왜 이렇게 늦게까지 연락도 않고 안 오고 있니? 엄마에게 연락은 해야 할 것 아니야! 저 자꾸 엄마 화나게 할 거니? 아빠 오시면 혼날 줄 알아!"

대단원 정리 문제

01 다음 중 가족의 변화 요인에 대한 설명으로 알맞지 않은 것은?

① 도시로 인구 집중 현상이 일어나고 핵가족이 증가하였다.
② 젊은 남녀의 결혼에 대한 가치관 변화로 무자녀 가족은 감소하였다.
③ 평균 수명의 연장으로 노인 인구가 증가하여 노인 가족 비율이 늘어났다.
④ 취업 여성이 증가하면서 맞벌이 가족이 늘어나고 독신 가구도 증가하였다.
⑤ 세계화를 통한 국제간의 교류가 활발해지면서 다문화 가족이 증가하였다.

02 다음 가족의 기능 중 외부의 위험으로부터 가족원을 안전하게 지키는 기능은 무엇인가?

① 애정의 기능 ② 경제적 기능
③ 보호의 기능 ④ 휴식의 기능
⑤ 자녀 출산의 기능

03 다음 중 건강한 가족을 만들기 위한 노력으로 적절하지 않은 것은?

① 가사 노동은 가족원 모두가 동참하도록 노력한다.
② 가족 나름의 규칙을 정해 실천하도록 노력한다.
③ 자녀는 학교 공부 등 학업에만 충실히 하도록 한다.
④ 서로가 존중하고 서로에게 좋은 에너지를 주도록 한다.
⑤ 서로 감사하고 예의를 지키며 애정을 많이 표현하도록 한다.

04 다음 중 전통 사회에 비해 오늘날 증가하고 있는 가족 형태에 속하지 않는 것은?

① 확대 가족 ② 독신 가족
③ 다문화 가족 ④ 한 부모 가족
⑤ 무자녀 가족

05 다음 중 외국인과 결혼하여 가정을 이룬 가족을 부르는 명칭은 어느 것인가?

① 확대 가족 ② 외국인 가족
③ 무자녀 가족 ④ 다문화 가족
⑤ 입양 가족

06 다음 중 가족의 기능이 아닌 것은?

① 사회를 유지하기 위해 자녀를 낳는다.
② 친밀한 관계를 형성하고 사랑을 공유한다.
③ 경제활동의 주체로 조세를 공평하게 거둔다.
④ 자녀가 사회 구성원으로 성장하도록 지원한다.
⑤ 사회생활을 원활하게 하게 위해 재충전을 위한 여가 활동을 한다.

07 다음의 대화 내용 중 남성과 여성의 역할에 대한 의식이 다른 것 하나는?

① 요즘은 남녀 모두 직업을 가지는 게 좋을 것 같아.
② 남편의 직업이 아내의 직업보다 중요할 것 같아.
③ 자녀가 아프면 당연히 부모가 교대로 보살펴야지.
④ 맞벌이 부부는 당연히 가사 노동을 공동으로 분담해야지.
⑤ 전업주부가 적성에 맞으면 남자가 가사 노동을 해도 무방해!

08 다음 중 현대적 가족 가치관에 부합하는 생각으로 옳은 것은?

① 자녀의 출산이 결혼의 제일 중요한 목적이다.
② 노부모 부양을 당연한 것으로 받아들인다.
③ 결혼은 반드시 해야 하는 것으로 인식한다.
④ 자녀를 통한 자아실현을 중요하게 생각한다.
⑤ 가사 노동은 부부가 공평하게 분담해야 한다.

09 다음 〈보기〉의 설명에 해당하는 가족의 기능은 무엇인가?

〈 보기 〉
급변하는 현대 사회에서는 개인 간 경쟁이 치열해지면서 개인이 느끼는 불안감이 크다. 이로 인해 가족의 기능 중 이 기능의 중요성이 강조되고 있다.

① 교육의 기능
② 애정 및 정서적 기능
③ 소비의 기능
④ 전통 유지의 기능
⑤ 자녀 출산의 기능

10 가족에 대한 다음의 설명 중 바르지 않은 것은?

① 과거에 비해 가족의 규모는 점차 확대되고 있다.
② 사회가 변화함에 따라 다양한 가족이 등장하고 있다.
③ 사회의 존속과 유지를 가능하게 하는 기본적인 1차 집단이다.
④ 가정 기능의 사회화로 가족의 중요성은 점차 감소하고 있다.
⑤ 가족은 인간이 태어나서 가장 먼저 인간관계를 배우게 되는 곳이다.

11 다음의 가족 기능 중 사회가 발전해도 다른 집단이 해 줄 수 없는 가족의 고유 기능에 해당하는 것은?

① 애정의 기능
② 경제적 기능
③ 소비 기능
④ 자녀 출산의 기능
⑤ 자녀 교육의 기능

12 맞벌이 부부가 가정생활과 직업생활을 병행할 때 겪게 되는 문제로, 저출산이나 여성의 직업생활 포기와 같은 문제의 원인이 되는 것은?

① 역할 갈등
② 일정 갈등
③ 경제생활 관리
④ 가족 가치관의 충돌
⑤ 여성의 고학력 현상

13 결혼한 부부가 원만한 가정을 형성하기 위해 갖추어야 할 태도로 적절하지 않은 것은?

① 배우자 가족과의 관계, 자녀 계획 등을 충분히 협의한다.
② 가정의 경제 관리, 가사 노동은 결혼 전의 습관을 유지한다.
③ 결혼에 대한 건전한 기대를 가지고 가족 관계를 형성한다.
④ 서로 다른 환경에서 성장하였으므로 서로 간의 차이를 인정한다.
⑤ 새로 만들어진 가족 안에서 협의를 통해 역할과 규칙 등을 형성한다.

14 다음의 설명 중 부모-자녀 관계에 대한 설명으로 옳은 것은?

① 집안의 전통과 역사를 전수해 주고받는 관계이다.
② 외로움을 느끼지 않도록 배려를 해야 하는 관계이다.
③ 새로운 역할에 적응할 수 있도록 지원을 주고받는 관계이다.
④ 선의의 경쟁을 통해 함께 발전하고 감정을 공유하는 관계이다.
⑤ 학교생활 등을 공유하며 서로를 이해하고 격려해 주는 관계이다.

15 다음 중 가정 내 가족 관계에 대한 설명으로 올바르지 않은 것은?

① 개인과 가족의 성장과 발달을 돕는다.
② 사회를 건강하게 유지하는 원동력이 된다.
③ 다른 사람과의 원만한 인간관계를 유지하는 기초가 된다.
④ 정서적으로 안정감을 주어 행복한 가정생활을 영위하게 한다.
⑤ 애정의 관계인 동시에 경쟁을 하고 책임을 묻는 인위적인 관계이다.

16 다음 중 가족 내 바람직한 가족 관계를 설명한 것 중 적절하지 않은 것은?

① 부모는 자녀의 인격 형성에 가장 큰 영향을 준다.
② 부부는 양성평등한 가치관을 가지고 역할을 분담한다.
③ 형제자매는 부모와의 갈등 시 조정자의 역할을 하기도 한다.
④ 청소년기 자녀는 부모의 조언을 통제로 생각하며 가능한 피하도록 한다.
⑤ 손자녀는 조부모가 소외감을 느끼지 않도록 존경과 감사를 표하도록 한다.

17 다음 〈보기〉에서 형제자매 관계에 대한 설명으로 옳은 것끼리 묶인 것은?

〈보기〉
㉠ 어릴 동안 놀이 상대가 되어준다.
㉡ 때로는 선의의 경쟁을 하기도 한다.
㉢ 세대 차이가 없으므로 갈등이 발생하지 않는다.
㉣ 상하 관계가 형성되므로 교육적인 역할을 하기도 한다.
㉤ 부모와의 갈등이 발생할 때 조정자의 역할을 하기도 한다.

① ㉠, ㉡
② ㉠, ㉡, ㉢
③ ㉠, ㉢, ㉣
④ ㉠, ㉡, ㉤
⑤ ㉡, ㉢, ㉣, ㉤

18 다음 중 의사소통에 관한 설명으로 올바르지 않은 것은?

① 서로의 행동과 태도에 영향을 미친다.
② 언어적 의사소통과 비언어적 의사소통이 일치해야 한다.
③ 언어적 의사소통 방법에는 말, 편지, 메시지 글 등이 있다.
④ 긍정적 의사소통보다는 부정적 의사소통을 먼저 사용한다.
⑤ 언어적 의사소통과 비언어적 의사소통을 적절히 사용한다.

19 가족 간의 갈등 해결을 위한 방법으로 바람직한 것을 〈보기〉에서 모두 고르면?

〈보기〉
㉠ 가족 개인에게보다는 문제에 초점을 둔다.
㉡ 부정적인 감정과 긍정적인 감정을 함께 표현한다.
㉢ 가족 간에 갈등이 생기면 과거를 들추어 해결한다.
㉣ 자신이 원하는 것이나 요구하는 것을 분명하게 표현한다.
㉤ 가족 간에 다투는 궁극적인 목적은 서로에게 상처를 주기 위함이다.

① ㉠, ㉡, ㉣
② ㉠, ㉡, ㉤
③ ㉠, ㉢, ㉤
④ ㉡, ㉣, ㉤
⑤ ㉢, ㉣, ㉤

20 바람직한 의사소통 방법 중 경청에 대한 설명으로 가장 적절한 것은?

① 상대방의 말을 무조건 이해한다.
② 팔짱을 끼고 편안한 상태로 듣는다.
③ 조언을 할 경우에는 중간에 말을 가로 막는다.
④ 상대방의 말을 듣기 전에 미리 판단하고 평가한다.
⑤ 눈을 맞추어 맞장구를 치는 등 적절한 반응을 보인다.

21 다음의 대화 중 '나 전달법'으로 소통한 경우에 해당하는 것은?

① "텔레비전 제발 그만 봐!"
② "난, 너의 지금 행동을 이해하지 못하겠어."
③ "내 생각에 너는 부지런하지 못한 거 같아."
④ "당장 집에 전화해서 사실인지 확인해 봐야겠다."
⑤ "엄마는 네가 연락도 없이 늦어 걱정을 많이 했단다."

22 다음 중 가족 갈등이 발생할 가능성이 높은 가족은?

① 위기 관리 능력이 뛰어난 가족
② 함께 여가시간을 즐기는 가족
③ 긍정적인 의사소통을 즐겨하는 가족
④ 가사 노동의 역할 분담이 잘 되는 가족
⑤ 상대방에게 의무와 역할 기대를 크게 가지는 가족

23 다음 중 가족 갈등에 대처하는 바람직한 방법이라고 할 수 없는 것은?

① 갈등이 있다는 것을 솔직하게 인정하여야 한다.
② 갈등 상대와 직면하여 대화로 문제를 해결하도록 한다.
③ 갈등 상황에 있는 상대방의 입장을 이해하려고 노력한다.
④ 나의 솔직한 감정을 상대방에게 직접 이야기하도록 한다.
⑤ 갈등 상대를 비난하지도 말고 갈등 행동에 대해 언급하지 않도록 한다.

24 다음과 같은 경우 가족 갈등을 해결하기 위한 방안으로 가장 적절한 것은 무엇인가?

> 동생은 나보다 공부를 잘하고 어른 말씀도 잘 들어 부모님 모두 칭찬만 하신다. 나는 그런 동생에게 괜히 짜증이 나서 심술을 부린다. 그러면 부모님은 또 나를 나무라신다.

① 양성평등한 가치관 실천하기
② 여가 시간을 가족과 함께 보내기
③ 가족 안에서 나의 위치 깨닫기
④ 가정의 수입과 지출을 함께 계획하기
⑤ 가족 구성원 모두 역할 분담에 참여하기

25 오늘날 건강한 가정 형성을 위한 개인 및 사회적 노력이 필요한 이유로 옳은 것은?

① 가족의 기능이 강화되어 가족 문제가 줄어들었다.
② 가족의 형태가 다양해지면서 생활 요구가 줄어들었다.
③ 사회, 경제, 문화의 변화로 가족의 기능이 확대되었다.
④ 가족 문제는 가정 내에서 해결해야 한다는 인식이 증가하였다.
⑤ 가족 변화에 대응하고 가족 문제 예방과 해결 방법을 찾는 것이 중요해지고 있다.

26 오늘날 낮은 출산율로 인해 발생하기 쉬운 가족 문제는?

① 불성실한 가정생활
② 가족 내에서의 소외감
③ 생활방식의 차이로 인한 갈등
④ 서로 다른 가족 문화로 인한 갈등
⑤ 자녀에 대한 지나친 기대 혹은 간섭

27 행복한 가정생활을 이루기 위한 바람직한 의사소통 방법은?

① 상대방의 의견에 무조건 따른다.
② 상대방이 이야기할 때 다른 생각을 한다.
③ 상대방의 이야기에 부정적으로 응답한다.
④ '나'를 주어로 하여 솔직하게 자신을 표현한다.
⑤ 상대방이 이야기하는 중간에 자신의 의견을 바로 이야기한다.

28 다음 〈보기〉의 글에서 언어적 의사소통 방법에 해당하는 것은?

> 〈보기〉
> 교내 동아리 발표 대회에서 최우수상을 받은 기현이는 현관에 들어서자마자 ㉠ 기쁜 표정으로 엄마를 불렀다. 기현이는 상장을 꺼내 들고 ㉡ 환하게 웃으며 엄마를 향해 ㉢ 엄지를 치켜 세웠다. 상장을 보고 엄마는 ㉣ "참 잘했구나." 라고 말씀하신 후 ㉤ 등을 토닥여 주셨다.

① ㉠ ② ㉡
③ ㉢ ④ ㉣
⑤ ㉤

29 가족 갈등을 효과적으로 해결하는 방법에 대한 설명으로 적절하지 않은 것은?

① 자신이 원하는 바를 분명하게 표현한다.
② 갈등 상황을 있는 그대로 인정하고 받아들인다.
③ 갈등을 회피하지 않고 적극적으로 대응해 나간다.
④ 가족 갈등은 가능한 가족 내에서 해결하도록 한다.
⑤ 다양한 해결 방안을 모색한 후 가장 좋은 방법을 결정한다.

30 다음과 같은 상황에서 바람직한 의사소통을 위해 ㉠에 들어갈 내용으로 가장 적절한 것은?

① 나는 시간이 많은 줄 아니?
② 30분이 짧은 시간이 아니야.
③ 너는 매번 약속시간에 늦는구나!
④ 늘 바쁘게 다니느라 자주 늦는구나!
⑤ 네가 너무 늦어 무슨 일이라도 생겼나 걱정했단다.

주관식 문제

31 다음은 가족 가치관의 변화를 나타낸 글이다. (　　　) 안에 공통적으로 들어갈 알맞은 단어는 무엇인가?

> 현대 사회에서는 혈연 중심의 가부장적이고 남성 중심적인 가치관에서 자유와 평등에 근거를 둔 (　　　)한 가치관으로 바뀌었으며, 특히 (　　　) 가치관의 보편화와 교육 수준의 향상, 여성의 사회 활동 참여 증가에 따라 성에 따른 역할 분담이 변화하였다.
> (　　　)은/는 남성과 여성에게 주어진 권리, 의무, 자격 등이 차별이 없고 같은 것을 말한다. 맞벌이 부부의 증가로 가사 노동과 자녀 양육 등을 남녀가 분담하게 되고, 건강하고 행복한 가족의 삶을 위해 남성도 가정생활에 충실해야 한다는 인식이 생기면서 (　　　)의식이 확산되고 있다.

32 결혼, 임신, 자녀 출산과 양육 및 자녀의 독립, 노후 생활 등 가족생활이 변화되어 가는 과정을 무엇이라고 하는가?

33 다음의 설명에 해당하는 의사소통과 관련한 용어를 쓰시오.

> 말하는 사람의 이야기를 주의 깊게 들으면서 상대방의 감정을 이해하려고 노력하며, 상대방의 이야기에 적절한 반응을 보임으로써 잘 듣고 있음을 표현해 주는 것을 말한다.

34 원만하고 행복한 가정생활을 형성하기 위한 부부 관계에 대해 서술하시오.

MEMO

수행활동

수행 활동지 ❶ 내가 원하는 미래 가족 구상해 보기

단원	**Ⅰ. 건강한 가족 관계** 01. 변화하는 가족과 건강 가정
활동 목표	내가 원하는 미래 가족의 형태와 이유를 구체적으로 생각해 볼 수 있다.

● 내가 원하는 미래의 가족은 어떤 형태일까? 드라마나 책에서 본 가족 중에 골라보거나, 사진을 붙이거나 그림을 직접 그려 작성해 보자(잡지나 사진을 오려 붙여보거나 직접 그리기).

	내가 원하는 가족의 형태	
미래의 가족 형태		
이러한 가족을 원하는 이유		

수행 활동지 ❷

가족 내 역할 갈등 해결하기

단원	I. 건강한 가족 관계 02. 양성 평등하고 민주적인 가족 관계
활동 목표	가족 내에서 역할 갈등을 알아보고, 갈등을 해소하기 위한 방법을 탐색할 수 있다.

● 다음과 같은 상황을 역할극으로 표현해 보고, 이를 해결하기 위한 방법을 제시해 보자.

부부 관계: 둘 사이에 대화가 없고 TV만 시청하는 상황

| 상황 설정 |

| 해결 방법 |

부모-자녀 관계: 서로 의사소통이 되지 않아 화를 내는 상황

| 상황 설정 |

| 해결 방법 |

수행 활동지 ③ 효과적인 의사소통 실습하기

단원	I. 건강한 가족 관계 03. 효과적인 의사소통과 갈등 관리
활동 목표	효과적인 의사소통 방법을 익혀 다양한 관계 속에서 갈등을 해결해 볼 수 있다.

① 우리는 가족이나 친구 등 다른 사람들과의 대화 속에서 때로는 힘을 얻기도 하지만 반대로 큰 상처를 받는 된 경우도 있다. 내가 들은 말 중에서 가장 기억에 남고 나에게 힘과 용기를 주었던 말과 그 반대의 경우 나에게 가슴 아픈 상처가 됐던 말을 적어보자.

	기억에 남는 말	상처가 된 말
친구		
부모		
교사		

② 위 내용을 쓰면서 느낀 점을 생각해 보고 나는 친구나 부모, 선생님에게 어떻게 말을 하면 좋을지 적어보자.

	나는 어떤 태도로 어떻게 말을 해야 될까?
친구에게	
부모님께	
선생님께	

Ⅱ

건강하고 안전한 가정생활

01 균형 잡힌 식사 계획

1 균형 잡힌 식사 계획, 어떻게 해야 할까

1 청소년 영양 섭취 기준

❶ 청소년기에는 신체가 급격히 성장하고 성적 성숙이 이루어지는 시기이기 때문에 체내에서 영양소가 많이 필요하다.

❷ **영양소 섭취 기준:** 영양소의 결핍과 과잉으로 인한 문제를 예방하기 위하여 새로운 개념의 영양소 섭취 기준을 제시한 것이다.

평균 필요량	건강한 사람 절반의 하루 필요량을 충족하는 값 또는 대상 집단의 필요량 분포치의 중앙값에서 산출한 값으로 건강한 사람들의 하루 영양 필요량의 중앙값
권장 섭취량	평균 필요량에 표준 편차의 2배를 더하여 정한 것으로, 건강한 다수(97~98%)의 사람들이 하루 영양 필요량을 충족시키는 양
충분 섭취량	영양소 필요량에 대한 정확한 자료가 부족하거나 필요량의 중앙값과 표준 편차를 구하기 어려워 권장 섭취량을 산출할 수 없는 경우 제시할 수 있으며, 건강인의 영양 섭취량을 토대로 설정한 값
상한 섭취량	인체 건강에 유해 영향이 나타나지 않는 최대 영양 섭취 수준으로서 과량 섭취 시 건강에 악영향의 위험이 있다는 자료가 있는 경우 설정하며, 인체에 나쁜 영향이 나타나지 않을 정도의 최대 영양소 섭취 수준

▼ 청소년과 성인의 1일 영양 섭취 기준

성별	연령(세)	신장(cm)	체중(kg)	에너지(kcal)	단백질(g)	비타민A(μg RAE)	비타민D(μg)	티아민(mg)	리보플라빈(mg)	비타민C(mg)	칼슘(mg)	철(mg)	수분(ml)
남	12~14	163.5	52.9	2500	55	750	10	1.1	1.5	90	1000	14	2300
	15~18	173.3	63.1	2700	65	850	10	1.3	1.7	105	900	14	2600
	19~29	174.8	68.7	2600	65	800	10	1.2	1.5	100	800	10	2600
여	12~14	158.1	48.5	2000	50	650	10	1.1	1.2	100	900	16	2000
	15~18	160.9	53.1	2000	50	600	10	1.2	1.2	95	800	14	2000
	19~29	161.5	56.1	2100	55	650	10	1.1	1.2	100	700	14	2100

〈출처〉 2015 한국인 영양소 섭취 기준(보건복지부, 2015)

* 에너지는 평균 필요량, 비타민 D와 수분은 충분 섭취량, 그 외의 영양소는 권장 섭취량임

▼ 식품군별 1일 권장 섭취 횟수

식품군	1~2세	3~5세	6~11세		12~18세		19~64세		65세 이상	
	소아	소아	남	여	남	여	남	여	남	여
곡류	1	2	3	2.5	3.5	3	4	3	3.5	3
고기 · 생선 · 달걀 · 콩류	1.5	2	3.5	3	5.5	3.5	5	4	4	2.5
채소류	4	6	7	6	8	7	8	8	8	6
과일류	1	1	1	1	4	2	3	2	2	1
우유 · 유제품류	2	2	2	2	2	2	1	1	1	1
유지 · 당류	3	4	5	5	8	6	6	4	4	4

〈출처〉 보건복지부(2015)

* 1일 권장 섭취 횟수에 따라 식품의 종류와 분량을 하루 세끼와 간식으로 적절히 분배하여 섭취

2 균형 잡힌 식사 구성안

1) 식품 구성 자전거

❶ 다양한 식품을 매일 필요한 만큼 섭취하는 균형 잡힌 식사와 규칙적인 운동으로 건강을 지켜나갈 수 있음을 표현한 것이다.

❷ 식품 구성 자전거의 앞바퀴는 매일 충분한 양의 물을 섭취해야 함을 의미하고, 자전거에 앉은 사람은 신체 활동을 통해 건강을 유지하고 비만을 예방할 수 있음을 의미한다.

2) 식사 구성안

❶ 영양 섭취 기준에 만족할 만한 식사를 제공할 수 있도록 식품군별 대표 식품과 섭취 횟수를 이용하여 식사의 기본 구성 개념을 설명한 것을 말한다.

❷ 에너지 · 비타민 · 무기질 · 식이섬유는 섭취 필요량의 100%를 섭취하고, 탄수화물 · 단백질 · 지방의 섭취 비율은 55~65% · 7~20% · 15~30% 정도를 유지하고, 설탕과 물엿 같은 첨가당과 소금은 적게 섭취하도록 한다.

3 균형 잡힌 식사 계획

❶ **식단:** 균형 잡힌 식사를 위해 식사 내용을 구체적으로 계획한 것으로 가족의 기호, 영양, 경제적인 면을 고려해서 작성해야 한다.

식품 구성 자전거

- 다양한 식품을 매일 필요한 만큼 섭취하는 균형 잡힌 식사와 규칙적인 운동으로 건강을 지켜나갈 수 있다는 것을 표현한 것이다.
- 식품 구성 자전거의 앞바퀴는 매일 충분한 양의 물을 섭취해야 함을 의미하고, 자전거에 앉은 사람의 모습은 매일 충분한 양의 신체 활동을 통해 건강을 유지하고 비만을 예방할 수 있음을 의미한다.

곡류 매일 2~4회 정도 섭취
주 영양소 탄수화물
특징 주로 주식으로 섭취
해당 식품 곡류(쌀, 보리, 현미 등), 국수류, 빵류, 떡류, 감자류, 밤류

고기·생선·달걀·콩류 매일 3~4회 정도 섭취
주 영양소 단백질, 지방, 철, 티아민, 리보플라빈
특징 반찬으로 많이 섭취
해당 식품 육류(소고기, 돼지고기, 닭고기 등), 어패류(고등어, 조개, 오징어 등), 알류, 콩류, 견과류

채소류 매 끼니 2가지 이상(나물, 생채, 쌈 등) 섭취
주 영양소 비타민, 무기질, 식이섬유
특징 김치, 나물 등으로 많은 양을 섭취
해당 식품 채소류, 해조류, 버섯류

과일류 매일 1~2가지 섭취
주 영양소 비타민, 무기질, 식이섬유
특징 주로 간식이나 후식으로 섭취
해당 식품 과일류

유지·당류
주 영양소 지방, 농축된 당
특징 적은 양으로 많은 에너지를 내며 조리 시 사용되는 양으로 충분히 섭취 가능
해당 식품 유지류(식용유, 마요네즈, 버터 등), 당류(설탕, 탄산음료, 사탕, 초콜릿, 꿀 등)

우유·유제품류 매일 1~2잔 섭취
주 영양소 칼슘, 단백질
특징 우리나라 사람들은 유제품 섭취가 많지 않은데 매일 섭취해야 함
해당 식품 우유, 유제품(치즈, 요구르트, 아이스크림 등)

〈출처〉 보건복지부(2015)

▲ 식품 구성 자전거

- 기호: 가족들이 좋아하는 식품과 조리법을 선택해야 하지만 지나치게 가족의 기호만을 고려하면 영양의 불균형을 이루거나 편식하게 되므로 다양한 식품과 조리법을 활용함
- 영양: 가족원이 필요한 영양소를 세 끼니와 간식을 통해 균형 있게 섭취하고, 같은 식품군이라도 함유된 영양소와 종류가 다르므로 다양한 식품을 활용
- 경제: 가정 경제에 부담이 되지 않도록 식비 예산을 고려하여 식품을 선택하되, 대체 식품이나 제철 식품을 이용

❷ **대체 식품:** 같은 식품군에서 대신 사용할 수 있는 식품으로, 소고기 대신 닭고기, 오렌지 대신 귤, 대구 대신 동태 등과 같이 영양소는 비슷하나 값이 싼 제품으로 구입하는 것을 말한다.

❸ **제철 식품:** 그 계절에 많이 생산되는 식품으로 영양이 우수하고 값이 싸며 구하기 쉽고 신선하다는 장점이 있다.

| 제철 식품의 예 |

- 봄: 쑥, 딸기
- 여름: 수박, 복숭아
- 가을: 사과, 밤
- 겨울: 귤, 꼬막

2 가족의 요구를 반영한 균형 잡힌 식사를 선택해 볼까

1 균형 잡힌 식사 계획 순서

❶ **가족의 요구 분석하기:** 균형 잡힌 식사 계획을 위해서는 가장 먼저 가족의 요구를 분석하여 음식의 종류와 양, 조리법을 고려한다.

예

노인, 고혈압
고혈압이므로 되도록 싱거운 음식을 섭취한다.

성장기
성장기에 특히 많이 필요한 고기, 생선, 달걀, 콩류, 우유·유제품의 섭취를 늘린다.

골다공증
칼슘 부족으로 생긴 골다공증을 회복시키기 위해 칼슘의 주 공급원인 우유·유제품의 섭취를 늘린다.

비만
살을 빼려면 하루에 섭취하는 열량을 줄여야 하므로 열량이 높은 음식의 섭취를 줄인다.

❷ **식사 선택하기:** 가족 구성원이 보편적으로 섭취할 수 있는 식단으로 식사를 선택한 후, 가족 구성원의 요구에 맞게 해당 식품군의 식품 섭취량을 늘리거나 줄인다.

식단	재료	식품군					
		곡류	고기·생선·달걀·콩류	채소류	과일류	우유·유제품류	유지·당류
쌀밥	쌀	○					
팽이버섯 된장국	팽이 버섯		○	○			
고등어 생선조림	고등어, 무		○	○			○
콩나물무침	콩나물			○			○
멸치볶음	멸치		○				○
우유	우유					○	
양상추 과일 샐러드	양상추, 과일			○	○		

❸ **식사 평가하기:** 식사를 선택한 후에는 가족 개개인에게 적합한 식사였는지를 평가하고, 다음 식사에 반영하여 균형 잡힌 식사가 되도록 한다.
- 6가지 식품군이 균형 있게 섭취되었는가?
- 가족원의 나이 및 건강 상태를 고려하였는가?
- 개선할 점이 있다면 무엇인가?

2 식단 작성의 순서

❶ 식품군별 1일 권장 섭취 횟수를 파악한다.
❷ 끼니별로 1일 권장 섭취 횟수를 배분한다.
❸ 끼니별로 음식의 종류를 결정한다.
❹ 식품 재료의 분량을 결정한다.
❺ 식단을 평가한다.

▼ 식품군별 1인 1회 분량

식품군	대표 식품의 1인 1회 분량
곡류	밥 1공기(210g), 국수 1대접(건면 100g), 식빵(대) 2쪽(100g), 감자(중) 1개(130g)*, 시리얼 1접시(40g)*
고기·생선·달걀·콩류	육류 1접시 (생 60g), 닭고기 1조각 (생 60g), 생선 1토막 (생 60g), 달걀 1개 (80g), 두부 2조각 (80g), 콩 (20g)
채소류	콩나물 1접시 (생 70g), 시금치 나물 1접시 (생 70g), 배추김치 1접시 (40g), 오이소박이 1접시 (80g), 버섯 1접시 (생 30g), 물미역 1접시 (생 30g)

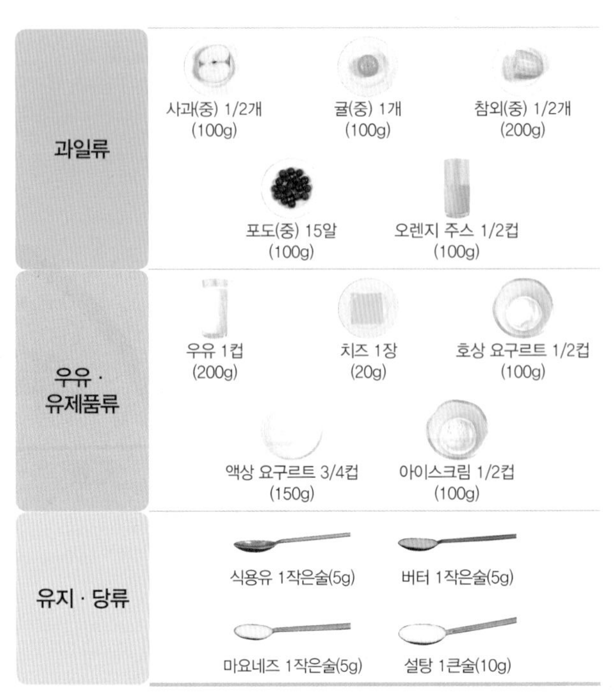

식품군	대표 식품의 1인 1회 분량
과일류	사과(중) 1/2개 (100g), 귤(중) 1개 (100g), 참외(중) 1/2개 (200g), 포도(중) 15알 (100g), 오렌지 주스 1/2컵 (100g)
우유·유제품류	우유 1컵 (200g), 치즈 1장 (20g), 호상 요구르트 1/2컵 (100g), 액상 요구르트 3/4컵 (150g), 아이스크림 1/2컵 (100g)
유지·당류	식용유 1작은술(5g), 버터 1작은술(5g), 마요네즈 1작은술(5g), 설탕 1큰술(10g)

* 다른 식품들 1회 분량의 1/2 에너지를 함유하고 있으므로 식단 작성 시 0.5로 간주함

하나 더 알기 컬러 푸드와 파이토케미컬

종류(영양소)	음식	설명
레드푸드 (리코펜)	토마토, 딸기, 석류, 사과, 고추, 비트, 팥 등	리코펜(라이코펜)은 항암과 항산화 작용이 뛰어나 위암, 대장암 예방 및 전립샘 건강에 도움을 준다. 토마토에 많이 들어 있다.
퍼플푸드·블랙푸드 (안토시아닌, 이소플라본)	블루베리, 검은콩, 검은깨, 흑미, 가지, 다시마 등	안토시아닌은 강력한 항산화제로 활성 산소를 제거하여 노화 방지와 암 예방에 도움을 준다. 이소플라본은 여성 호르몬인 에스트로겐과 유사해 골다공증과 고혈압 예방에도 도움을 준다.
그린푸드 (클로로필)	브로콜리, 시금치, 키위, 오이, 상추, 매실, 녹차 등	클로로필(엽록소)은 신진대사를 활발하게 하여 피로 회복에 도움을 주며, 세포 재생의 효능으로 노화 예방 효과를 지니고 있다.
오렌지푸드·옐로푸드 (베타카로틴)	당근, 오렌지, 호박, 복숭아, 고구마, 망고 등	베타카로틴은 체내에 흡수되면 비타민 A로 바뀌는데, 암과 심장 질환을 예방하는 강력한 항산화제이다. 기름에 요리해서 먹을수록 흡수율이 높아진다.
화이트푸드	더덕, 도라지, 인삼, 양파, 마늘, 무, 버섯, 배, 콜리플라워, 감자 등	대부분 뿌리채소들이다. 신체 저항력을 키우며, 체내 유해 물질의 배출을 돕고, 면역력을 높여준다. 마늘의 알리신 성분과 양파의 퀘세틴은 항암, 항산화 작용을 한다.

중단원 핵심 문제

01 우리나라 영양 섭취 기준에서 건강한 다수(97~98%)의 사람들의 하루 영양 필요량을 충족시키는 양은 무엇인가?

① 권장 섭취량
② 평균 필요량
③ 충분 섭취량
④ 상한 섭취량
⑤ 최소 섭취량

02 12~14세 청소년의 1일 에너지 평균 필요량을 바르게 나타낸 것은?

	남자	여자
①	2300kcal	2000kcal
②	2400kcal	1800kcal
③	2500kcal	2000kcal
④	2500kcal	2300kcal
⑤	2400kcal	2200kcal

03 12~14세 청소년이 성인보다 더 많이 필요로 하는 영양소는 어느 것인가?

① 칼슘　② 단백질
③ 티아민　④ 에너지
⑤ 비타민 C

04 식품 구성 자전거에서 매일 충분한 양을 섭취해야 되는 것으로 자전거의 앞바퀴에 표시된 영양소는?

① 물　② 지방
③ 칼슘　④ 비타민
⑤ 탄수화물

05 식품 구성 자전거에서 가장 넓은 면적을 차지하는 식품군으로 우리 몸에서 에너지의 55~65%를 이 식품군으로 주로 섭취하는 것이 적당하다고 한 것은 무엇인가?

① 곡류　② 채소류
③ 과일류　④ 우유 및 유제품류
⑤ 고기 · 생선 · 달걀 · 콩류

06 다음 식품 등에 공통적으로 많이 들어 있는 영양소끼리 묶인 것은?

> 사과, 바나나, 시금치, 오이, 배추, 버섯

① 비타민, 단백질
② 단백질, 무기질
③ 탄수화물, 단백질
④ 비타민, 탄수화물, 단백질
⑤ 비타민, 무기질, 식이섬유소

07 다음 식품 중 식품군의 분류가 다른 하나는 어느 것인가?

① 우유　② 치즈
③ 버터　④ 요구르트
⑤ 아이스크림

08 다음 중 식품과 식품군이 바르게 묶인 것은 어느 것인가?

> ㉠ 곡류: 쌀, 보리, 밀, 떡류, 버섯류
> ㉡ 고기 · 생선 · 달걀 · 콩류: 조개, 견과류, 오징어, 돼지고기
> ㉢ 채소류: 나물, 생채, 쌈 채소, 미역, 다시마 등 해조류
> ㉣ 유지 · 당류: 식용유, 마요네즈, 탄산음료, 아이스크림
> ㉤ 과일류: 사과, 배, 토마토, 수박, 열대 과일류

① ㉠, ㉡, ㉢　② ㉠, ㉢, ㉣
③ ㉡, ㉢, ㉤　④ ㉡, ㉣, ㉤
⑤ ㉢, ㉣, ㉤

09 식단 작성을 할 때 고려할 사항이라고 보기 어려운 것은 어느 것인가?

① 필요한 영양소를 세 끼와 간식으로 균형있게 섭취한다.
② 같은 식품군이라도 영양소가 다르므로 다양한 식품을 선택한다.
③ 가족의 기호를 고려하여 가족이 원하는 조리법과 식품만을 선택한다.
④ 가정 경제에 부담을 주지 않는 범위 내에서 식비 예산을 세워서 계획한다.
⑤ 같은 식품군이라도 가격을 고려하여 대체 식품이나 제철 식품을 이용하도록 한다.

10 식사 구성안을 작성할 때 대체 식품으로 사용한 것이 올바르지 않은 것은 어느 것인가?

① 소고기 대신 닭고기를 이용하였다.
② 우유 대신 마요네즈를 이용하였다.
③ 봄철에 복숭아 대신 딸기를 이용하였다.
④ 겨울철에 생대구 대신 동태를 이용하였다.
⑤ 국산 두부 대신 수입 콩으로 만든 두부를 이용하였다.

11 균형 잡힌 식사 계획을 세우려면 가족의 요구를 분석해야 한다. 다음 중 고려할 사항과 가장 거리가 먼 것은?

① 가족 구성원의 나이
② 가족 구성원의 건강 상태
③ 가족 구성원의 직업이나 학력
④ 음식의 종류와 필요한 분량
⑤ 각 식품군별 음식의 조리 방법

12 식단을 구성하거나 평가할 때에 대체 식품이나 제철 식품의 활용을 권장하고 외식의 횟수를 줄이도록 하는 것은 식사 구성안에서 어떤 면에 중점을 두는 것인가?

① 영양면
② 기호면
③ 경제면
④ 시간과 노력면
⑤ 가족의 나이와 건강 상태

13 가족의 식단 작성 시 가장 먼저 해야 할 것은?

① 식단을 평가한다.
② 식품 재료의 분량을 결정한다.
③ 끼니별로 음식의 종류를 결정한다.
④ 끼니별로 1일 권장 섭취 횟수를 배분한다.
⑤ 식품군별 1일 권장 섭취 횟수를 파악한다.

14 우리가 섭취하는 과일이나 채소에 들어있는 파이토케미컬의 연결이 바른 것끼리 묶인 것은?

> ㉠ 토마토, 딸기 등의 붉은색 – 리코펜
> ㉡ 당근, 오렌지, 복숭아 등의 주황색 – 베타카로틴
> ㉢ 브로콜리, 시금치 등의 초록색 – 이소플라본
> ㉣ 블루베리, 가지, 검은콩의 보라나 검은색 – 안토시아닌

① ㉠, ㉡, ㉢
② ㉠, ㉢, ㉣
③ ㉠, ㉡, ㉣
④ ㉡, ㉢, ㉣
⑤ ㉠, ㉡, ㉢, ㉣

주관식 문제

15 12~18세 청소년의 1일 권장 섭취 횟수가 남, 녀 모두 가장 많은 식품군은 어느 것인가?

16 식품 구성 자전거에서 우리나라 사람들의 섭취가 부족한 것으로, 매일 1~2잔 섭취해야 하고 주 영양소는 칼슘과 단백질로 된 식품군은 무엇이며, 그 식품군의 예를 들어라.

• 식품군:

• 예:

17 식사 구성안을 계획할 때 제철 식품을 이용하면 좋은 점을 3가지 나열하시오.

02 이웃과 더불어 사는 주생활 문화

① 주거 가치관은 어떻게 변했을까

1 주거 가치관의 변화

❶ **주택과 주거:** 주택은 사람이 살 수 있게 지은 '집'으로 건물 자체만을 지칭하고, 주거는 집에서 이루어지는 생활도 포함한다. 넓은 의미에서 '집'은 가족 구성원, 거주지, 건물 · 생활 정도, 친족 등을 모두 포함한다.

❷ **주거 가치관:** 주거에 대한 관점이나 태도를 반영한 행동 양식으로, 개인이나 사회적으로 바람직하다고 생각하는 것을 말한다.

	경제적 측면	용도 측면	주변 환경	시설과 설비
과거	주거의 재산 가치에 비중을 크게 둠	보호 기능을 중요시하는 안락한 장소	자연환경이나 직장 등과 같은 물리적 환경을 중요하게 생각함	가족이 함께 모여 건강한 생활을 할 수 있게 하는 편리한 시설이나 설비에 중점을 둠
미래	상품으로서 가치 상승을 기대하고 경제적 투자 개념으로 선택하기도 함	긴장을 풀고 휴식을 취하는 곳이자 여가의 장소로서 개인의 사생활 유지에 더 중점을 둠	물리적 환경 외에 근린 시설이나 서비스, 이웃의 중요성을 강조함	개성이나 지위를 표시하는 도구로서뿐만 아니라 미래 발전적인 시설과 설비로 생활의 편리를 추구하게 됨

▲ 주거 가치관의 변화

하나 더 알기 주거 가치관

- 주거 가치관에 영향을 미치는 요인: 거주자의 직업, 성별, 경제적 수준, 생활양식 등
- 주거는 가족이 단란한 생활을 하고 자녀가 건강하게 성장하는 생활의 근거지로서 삶의 안식처이지 재산의 증식이나 투자의 목적이 되어서는 안 된다.

❹ 주거가 갖추어야 할 조건

- 안전성: 가족이 안전하게 생활할 수 있어야 한다.
- 쾌적성: 적절한 온도와 습도, 밝기 등의 쾌적한 일상생활을 위한 공간이어야 한다.
- 능률성: 가사 작업이나 일상생활을 편리하게 할 수 있어야 한다.
- 심미성: 외관이 아름답고 실내 디자인이 미적인 감각이 있어야 한다.
- 경제성: 주택의 구입 가격뿐 아니라 유지 · 관리 비용이 경제 수준에 적합해야 한다.

❺ 주거 선택에 영향을 주는 일반적인 조건

- 관공서와 5분~10분 거리
- 지하철역, 버스 정류장과 가까움
- 좋은 교육 환경(거리 등)
- 공기가 좋고 자연 경관이 좋음
- 편의 시설이 잘 갖추어져 있음
- 투자 가치가 좋아야 함
- 집값이 상승할 것이라는 기대

② 생활양식에 따른 주거 형태를 알아볼까

1 가족의 요구에 따른 주거

❶ **주거 행동:** 개인이나 가족이 생각하는 주거의 의미나 가치가 반영된 것으로, 주거 욕구와 밀접한 관련이 있다.

- 자녀 교육에 중점을 두면 더 나은 교육 환경을 중시함
- 은퇴 후 여유로운 생활을 위해서는 전원생활을 선호함
- 맞벌이 부부나 어린 자녀를 양육하는 경우에는 편리한 근린 생활환경에 거주하길 원함
- 장애인이나 노약자, 어린이가 있는 경우는 유니버설 디자인을 적용한 주거를 선택함

❷ **유니버설 디자인 주거:** 건전한 성인뿐 아니라 유아, 어린이, 임산부, 노인, 신체적 장애가 있는 모든 사람들이 편하고 안전하게 생활할 수 있도록 주거 공간이나 가구 등에 유니버설 디자인을 적용한 주거를 말한다.

| 유니버설 디자인의 예 |

문턱을 없앤 공간, 출입구에 경사로, 욕실 미끄럼 방지판, 욕조 손잡이, 출입문의 레버형 손잡이, 높낮이가 낮은 전등 스위치나 창문 잠금 장치, 문턱을 제거한 출입구, 모서리의 각진 부분을 제거한 가구, 양문 냉장고 등

2 가족의 형태에 따른 주거

독신 가족	학교나 사무실이 밀집한 도심에 독신 가구용 원룸식 주택 형태로 밀집되어 나타나며, 원룸 주택 내부는 욕실과 간이 부엌이 하나의 실로 되어 있음

노인 단독 가족	유니버설 디자인의 개념을 도입하여 장애물이 없도록 주택을 짓는 것이 좋으며, 교외의 실버타운보다는 동네 가운데에 노인 공동 주택을 지어 지역 사회 봉사의 손길이 쉽게 닿을 수 있도록 함
맞벌이 가족 중 딩크족(DINK; double income no kids)	아이가 없는 맞벌이 가정. 도심의 문화 시설에 가까이 위치한 하이테크 환경을 선호하며, 정보화의 수준이 높고, 다양한 여가 생활을 즐기며, 실내 장식과 주거 입지 및 시설 설비 수준에 대한 선호가 뚜렷함
맞벌이 가족 중 듀크족(DEWKs; double employed with Kids)	아이가 있는 맞벌이 가정. 가족의 상황에 따라 가사 작업의 분담 문제를 해결해야 하고, 가족이 함께 보내는 시간이 적으므로 질적으로 잘 보내야 하며, 전업 주부가 상주하지 않는 상황에서도 가정이 원활히 돌아갈 수 있도록 하여 가족이 서로 소홀하지 않을 수 있도록 관계 유지에 특별히 관심을 가짐
3세대 가족	3세대 가족이 한 주택에 동거할 경우, 노부모 세대나 자녀 세대 모두의 만족을 위해 세대 간에 공간을 분리하고, 아울러 공동으로 이용하는 공간을 중앙에 배치함으로써 심리적 안정을 도모하고 마찰과 불편을 최소화하도록 함

3 이웃과 더불어 살아가기, 어떻게 해야 할까

1 근린 생활환경의 중요성

우리의 가족생활은 주거가 위치한 주변 환경과도 밀접한 관계가 있고, 가족의 기능이 약화되고 가사 노동의 사회화가 확대되면서 주거의 주변 환경, 즉 근린 환경의 중요성이 더 커지게 되었다.

2 근린 생활환경의 종류

1) 물리적 근린 생활환경

❶ 거주하는 지역의 자연환경

- 우리나라는 전통적으로 일조, 통풍, 물, 지형, 지질 등의 조건이 좋은 곳에 집을 짓고 마을을 이루어 자연환경과 조화롭게 살아왔으나, 1970년대 이후 급속한 산업화 과정을 거치면서 편리한 시설과 설비를 갖춘 주거 공간으로 변화하면서 자연환경의 질이 이전보다 열악해졌다.
- 최근 자연환경을 보전하기 위해 국가 · 사회적으로 장단기 실천 과제를 설정하여 실행하고 있으며, 환경친화적으로 주거 생활을 하는 생태 주거에 관심이 높아지고 있다.

❷ 근린 시설

- 근린 시설에는 급수 · 배수 · 전기 · 통신 · 가스 · 방송 등을 공급하는 공급 시설이 있으며, 도로와 주차공간도 이에 포함된다.
- 주민들이 공동으로 이용하는 시설에는 동 주민센터, 복지관, 파출소, 보건소, 소방서 등 지방 자치 단체의 행정 시설, 지역 복지 시설, 공공 서비스 관련 시설 등이 있다. 그 밖에도 유치원, 학교, 공원, 놀이터, 휴게소, 노인정 등 주민 공동 시설이 있다.

2) 사회적 근린 생활환경

❶ 이웃 주민과의 교류와 지역 사회 참여를 통해 삶의 질을 높일 수 있다.

❷ 이웃과 정서적인 유대관계도 포함된다.

3 코하우징(co-housing) 주택

❶ 공동체 주거 단지로 개인의 사생활과 자신의 욕구를 충족시키면서 이웃과 협동 생활을 할 수 있는 주거 형태다.

❷ 사적인 공간인 개인 주택은 사생활을 유지하며 가족의 요구를 수용할 수 있게 디자인하며, 공동생활 시설은 주로 개인 주택의 안과 밖에서 잘 보이는 곳에 중앙으로 배치하며 모든 개인 주택에서 비슷한 거리에 위치하게 배치한다.

❸ 공동 옥외 공간은 휴식이나 원예 등 개인 활동의 장소로도 쓰이며, 구성원들 간에 사회적인 접촉을 하는 장소로 균등하게 사용되도록 하며, 노동을 분담하고 자원을 공유하여 공동체적인 체험을 하는 장소로 이용한다.

4 셰어하우스

❶ 1인 가구와 싱글족의 증가로 한 집에서 가족이 아닌 다수의 사람들이 거실, 주방, 식당, 욕실을 공유하며 사는 주거 형태이다.

❷ '집'만 공유하는 것이 아니라 정신적인 유대감과 공유로 많은 사람들이 가족과 같은 유대감을 형성하는 것을 중요하게 생각한다.

❸ 높은 주거비를 해결할 수 있고, 거주자들과의 다양한 지식과 경험 등을 공유하여 개인의 가치관과 네트워킹 형성에 도움을 주는 장점이 있어 젊은이들에게 점점 인기가 높아지고 있다.

5 지역 이기주의

❶ 님비(NIMBY; not in my backyard)

- 공공의 이익에는 부합하지만 자신이 속한 지역에는 이롭지 아니한 일을 반대하는 이기적인 행동을 뜻하는 말이다.
- 쓰레기 소각장, 장애인 시설, 노숙자 시설, 공항, 화장터, 교도소와 같이 많은 주민들이 혐오하는 특정 시설이나 땅값이 떨어질 우려가 있는 시설이 자신이 거주하는 지역에 들어서는 것을 반대하는 사회적인 현상을 말한다.

❷ 반대되는 말로는 핌피 현상(please in my front yard)이 있으며 이 모두를 통틀어서 지역 이기주의라고도 한다.

중단원 핵심 문제

01 주거가 갖추어야 할 조건 중 가사 작업이나 일상생활을 편리하게 할 수 있도록 하는 것은 어떤 조건을 향상시키기 위한 것인가?

① 안전성 ② 쾌적성
③ 능률성 ④ 심미성
⑤ 경제성

02 주거를 선택하거나 주거 가치관에 영향을 미치는 요인과 가장 거리가 먼 것은?

① 사회적 지위나 신분
② 주거의 사용의 용도
③ 가족 구성원의 직업과 취미
④ 가족 구성원의 직장과의 거리
⑤ 가정의 수입 등 경제적인 여건

03 주택의 형태가 화장실을 제외한 나머지 공간을 한 공간으로 개방한 그림과 같은 주택에 살기에 적합한 가족의 형태는 어느 것인가?

① 가족원 수가 많은 가족
② 성이 같은 3세대 가족
③ 1인 가구나 무자녀 가족
④ 부부와 어린 아이가 있는 가족
⑤ 조부모, 부모, 자녀가 함께 사는 가족

04 다음과 같은 주거 공간의 요구가 가장 적합한 가족의 형태는?

- 공동의 공간을 주거의 중앙에 위치하도록 한다.
- 세대별 독립된 공간을 두어 사생활을 보장한다.
- 세대 간 독립성 유지를 위해 공간을 분리하되 층을 나누기도 한다.

① 독신 가구
② 노인 단독 가구
③ 3세대가 함께 거주하는 경우
④ 맞벌이 가족 중 자녀가 있는 경우
⑤ 맞벌이 가족 중 자녀가 없는 경우

05 근린 환경을 분류할 때 성질이 다른 하나는 어느 것인가?

① 학교 ② 이웃
③ 관공서 ④ 의료 기관
⑤ 지하철 및 교통시설

06 다음과 같은 특징을 나타내는 주거를 무엇이라고 하는가?

- 개인의 사생활이 보장되면서 이웃과 공동생활을 할 수 있다.
- 가사 노동력을 감소하고 자원을 공유할 수 있는 장점이 있다.
- 개인 주택은 사생활을 보장하면서 가족의 요구를 수용할 수 있도록 계획한다.
- 공동생활 공간은 주거 단지의 중앙에 배치하여 모든 사람이 이용하기 편리하게 한다.
- 1인 가구 및 노인 단독 가구가 늘어나면서 공동생활을 가능하게 하여 오늘날 점차 관심이 높아지고 있다.

① 전원 주택 ② 조립식 주거
③ 다세대 주택 ④ 코하우징 주택
⑤ 유니버설 주거

07 다음 주거 공간에서 그림과 같이 출입문 손잡이를 바꾼 경우와 같은 목적으로 설치되었다고 볼 수 있는 것은 어느 것인가?

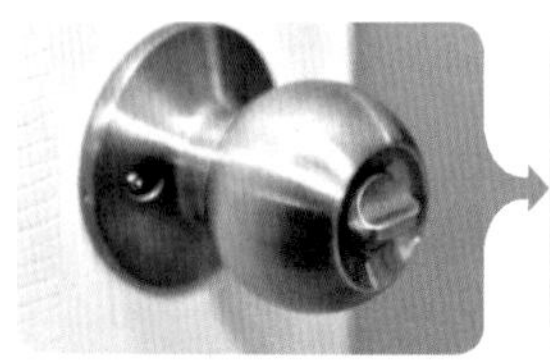

① 옥상 위에 정원을 둔 주택
② 나무 등 과실수가 많은 전원 주택
③ 지붕위에 집열판을 설치한 태양열 주택
④ 계단을 대신하여 경사로를 설치한 출입구
⑤ 거주 공간에 식사실과 부엌을 한 공간에 둔 주거

08 공동 주택에서 이웃을 배려하기 위한 주거 생활에서의 행동으로 바르지 않은 것은 어느 것인가?

① 층간 소음을 발생시키지 않는다.
② 이웃끼리 인사를 하고 지낸다.
③ 공공 시설물을 아껴서 사용한다.
④ 자전거는 자기 집 앞에 보관하도록 한다.
⑤ 쓰레기 분리수거를 정해진 장소에서 바르게 한다.

09 다음과 같은 시설과 설비를 갖춘 주거의 공통된 특징을 갖는 주거를 무엇이라고 하는가?

- 계단에 손잡이 설치
- 욕실 출입문의 턱을 제거
- 세면대의 자동 센서 손잡이
- 욕실 바닥에 미끄럼 방지판 설치

① 코하우징 주거
② 유니버설 주거
③ 재택근무 주거
④ 패시브 하우스
⑤ 인텔리전트 주거

주관식 문제

10 다음 (　　) 안에 들어갈 알맞은 말은 무엇인가?

모든 사람을 위한 디자인으로 (㉠), (㉡), (㉢)에 관계없이 모든 사람들이 편리하게 사용할 수 있도록 제품과 공간을 디자인하는 것을 유니버설 디자인이라 하고, 이를 주거에 적용하여 출입구의 경사로나 단차가 없는 주택 바닥, 사용하기 쉬운 문손잡이와 수도꼭지, 좌우 손잡이 모두가 편리하게 이용하는 양문 냉장고, 손잡이가 달린 욕조 등의 시설을 설치한 주택을 유니버설 주거라고 한다.

㉠　　　　㉡　　　　㉢

11 ㉠ 공동체 주거 단지로 개인의 사생활과 자신의 욕구를 충족시키면서 이웃과 협동생활을 할 수 있는 주거 형태를 무엇이라고 하는가? 그리고 ㉡ 이 주택에서 공동생활 공간은 어떻게 배치하는 것이 좋은가?

㉠

㉡

03 주거 공간의 효율적 활용

① 주거 공간은 어떻게 구분될까

1 주거 공간의 구획

❶ 조닝(zoning): 용도가 비슷하거나 같은 성격을 지닌 주거 공간끼리 묶어서 계획하고 구역화 하여 분류하는 것이다.

1 생활의 행동 범위와 내용 파악

2 생활 공간의 구분

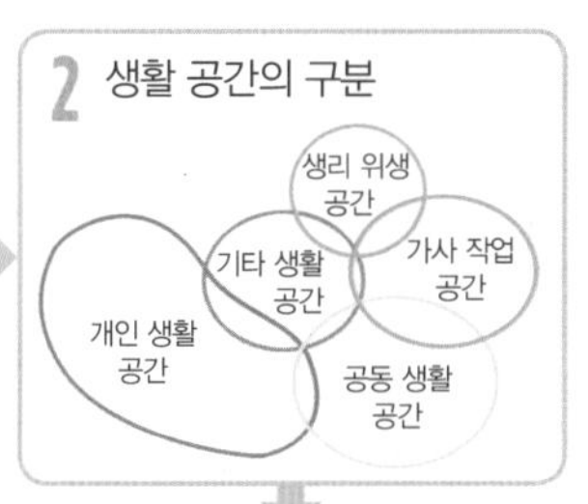

3 공간 종류와 수 결정

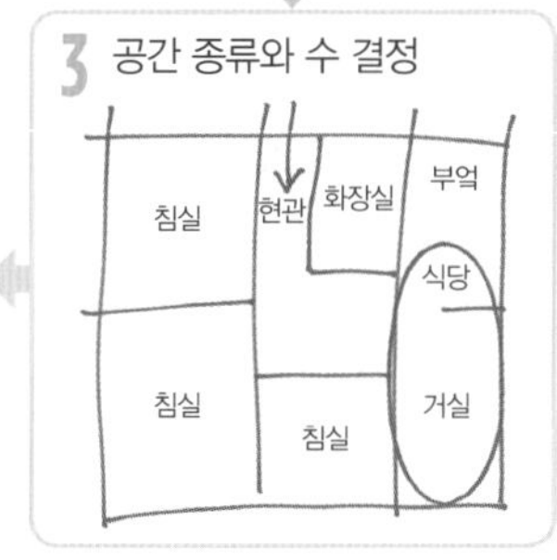

4 평면도 그리기

▲ 조닝 과정

❷ 생활 내용에 따른 주거 공간

구분	내용
공동생활 공간	• 가족의 대화, 오락, 식사 등 가족 구성원이 공동으로 사용하는 공간 • 거실, 식사실, 응접실
개인 생활 공간	• 개인이 공부, 취침, 휴식 등을 할 수 있는 독립적인 공간 • 침실, 서재
가사 작업 공간	• 가족원을 위한 조리, 세탁 등의 가사 작업이 이루어지는 공간 • 부엌, 세탁실, 다용도실
생리위생 공간	• 목욕, 세면, 배변이 이루어지는 공간 • 욕실, 세면실, 화장실
기타 공간	• 통로 공간과 창고, 지하실 등의 수납 공간 • 현관, 복도, 계단

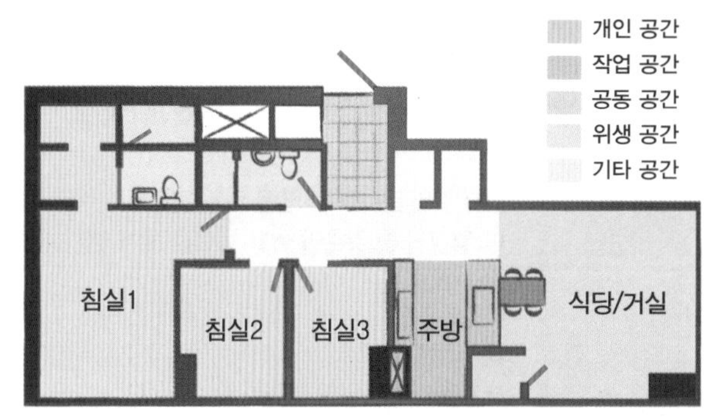

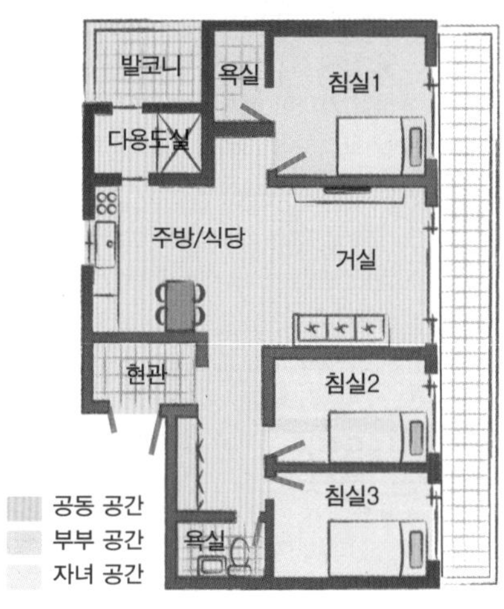

▲ 주거 공간 구분의 예

❸ 동선을 고려한 주거 공간 구성

• 동선: 일정한 공간에서 사람들이 생활할 때 움직임을 표시하는 선을 의미한다.
• 서로 연관성이 높은 공간이나 연속적으로 움직이는 공간은 가깝게 배치하여 동선을 줄이는 것이 효율적이다.
• 주거 공간에서 동선은 짧을수록 편리하고 능률적으로 작업할 수 있다.
• 침실: 현관에서 멀리 배치하여 사생활을 유지하도록 한다.
• 화장실: 침실과 가깝게 배치하여 편의를 제공하되, 손님을 위해 여분의 화장실은 현관과 가까운 곳에 위치시키는 것이 좋다.
• 거실: 모든 가족이 모이기 쉬운 장소에 배치하고 식당은 부엌과 거실의 중간에 위치해야 부엌에서 음식을 운반하거나 거실에서 거주자들이 이동하기가 편리하다.
• 부엌: 현관에서 지나치게 멀 경우 물품의 운반이나 쓰레기 반출 시 동선이 길어진다.

2 각 실의 주거 공간 계획

거실	• 주택 내에서 가장 다양한 활동이 이루어지고 융통성 있게 사용할 수 있는 곳으로, 주택의 중심에 위치해야 각 실과 연결이 쉬우며, 남향이 좋음
식사실	• 식사와 가족 간의 대화, 손님 접대가 이루어지는 공간으로 부엌 가까운 곳에 배치하는 것이 좋으며, 거실과 부엌의 중간에 위치하는 것이 좋음
침실	• 휴식과 수면을 취할 수 있는 개인 생활 공간으로 주택 내에서 가장 조용한 곳에 위치하며 사람의 출입이 빈번한 곳은 피하는 것이 좋음 • 독립성이 보장되는 곳으로 화장실이나 욕실 가까이 배치
부엌	• 식사 준비 등 가사 작업을 하는 공간으로 각종 설비 및 기구를 갖추어 놓고 동선을 짧게 배치하는 것이 좋음 • 부엌의 작업대 순서: 준비대, 개수대, 조리대, 가열대, 배선대 순으로 배치하며, 가족의 수나 부엌의 크기에 따라 다양한 배치를 할 수 있음
욕실	• 생리위생 공간으로 변기, 세면기, 샤워기, 욕조 등을 함께 설치하기도 함 • 침실 가까이 배치하는 것이 좋으며, 사용 시간 등을 고려하여 샤워 공간을 독립시키거나 세면대를 하나 더 설치하기도 함
다용도실/ 가사 작업 공간	• 세탁 등 여러 가지 가사 작업을 하는 공간으로, 작업이 능률적으로 이루어질 수 있는 시설과 설비를 갖추어야 함

일자형

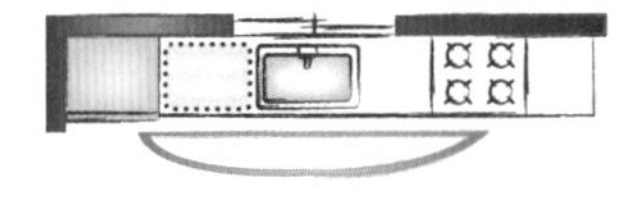

ㄴ자형

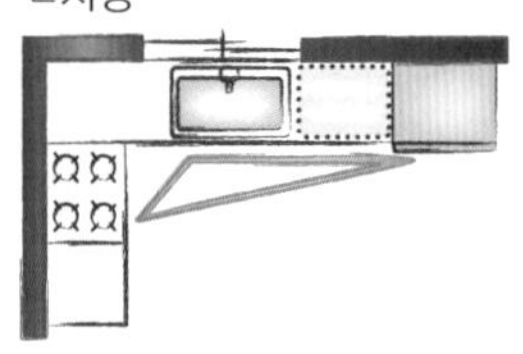

ㄷ자형

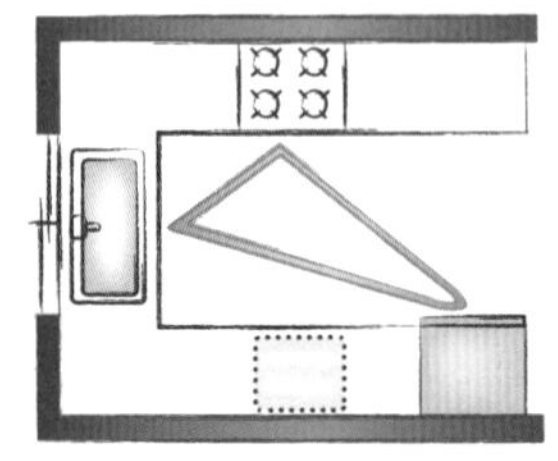

병렬형

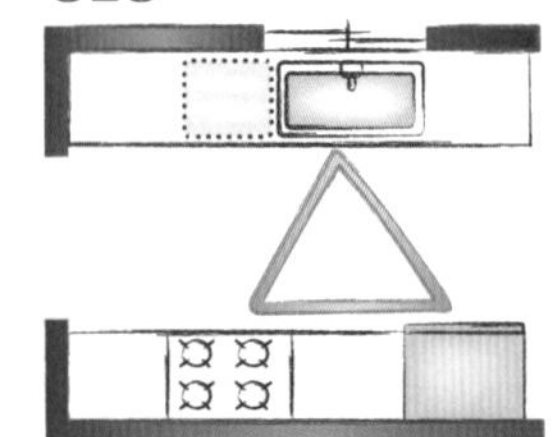

아일랜드형

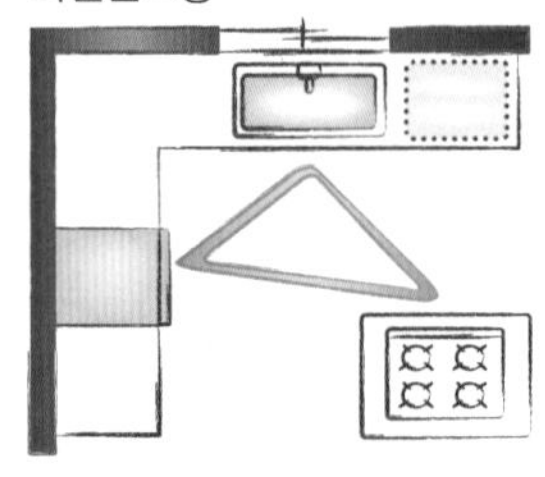

• 동선은 짧아야 한다.
• 동선은 교차됨이 없고 단순해야 한다.
• 동선은 부드럽게 연결되어야 한다.

▲ 능률적인 부엌 작업대 배치 순서와 작업 삼각형에 따른 동선의 변화

2 주거 공간을 효율적으로 사용하려면 어떻게 해야 할까

1 효율적인 주거 공간 활용

❶ 좁은 공간 넓게 사용하기

공간의 입체적 활용	바닥에서부터 천장까지 이용한 붙박이장, 소파 겸용 수납장, 침대 밑 서랍장, 계단 밑에 공간 활용 등
공간의 다목적화	• 거실과 식사실을 겸하거나, 식사실을 부엌과 겸용하는 방법 예 다이닝 키친, 리빙 다이닝, 리빙 다이닝 키친 등 • 세탁실과 드레스룸, 침실과 욕실을 제외하고 가족이 함께 사용하는 공간을 벽으로 분리하지 않는 계획은 공간 활용에 매우 유리 • 한옥: 같은 공간에서 잠자고 식사하고 공부하고 손님을 맞고 가족과 모이는 등 다양한 활동을 할 수 있는데, 이것은 침대 · 식탁 · 의자 등의 가구를 사용하지 않고 좌식 생활을 하기 때문에 가능함

하나 더 알기 공간을 다목적으로 활용한 예

• LD/K형(living dining): 거실과 식당을 한 공간에 만들고 부엌을 따로 독립시킨 형식. 부엌과 식당 사이에 해치(hatch)를 설치하거나 바퀴 달린 웨건(wagon)을 이용하면 편리함
• L/DK형(dining kitchen): 거실을 독립시키고 식당과 부엌을 한 공간에 둔 형식으로 거실이 독립된 분위기가 유지할 수 있음. L/DK형은 조리 과정에서 생기는 냄새와 습기 배출을 위한 환기 장치가 필수. L자형 공간이면 한쪽으로 식탁을 배치하여 독립성을 확보하도록 함
• LDK형(living dining kitchen): 거실, 식당, 부엌을 한 공간에 계획하는 것으로 공간을 효율적으로 활용할 수 있어 소규모 주택 또는 가족 수가 적은 핵가족에게 적합

❷ 주거 공간을 구획하기 좋은 방법

• 이동 가능한 칸막이 사용하기
• 계단을 이용하여 공간 나누기
• 슬라이딩 도어 사용하기
• 외부와 내부를 연결하는 벽 제거하기
• 투명한 유리 소재로 집안 공간 구획하기
• 두께가 얇은 스크린 벽 활용하기

커튼으로 공간 구분

수납장으로 공간 구분

유리로 공간 구분

2 효율적인 수납 방법

❶ 물건은 잘 보이고 꺼내기 쉽게 수납한다.

❷ 물건을 사용하는 장소 가까이에 수납한다.

• 수건이나 비누는 욕실에, 운동 기구는 현관 쪽에 둠

• 칼이나 도마는 조리대 밑의 수납장에 두어야 좀 더 편리하게 사용할 수 있음

❸ 사용자의 인체 치수를 고려하여 수납한다. 어린이 방의 수납장은 성장에 따라 높이를 조절할 수 있게 한다.

❹ 사용 빈도를 고려하여 수납한다. 매일 사용하는 컵 · 수저 · 식기는 손이 닿기 쉬운 위치에 두고, 자주 쓰지 않는 물건은 수납 장소를 잘 기억해 둔다. 가끔 사용하는 물건은 높거나 낮은 곳에 두어도 된다.

❺ 물건의 종류, 수량, 형태, 무게, 재질에 따라 구분하여 수납한다.

• 깨지기 쉬운 물건은 눈에 잘 보이는 곳에 둠

• 개수가 많은 작은 물건은 종류별로 서랍에 정리함

• 접시 · 컵 · 대접은 형태가 같은 것끼리 수납하고, 크고 무거운 물건은 아래쪽, 작고 가벼운 물건은 위쪽에 둠

❻ 수납한 물건의 목록 카드를 수납장에 붙여 놓는다.

❼ 사용한 물건은 원래의 자리에 갖다 놓는다.

❽ 불필요한 것은 보관하지 않는다.

• 고쳐도 다시 사용할 수 없는 물품은 버리는 것이 공간을 활용하는 데 효과적임

• 더 사용할 수 있지만 필요하지 않은 물품은 필요한 사람이 사용할 수 있도록 함

• 다시 사용할 물품은 즉시 수리하여 제자리에 보관함

• 가족 구성원에게 의미 있는 물품만 신중히 판단한 후 정리함

3 가구 배치 방법

❶ 공간을 분석한다.

가구가 놓일 공간의 가로 · 세로 · 높이와 벽 · 창 · 문의 콘센트와 스위치의 위치와 크기, 창과 문이 열리는 방향을 파악한다.

❷ 동선을 추적한다.

출입구에서부터 창, 붙박이 가구, 스위치 등으로 가족원이 움직이는 동선을 추적한다.

❸ 활동을 파악하고 필요한 가구를 정한다.

공간에서 이루어지는 주된 활동과 부수적인 활동을 파악한 다음 각 활동을 하기 위해 꼭 필요한 가구를 정한다.

❹ 이용 가능한 공간에 배치 방법을 고려하면서 필요한 가구를 배치한다.

• 가구는 동선의 흐름을 막지 않는 곳에 창과 문, 콘센트, 스위치를 막지 않도록 하며, 가능하면 벽면에 붙여 배치한다.

• 큰 가구부터 배치하고 사용 순서 또는 작업 순서에 맞게 배치한다.

• 문을 여닫고 가구를 사용하는 데 필요한 여유 공간을 둔다.

• 가구의 폭과 높이를 맞춰 가능한 요철이 생기지 않도록 한다.

• 개성과 취미를 돋보이게 할 실내 소품의 위치를 고려한다.

• 출입이나 통행, 통풍과 채광에 지장이 없도록 배치한다.

• 천장이나 벽 등의 실내 분위기와 조화를 이루도록 배치한다.

중단원 핵심 문제

01 다음 중 주거 공간의 공간 구획이 바른 것끼리 묶인 것은?

① 공동생활 공간 – 거실, 서재
② 개인 생활 공간 – 침실, 화장실
③ 가사 작업 공간 – 부엌, 식사실
④ 생리위생 공간 – 욕실, 세면실
⑤ 기타 공간 – 다용도실, 계단

02 다음 중 주거 공간의 조닝(구획화)을 위한 방법으로 올바르지 않은 것은?

① 주거 공간의 성격과 용도가 다른 곳은 분리한다.
② 침실이나 서재는 개인 생활 공간으로 서로 가까이 배치하는 것이 좋다.
③ 공동생활 공간인 식사실은 가사 작업 공간인 부엌과 가까이 배치해도 된다.
④ 생리위생 공간은 각 방에서 연결이 잘 되는 것이 좋으므로 개인 생활 공간과 공동생활 공간의 중간에 배치한다.
⑤ 가사 작업 공간은 주부의 전용 공간으로 공동생활 공간과는 멀리 떨어지게 하여 독립된 곳으로 배치하는 것이 좋다.

03 다음과 같은 특징을 갖는 공간은 무엇인가?

> • 가족이 함께 할 수 있는 공간이다.
> • 손님 접대나 가족 간의 대화가 이루어지기도 한다.
> • 주거 공간이 넓으면 따로 마련하기도 하지만 부엌 가까이 배치한다.
> • 공동생활 공간으로 모든 가족원이 활용하기 편리한 곳에 배치하는 것이 좋다.

① 거실
② 침실
③ 서재
④ 식사실
⑤ 공부방

04 다음 그림처럼 침대 밑에 서랍장을 만드는 경우와 같이 공간을 입체적으로 활용한 것은 어느 것인가?

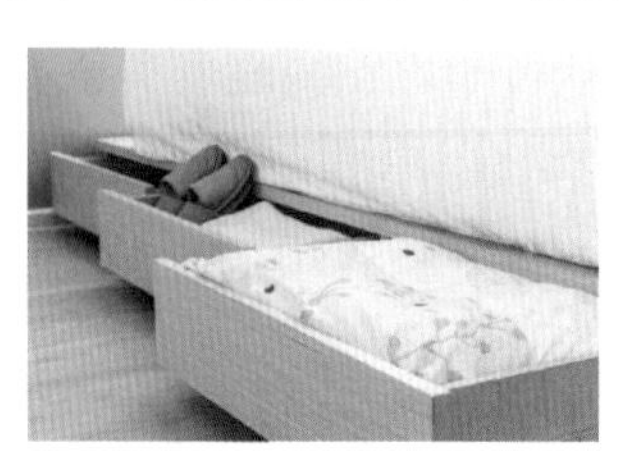

① 소파 겸용 수납장
② 부엌 겸용 식사실
③ 공부방 겸용 침실
④ 식사실 겸용 응접실
⑤ 안방 겸용 어린이 놀이방

05 주거 공간을 다목적으로 활용한 예라고 보기 어려운 것은 어느 것인가?

① 거실과 식당을 한 공간에 둔다.
② 식사실과 부엌을 한 공간에 겸용한다.
③ 식당과 부엌을 한 공간에 두고 거실을 독립시킨다.
④ 부엌의 작업대를 입식으로 설치하고 동선을 줄이도록 한다.
⑤ 소규모 주택이나 아파트에서 거실과 식당, 부엌을 한 공간에 배치한다.

06 효율적인 수납 방법이라고 보기 어려운 것은 어느 것인가?

① 무거운 물건은 아래 칸에 보관한다.
② 사용하는 장소 가까운 곳에 수납한다.
③ 수납한 물건의 목록 카드를 수납장에 붙여 놓는다.
④ 자주 사용하는 것은 손에 닿기 쉬운 위치에 보관한다.
⑤ 깨지기 쉬운 물건은 눈에 잘 띄지 않게 장소에 보관한다.

07 다음 그림의 가구와 같은 용도로 사용하는 가구는 어느 것인가?

① 책장 ② 선반
③ 책상 ④ 작업대
⑤ 안락의자

08 운반이나 보관 시에는 해체시키고 필요할 때 형태와 크기를 조절하여 사용할 수 있는 가구는 무엇인가?

① 조립식 가구 ② 접이식 가구
③ 이동식 가구 ④ 시스템 가구
⑤ 붙박이식 가구

09 다음 중 가구를 배치할 때 고려할 사항 중 거리가 가장 먼 것은 어느 것인가?

① 창과 문의 위치
② 콘센트나 스위치
③ 동선의 흐름 파악
④ 가구의 색깔과 가격
⑤ 가구를 사용하는 데 필요한 공간

주관식 문제

10 ㉠ 주거 공간에서 공동생활 공간에 속하는 공간의 예를 들고, ㉡ 이 공간을 구성할 때 동선을 고려하여 어떻게 배치하는 것이 좋을지 쓰시오.

㉠

㉡

11 우리나라 전통 한옥은 주거 공간 활용에서 어떤 장점이 있는지 설명하시오.

12 가구를 배치할 때 고려해야 할 점을 3가지 쓰시오.

13 ㉠ 공간을 다목적으로 활용하기 위해 거실과 식당을 한 공간에 만들고 부엌을 따로 독립시킨 형식으로, 식당과 거실이 함께 있어 공간의 활용도를 높일 수 있으며, 부엌이 떨어져 있어서 안정된 분위기에서 식사할 수 있는 장점을 갖는 부엌의 형태는 무엇인가? 그리고 ㉡ 이런 형태는 음식을 부엌에서 식당까지 운반하므로 다른 형태에 비해 동선이 긴데, 이를 해결하기 위한 방법은 무엇이 있을지 쓰시오.

㉠

㉡

04 성폭력의 예방과 대처

① 성적 의사 결정, 왜 중요할까

1 성적 의사 결정

❶ 성적인 행동에 있어서 누군가에게 강요받지 않고, 자신의 의지와 판단으로 스스로 선택하고 그 선택에 대한 책임을 져야 한다.

❷ 사람은 누구나 자신의 성 행동을 스스로 결정하고 그에 따른 책임을 져야 한다.

❸ 성 행동은 상대가 하자는 대로 모두 따라 해야 하는 것이 아니며, 상대가 원치 않은 것을 강제적으로 강요해서도 안 된다.

❹ 자신의 성 행동을 스스로 선택할 수 없는 상태이거나 강요당하는 상황에서 성적 의사 결정권을 행할 수 없다면 성폭력이 될 수도 있다.

2 성 행동 시 올바른 자기 주장 표현하기

솔직하게 말하기

상대방이 내가 싫어하는 행동과 말이 무엇인지 알도록 자신의 감정과 생각을 솔직하게 말한다.

'나 전달법'으로 말하기

"나는 ~~하니까 싫어/원하지 않아/좋아"와 같이 '나'라는 말로 자신의 감정을 표현한다.

'싫어/아니야'라고 말하기

상대방과 의견이 다르거나 원하지 않는 행동을 강요당할 때는 언제든지 단호하게 "싫어", "아니야"라고 말한다.

② 성폭력, 어떻게 대처할까

1 성폭력

❶ 성폭력: 상대가 동의하지 않았는데 일방적으로 가하는 성적인 말이나 행동으로, 성적 의사 결정권을 침해하는 모든 행위를 의미한다.

- 상대가 성적으로 수치심을 느끼거나 불쾌한 마음이 들면 모두 성폭력에 포함됨
- 성폭력은 가해자가 아닌 피해자의 기준에서 판단함
- 성폭력의 가해자가 되지 않으려면 성적인 말이나 행동 시 상대방이 기꺼이 동의한다는 뜻을 확인하고, 상대의 거절 의사를 존중함

❷ 성폭력의 범위

신체 접촉, 언어 희롱, 음란 전화, 몰래카메라, 신체 노출 등 신체적 · 언어적 · 정신적 폭력이 모두 포함된다.

구분	내용
성추행	가슴, 엉덩이, 성기 부위 등을 접촉하거나 문지르는 행위
성희롱	상대방의 동의 없이 가슴, 엉덩이 등의 특정 신체 부위를 만지거나 음란한 농담하기, 외모를 성적으로 평가하기, 음란한 사진 등을 보여주는 행위
성폭행(강간)	상대방의 동의 없이 억지로 성교하는 행위
강간 미수	가해자가 강간을 의도하였으나 주변의 상황이나 피해자의 저항으로 성기 삽입이 되지 않은 경우

2 성폭력의 원인

❶ 개인적 원인

- 성 지식의 부족
- 잘못된 성 인식(성차별, 성별 고정 관념, 성별에 따른 이중적인 성 윤리)
- 성적 말과 행동에 대한 개인적 인식 차이
- 존중과 배려의 부족
- 성폭력 피해가 낮은 신고율

❷ 사회적 원인

- 성 상품화
- 왜곡된 성문화
- 음란물 등 유해 환경
- 낮은 성폭력 예방 교육률
- 성폭력 가해자에 대한 약한 법적 처벌 및 재범 방지 노력의 부족

3 성폭력 예방과 대처 방안

❶ 성폭력 예방

- 동의하지 않은 모든 성적 접촉은 성폭력이므로, 평소 자신의 느낌과 생각을 명확하게 표현해야 함
- 성폭력 대처 방안을 숙지하고, 평소 호신용품을 소지하거나 호신술을 익혀 둠

- 성폭력 가해자가 되지 않으려면 성적 접촉 시 허락을 구하고, 상대방이 거부감을 나타내면 즉각 중지해야 함

② 성폭력 대처 방안

저항할 수 없는 상태에서 일방적으로 당한 성폭력은 자신의 잘못이 아니다. 성폭력을 당했을 경우 즉시 안전한 곳으로 대피하여 부모님, 선생님, 상담 기관에 적극적으로 도움을 요청한다.

| 성폭력 피해 발생 시 대처 방안 |

1 안전한 곳으로 피신하여 가족이나 선생님께 도움을 요청하고, 경찰이나 성폭력 상담센터로 신고한다.

2 원스톱 지원 센터가 있는 병원으로 가서 필요한 조치를 받는다.

1) 증거 보존을 위한 조치

- 가해의 증거를 보존하기 위해 목욕이나 샤워, 양치질하지 않는다.
- 가해자의 정액이 묻은 옷이나 입었던 옷과 소지품 등은 종이봉투에 담아 경찰에 제출한다.
- 음식을 먹거나 음료수를 마시지 않는다.

2) 임신이나 성병 감염 여부를 위한 조치

임신이나 성병 감염 여부를 알아보고 필요한 조치를 한다.

하나 더 알기 성폭력 피해 시 증거 보존

- 가해의 증거를 보존하기 위해 목욕이나 샤워, 양치질을 하지 않을 것
- 가해자의 정액이 묻은 옷이나 입었던 옷과 소지품 등은 종이봉투에 담아 경찰에 제출할 것
- 성폭력 피해 시 음식을 먹거나 음료수를 마시지 말고 원스톱센터가 있는 병원을 방문하여 임신이나 성병 감염 여부를 확인하도록 할 것

4 성폭력 위기 상황 대처하기

❶ 버스에서 내 몸을 만지는 경우: "지금 뭐 하시는 거예요." 하고 큰 소리로 말하고, 주위 사람들에게 "도와주세요."라고 도움을 요청한다.

❷ 학교 근처에서 성기 노출증 환자를 만나는 경우: "도와주세요."라고 외쳐 주변에 도움을 요청한 후 도망을 가서 경찰에 신고한다.

❸ 낯선 사람이 외진 곳으로 나를 데리고 성폭력하려고 할 경우: "도와주세요."라고 외친 후 호신용 스프레이를 뿌리거나 범죄자가 과격한 행동을 하도록 자극하지 말고 위기를 모면할 방법을 강구하면서 상황 파악을 잘하고 도망쳐서 경찰에 신고한다.

❹ 인터넷 채팅 중 직접 만남을 제안할 경우: 만남을 거절하고 혹시 모를 성폭력 상황을 미리 방지한다.

❺ 혼자 집에 있을 때 택배 등 낯선 사람이 문을 열어 달라고 할 경우: 절대로 문을 열어 주지 말고, 택배 물품 등은 물품 보관소나 집 앞에 두고 가도록 요청한다.

중단원 핵심 문제

01 성적 의사 결정에 따른 성 행동에 대한 설명으로 바르지 않은 것은?

① 성적 의사 결정은 누구에게나 강요받지 않는다.
② 성적 의사 결정은 자신의 의지로 판단하고 책임을 진다.
③ 성 행동은 상대방의 원하는 대로 모두 허용해 주는 것이 좋다.
④ 상대가 원하지 않으면 스스로 선택하지 않거나 강요해서도 안 된다.
⑤ 강요당하는 상황에서 성적 의사 결정권을 행할 수 없다면 성폭력이 될 수도 있다.

02 성 행동 시 올바른 자기 주장이라고 볼 수 있는 것은?

① 내 의사를 감추거나 비유해서 표현한다.
② '너 전달법'으로 말하여 상대의 기분을 상하게 하지 않는다.
③ 싫거나 좋다는 표현보다는 내 감정을 자제하여 대답을 회피한다.
④ 내가 싫어하는 행동과 말이 무엇인지 자신의 감정과 생각을 솔직하게 말한다.
⑤ 상대방과 의견이 다르거나 원하지 않는 행동을 강요당했을 때는 상대방과 의견을 조율한다.

03 다음 설명에 해당하는 용어를 무엇이라고 하는가?

> 상대방의 동의 없이 가슴, 엉덩이 등의 특정 신체 부위를 만지거나 음란한 농담을 하고, 외모를 성적으로 평가하거나 음란한 사진 등을 보여주는 행위

① 강간　② 성추행
③ 성희롱　④ 성폭력
⑤ 강간 미수

04 성폭력에 대한 설명으로 바른 것끼리 짝지어진 것은?

> ㉠ 성폭력은 신체적 · 언어적 · 정신적 폭력을 모두 포함한다.
> ㉡ 성폭력의 가해자는 우리 주변에서 알지 못하는 사람이 대부분이다.
> ㉢ 성폭력의 판단은 피해자가 아닌 가해자의 기준에서 판단해야만 한다.
> ㉣ 상대가 성적으로 수치심을 느끼거나 불쾌한 마음이 들면 성폭력에 포함된다.
> ㉤ 성폭력의 가해자가 되지 않으려면 성적인 말이나 행동 시 상대방이 기꺼이 동의한다는 뜻을 확인하고, 상대의 거절 의사를 존중한다.

① ㉠, ㉡, ㉢　② ㉠, ㉢, ㉣
③ ㉠, ㉣, ㉤　④ ㉡, ㉢, ㉤
⑤ ㉢, ㉣, ㉤

05 성폭력의 개인적 원인이라고 보기 어려운 것은?

① 성에 대한 지식이 부족하다.
② 잘못된 성 인식을 갖고 있다.
③ 왜곡된 성 정보를 접하기 쉽다.
④ 성폭력 피해를 신고하는 것이 쉬워졌다.
⑤ 성적인 말과 행동에 대한 개인의 인식 차이가 크다.

06 성폭력의 피해 예방에 대한 설명으로 잘못된 것은?

① 음란물이나 유해 환경을 접하지 않도록 한다.
② 올바른 성 지식이나 정보를 접할 수 있는 교육이 필요하다.
③ 성폭력 가해자에 대한 처벌을 강화하고 재범 방지를 위해 노력해야 한다.
④ 성폭력의 가해자도 잘못이지만 피해자에게도 일정 부분 잘못이 있다고 교육한다.
⑤ 동의하지 않은 모든 성적 접촉은 성폭력이므로 평소 자신의 느낌과 생각을 명확하게 표현하도록 한다.

07 성폭력 피해 시 올바른 대처 방안이라고 볼 수 있는 것을 모두 고른 것은?

> ㉠ 성폭력의 잘못이 나에게 있다고 생각한다.
> ㉡ 성폭력을 당한 경우 남에게 절대 발설하지 않는다.
> ㉢ 성폭력 피해 시 국번 없이 112에 신고하여 도움을 요청한다.
> ㉣ 원스톱 센터가 있는 병원을 방문하여 임신이나 성병 감염 여부를 확인하도록 한다.
> ㉤ 증거를 보존하기 위해 샤워를 하지 말고 입고 있던 옷과 소지품을 잘 보관한다.

① ㉠, ㉡, ㉢　② ㉠, ㉢, ㉣
③ ㉡, ㉢, ㉤　④ ㉡, ㉣, ㉤
⑤ ㉢, ㉣, ㉤

08 성폭력 위기 상황에서 대처하는 요령이다. 바르지 않은 것은?

① 버스에서 내 몸을 만지는 경우에 "지금 뭐 하시는 거예요."하고 큰 소리로 외친다.
② 길거리에서 성기 노출증 환자를 만나는 경우에는 "도와주세요."라고 외친 후 도망친다.
③ 혼자 집에 있을 때 택배 등 문을 열어 달라고 할 경우 문을 열어 주고 들어오라고 해서 물건을 받는다.
④ 인터넷 채팅 중 직접 만남을 제안할 경우에는 만남을 거절하고 혹시 모를 성폭력 상황을 미리 방지하고 수상하면 신고한다.
⑤ 낯선 사람이 외진 곳으로 나를 데리고 가 옷을 벗기려 할 경우에 "도와주세요."라고 외친 후 위기를 모면할 방법을 강구하면서 상황 파악을 잘하고 도망쳐서 경찰에 신고한다.

주관식 문제

09 성적 의사 결정에서 자기 주장을 표현하기 위해서 나를 중심으로 나의 감정을 솔직하게 표현하는 방법을 무엇이라고 하는가?

10 ㉠ 만원 버스나 지하철, 극장 등에서 상대방이 나의 가슴, 엉덩이 등을 문지르거나 접촉하려는 행위를 무엇이라고 하는가? ㉡ 이때 대처 방법은 무엇일까?

㉠

㉡

11 다음 성폭력에 대한 각 인식 중 잘못된 부분에 밑줄을 긋고, 그 부분을 고쳐서 바로 잡으시오.

> ㉠ 성폭력은 나와는 무관한 일이라고 생각한다.
> ㉡ 성폭력은 낯선 사람에 의해서만 발생한다.
> ㉢ 성폭력은 여자들이 스스로 조심하면 발생하지 않는다.
> ㉣ 성적인 접촉이 일어나지 않으면 성폭력이 아니라고 본다.
> ㉤ 성폭력을 일으키는 남자들은 성 충동을 억제할 수 없으므로 어쩔 수 없다.

㉠

㉡

㉢

㉣

㉤

05 가정 내 인권 문제, 가정 폭력

1 가정 폭력이란 무엇일까

1 가정 폭력의 의미

가족 구성원 사이의 신체적, 정신적 또는 재산상 피해를 수반하는 행위를 말한다(가정폭력범죄의 처벌 등에 관한 특례법).

2 가정 폭력의 문제점

❶ 가정은 행복한 삶의 원천이므로 폭력의 장소가 되면 가해자, 피해자를 비롯한 가족 모두에게 부정적인 영향을 준다.

❷ 부모의 의도와는 관계없이 아동에게 심리적 · 신체적으로 상해를 줄 수 있다.

❸ 신체적 폭력 외에 언어적 · 정서적 폭력이 실제 더욱 심각하다.

2 가정 폭력, 어떻게 예방하고 대처할까

1 부부 폭력

❶ '부부 간 폭력', 혹은 '남편에 의한 아내 폭력'이라는 의미로 통용된다.

❷ 가정(아내) 폭력 사건은 가족이라는 특수성과 함께 사람의 생명을 위협할 정도로 심각한 경우가 많다.

❸ 부부 폭력은 자녀를 비롯한 타 구성원에 대한 폭력으로 이어지기 쉽다.

❹ 성장기 자녀의 정서 및 비행에 영향을 미치고 나아가 자녀의 자살이나 폭력 학습으로 전이될 수 있다.

2 아동 학대

❶ 자녀 폭력은 훈육상 필요한 것으로 인식되어 관대하게 받아들이는 경향이 있다.

❷ 자녀에 대한 폭력을 가족 내의 문제로 여겨 사회적으로 미개입하는 경우가 많다.

❸ 신체적 · 정서적으로 미성숙한 상태의 자녀 폭력은 자녀에게 심각한 손상을 끼친다.

❹ 신체적 손상 외에 정서적 손상도 있으며 상대적으로 큰 영향력을 가지는 것은 언어적 학대이다.

❺ 부모에게 폭력을 당할 경우 아동은 낮은 자존감, 과도한 공격성, 반사회적 성격을 보인다.

❻ 아동 학대 예방을 위해 학교, 가정, 사회 복지 단체 등이 함께 참여하는 종합 대책이 필요하다.

3 노인 학대

❶ 우리나라에서 노인 학대를 경험한 노인은 전체 노인의 13.8%에 달한다.

❷ 정서적 학대(67%)를 경험한 노인이 가장 많고, 방임(22%), 경제적 학대(4.3%), 신체적 학대(3.6%) 순이다.

❸ 농어촌, 여성, 배우자가 없는 경우, 연령이 높을수록, 교육 및 소득 수준이 낮을수록, 건강 상태가 나쁠수록 노인 학대를 많이 경험한다.

❹ 학대 발생의 가장 큰 요인 중 하나는 노인 피해자와 학대자인 가족 간의 갈등이다.

❺ 노인과 부양가족들 간의 열린 대화가 이루어진다면 관계 회복 가능성이 있다.

4 가정 폭력 가해자와 피해자 특성 및 대처 방안

❶ 가정 폭력 가해자의 경우 사회 심리적 특성으로 공격성이 높으며, 성 역할에 대한 고정 관념과 폭력에 대한 허용적 태도, 음주를 많이 하는 경향이 있다.

❷ 가정 폭력 노출 청소년은 정서적으로 우울 · 불안하고 위축되어 있으며 사회적으로는 또래 관계 형성에의 어려움 및 학교생활 적응에 어려움을 보인다.

❸ 폭력 피해를 입은 경우 대처 방안으로 학교 내 상담교사, 교육청의 상담센터 등에 의뢰하거나 전문적 치료를 위해 각 시, 도별로 설치 운영 중인 건강가정지원센터에 의뢰하는 것이 좋다.

중단원 핵심 문제

01 65세 이상의 노인 인구가 전체 인구의 7%에 도달하게 되는 사회를 일컫는 용어는 무엇인가?

① 노인 사회 ② 고령화 사회
③ 고령 사회 ④ 초고령 사회
⑤ 노령 사회

02 다음 중 가정 폭력에 해당하지 않는 것은?

① 늦게 귀가하는 자녀에게 체벌을 가하는 행위
② 성적이 나쁜 자녀에게 식사를 하지 못하게 하는 행위
③ 동생과 다투는 형을 형답지 못하다고 계속 구박하는 행위
④ 자녀의 친구 관계나 이성 교제를 문제 삼아 충고를 하는 행위
⑤ 못 미더워 하는 자녀에게 기대도 하지 않고 무심함을 보이는 행위

03 다음 중 우리나라에서 행해지고 있는 가정 폭력 유형 가운데 가장 높은 비중을 차지하는 것은 어느 것인가?

① 신체적 학대 ② 정서적 학대
③ 경제적 학대 ④ 성적 학대
⑤ 인격적 학대

04 아동 학대에 대한 다음 설명 중 적절하지 않은 것은?

① 아동 학대의 가해자는 부모뿐 아니라 조부모나 보호자를 포함한다.
② 아동 학대는 신체적 가혹 행위 외에 언어적 · 정신적 가혹 행위도 포함된다.
③ 학대받은 아동은 어른이 되어서도 대개 폭력을 대물림하는 경향을 보인다.
④ 아동 학대가 이루어지는 공간은 가정이므로 다른 사람들이 쉽게 발견할 수 있다.
⑤ 피해 아동은 학교생활에서 과도한 공격성, 반사회적 행동을 하게 되는 경향을 보인다.

05 부모에게 지속적으로 폭력을 당한 아동에게 나타나는 행동 유형으로 적절하지 않는 것은?

① 자존감이 낮아지는 경향이 있다.
② 정서적 불안감을 보이는 경향이 있다.
③ 친구들 사이에서 과도한 공격적 성향을 보인다.
④ 정서적으로 숙련되어 사회생활에 적응이 빠르다.
⑤ 심할 경우에는 정신적 이상 증세를 보이기도 한다.

06 부부 폭력의 유형 가운데 언어와 정신적 학대에 해당하지 않는 것은?

① 말로 공격, 협박, 위협, 희롱하는 행위
② 피해자의 의사 결정권을 침해하는 행위
③ 가족의 생계나 안전을 책임지지 않는 행위
④ 대화를 거부하거나 무시하고 업신여기는 행위
⑤ 경멸하는 말투로 모욕을 주거나 무능력하다고 비난하는 행위

07 아동 학대 신고 의무자에 해당하지 않는 사람은?

① 초중등 교사 ② 의료진
③ 시설 종사자 ④ 아이 돌보미
⑤ 문구 판매원

주관식 문제

08 오늘날 증가하고 있는 가정 폭력 현상을 인지하고 피해자를 구제하기 위해 가정 폭력 범죄를 알게 되었을 때 신고하도록 의무화 시켜놓은 법은 무엇인가?

09 노인 학대를 예방하기 위한 방안에 대해 서술하시오.

06 안전한 식품 선택과 보관·관리
07 가족을 위한 한 끼 식사 마련하기

① 건강을 위한 식품 선택, 어떻게 해야 할까

1 식품 표시 알기

❶ **식품 표시**: 소비자에게 정보를 주기 위해 식품 포장지에 식품과 관련된 다양한 내용을 표시하여 알리기 위한 표시이다.

❷ **식품 표시에 포함되는 주요 내용**
- 유통기한: 소비자에게 판매가 허용되는 기한(제조연월일로 표기되는 경우도 있음)
- 원재료명: 식품 제조 시 사용된 원료들을 많이 들어간 순서대로 표시
- 영양 표시(영양 정보): 식품의 영양 정보를 알려주는 것으로, 각 식품에 포함된 영양소의 함량과 1일 영양 성분 기준치에 대한 비율* 등이 적혀 있다.

> **TIP 식품첨가물**
> 식품을 제조 · 가공 · 보존하기 위해 식품에 첨가하는 물질로 식품의 외관을 좋게 하거나 풍미를 향상시키고 변질과 부패를 막기 위해 사용된다. 식품첨가물로 인한 영향이 아직 과학적으로 증명되지 않았으므로 식품 표시에서 식품첨가물을 확인하는 습관을 지녀야 한다.
>
> **1일 영양 성분 기준치에 대한 비율**
> 하루에 섭취해야 할 영양 성분 기준치를 100%라고 할 때 해당 식품의 섭취를 통해 얻는 영양 성분의 비율을 나타낸 것

2 유전자 재조합 식품 확인하기

❶ **유전자 재조합 식품(GMO)**: 유전자 조작 생물체를 원료로 사용하여 제조 · 가공한 식품(식품첨가물)으로 유전자 변형 식품 또는 유전자 조작 식품이라고도 부른다.

❷ **유전자 재조합 식품의 확인 방법**
- 유전자 재조합 식품의 경우, 식품의 겉에 '유전자 재조합 식품' 또는 '유전자 재조합 ○○ 포함 식품'으로 표시되어 있거나 식품 표시의 원재료명에 '○○(유전자 재조합)' 또는 '○○(유전자 재조합된 ○○)'으로 표시되어 있음
- 유전자 재조합 여부를 확인할 수 없는 식품의 경우 '유전자 재조합 ○○ 포함 가능성 있음'으로 표시되어 있기도 함

3 환경을 고려한 식품 선택하기

1) 로컬 푸드 구매하기

❶ 로컬 푸드(local food)의 장점
- 식품의 이동 거리를 단축해 이산화탄소 배출량을 줄일 수 있다.
- 긴 운송에 따른 식품 변질을 막기 위해 사용하는 첨가물이나 가공 처리를 하지 않아 건강에 이롭다.
- 제품이 신선하고 유통 과정이 간소화되어 저렴하게 구매할 수 있다.
- 식품의 생산지와 생산 방법에 대한 불안감이 해소된다.

> **TIP 푸드 마일리지**
> 푸드 마일리지는 음식 재료가 산지에서 식탁에 오르기까지의 수송 거리로, 푸드 마일리지가 높을수록 배출되는 온실 가스가 많다는 뜻이다.

2) 환경친화적 식품 선택하기

마크	설명
	합성 농약과 화학 비료를 사용하지 않고 재배한 농산물과 항생제와 항균제를 첨가하지 않은 유기사료를 먹여 사육한 축산물
	합성 농약, 화학 비료를 사용하지 않고 재배한 유기원료(유기 농산물, 유기 축산물)를 제조 · 가공한 식품
	합성 농약은 사용하지 않고 화학 비료는 최소화하여 생산한 농산물
	항생제와 항균제 등이 첨가되지 않은 사료를 먹이고, 축사와 사육 조건, 질병 관리 등의 엄격한 인증 기준을 지켜 생산한 축산물

▲ 환경친화적 식품 마크

3) 제철 식품 선택하기

제철 식품은 비닐하우스에서 생산되는 식품에 비해 농약을 덜 사용하게 되며 맛과 영양이 우수하고 신선하며 가격이 저렴하다.

2 식품을 안전하게 관리 · 보관하려면 어떻게 해야 할까

1 식품별 보관 온도

상온 보관	건조식품, 각종 조미료, 감자, 양파 등(햇볕이 비치지 않고 습하지 않고 바람이 통하는 곳)
냉장 보관	과일, 우유 및 유제품, 달걀, 육류와 어패류 등
냉동 보관	빙과류, 보관해야 할 어패류 및 육류 등

❶ 냉동 보관 식품을 해동할 때에는 냉장실이나 전자레인지를 사용하며, 실온에 방치하면 식품 부패와 미생물 증식이 빨라진다.

❷ 해동한 음식을 재냉동하면 미생물 번식으로 식중독 위험이 높고, 수분이 빠져나가 식품의 상태가 나빠진다.

2 식중독

❶ 식중독이란 병원성 세균, 화학 물질, 자연독 등이 든 음식물을 섭취하여 발생하는 질병으로, 복통이나 구토, 설사 등의 중독 증상이 나타난다.

❷ 식중독 예방법

- 식품별 보관 온도에 맞게 보관한다(냉장 식품은 5℃ 이하 보관).
- 식품 조리 시 식품 중심부의 온도가 74℃ 이상으로 상승한 후 1분 이상 충분히 가열하여 식중독균을 제거한다.
- 음식을 조리하거나 만지기 전 반드시 손을 씻고, 설사나 구토 등의 증세가 있는 사람은 조리를 피한다.

하나 더 알기 환경 호르몬

식품 보관 용기, 물병, 통조림 캔 등에 들어있는 내분비 교란 물질로, 우리 몸에 들어가면 마치 호르몬처럼 작용하여 생식 기능 저하, 기형아 출산, 성 조숙증, 내분비 호르몬 교란, 갑상샘 기능 저하, 암 등의 건강 문제를 일으킬 수 있다.

3 건강한 한 끼 식사 계획, 무엇을 고려해야 할까

1 우리나라 전통 식생활의 활용

1) 균형 있는 식사의 중요성

❶ 1인 가구와 맞벌이 가구의 증가로 가족 구성원이 함께 식사하거나 손수 조리하는 횟수가 줄어들고 있다.

❷ 가족과 함께하는 식사는 정서적 안정감에 도움을 준다.

❸ 식사를 계획할 때에는 영양상으로 균형을 이루며 다양한 재료와 조리법을 사용한 한식 전통 식단을 활용하면 좋다.

2) 한식의 우수성

❶ **영양의 균형**: 곡류를 주식으로 하고, 육류 · 생선류 · 채소류 · 해조류 등을 부식으로 하기 때문에 다양한 식품을 섭취하기 좋고 영양적으로 균형 잡힌 식단이다.

❷ **다양한 재료와 조리법의 사용**: 신선한 계절 식품을 구이, 전, 조림, 볶음, 찜 등 다양한 방법으로 조리하므로 맛이 우수하고 가족의 다양한 기호를 충족시킬 수 있다.

❸ **발효 식품의 발달**: 장류(간장, 된장, 고추장, 청국장), 김치류, 젓갈류, 막걸리 등의 발효식품은 맛과 향이 우수하며, 저장성도 뛰어나고 건강에 좋다.

3) 다양한 조리법

끓이기와 삶기	• 식품을 많은 양의 물에 넣고 가열하는 것 • 가열 후 물을 버릴 경우 수용성 영양소의 손실이 생김 예 된장국, 갈비탕, 삶은 감자, 수육, 등
데치기	• 끓는 물에 식품을 넣어 짧은 시간 내에 익히는 방법 • 데치는 시간이 길어지면 수용성 영양소의 손실이 커짐 예 각종 나물, 브로콜리 데침 등
조리기	• 양념과 물을 넣고 국물이 없어질 때까지 가열하는 방법 • 양념과 물의 양 조절이 중요함 예 감자조림, 갈치조림 등
찌기	• 가열된 뜨거운 수증기로 식품을 익히는 방법 • 비교적 시간이 오래 걸리지만 수용성 영양소와 맛의 손실이 적음 예 떡, 찐 옥수수 등
굽기	• 프라이팬이나 석쇠 등을 이용하여 식품을 불로 직접 익히거나 뜨거운 공기로 익히는 방법 • 타거나 오랫동안 구울 경우 유해 물질이 생길 수 있음 예 생선구이, 삼겹살 구이 등
볶기	• 프라이팬에 재료를 넣고 그냥 볶거나 기름을 두르고 재빨리 저어 가며 익히는 방법 • 단시간 조리가 가능하고 영양소 손실이 적음 예 감자볶음 등
부치기	• 프라이팬에 기름을 조금 두르고 식품을 올려 익히는 방법 • 한쪽 면을 익힌 뒤 뒤집고, 자주 뒤집지 않는 것이 좋음 예 생선전, 김치전 등
튀기기	• 뜨거운 기름(120~200℃) 속에서 재료를 익히는 방법 • 짧은 시간에 조리할 수 있고, 기름에 의해 음식의 맛이 좋아짐 예 새우튀김 등

2 한 끼 식사 계획하고 준비하기

1) 식사 계획

❶ 식사를 계획할 때는 가족 구성원의 수, 생활양식, 기호 등을 고려하여 음식의 종류와 양을 정하고 안전하고 위생적인 방법으로 조리해야 한다.

❷ 식사 준비 과정은 재료 준비하기, 다듬기, 씻기, 썰기, 조리하기, 담기 순으로 이루어진다.

❸ 조리할 때에는 음식의 특징과 조리 시간을 예상해서 조리 순서를 정한다.

2) 식사 계획의 예

❶ 계획하기

요리명	재료	식품군					
참치 채소 샌드위치	참치, 각종 채소, 과일, 식빵	곡류	고기 · 생선 · 달걀 · 콩류	채소류	과일류	우유 · 유제품류	유지 · 당류
		○	○	○	○		○
우유	우유					○	

❷ **재료 선택**: 제철 식품과 로컬 푸드를 활용하여 안전하고 영양이 풍부한 것, 신선한 것을 고른다.

❸ **조리하기**: 적절한 조리 방법으로 위생과 안전을 고려하고 조리한다.

4 위생과 안전을 고려한 조리 및 평가

1 안전하고 위생적으로 조리하기

1) 조리 전

❶ **손 씻기**: 반드시 물과 세척제를 사용하여 손에 있는 미생물을 제거해야 한다.

❷ 조리 도구 준비하기

칼과 도마	• 쓸 때마다 깨끗이 씻고 자주 소독하며 오래된 것은 교체한다. • 어육류 전용 도마와 칼을 따로 사용한다.
올바른 조리 기구 선택	• 금속제 조리 기구는 전자레인지에 사용하면 안 된다. • 플라스틱 손잡이가 달린 금속제 조리 기구는 오븐에 사용하면 안 된다. • 빈 냄비나 프라이팬을 오래 가열하면 조리 도구 자체가 타서 유해 물질이 만들어진다. • 알루미늄 냄비에는 산을 함유한 식품(양배추, 토마토 등)을 조리하면 알루미늄 성분이 용출되므로 주의한다. • 니켈이 도금된 전지 주전자는 물을 담아두면 니켈이 용출되므로 남은 물은 최대한 빨리 비운다.
세척	• 과일 및 채소의 잔류 농약을 효과적으로 제거하기 위해 물에 1분 동안 담근 후 새 물로 갈고 손으로 저어주면서 30초 동안 씻는다.

2) 조리 중

❶ **열원**: 열원(가스레인지, 전자레인지, 오븐 등)을 사용할 때는 화상의 위험이 있으므로 주의한다.

❷ **환기**: 가스 사용 시에는 반드시 환기를 시키고, 조리 시 발생하는 미세먼지를 배출하기 위해 레인지 후드를 작동시키고 환기를 한다.

❸ **조리 도구**: 칼, 가위 등과 같이 날카로운 조리 도구 사용 시 손이 베이지 않게 주의한다.

❹ 조리 방법

구이	육류와 생선류 등은 너무 높은 온도에서 조리하면 유해 물질이 발생하므로, 200℃ 이하의 중간 불에서 조리하고 직화구이(특히 석쇠)보다는 팬이나 불판을 사용한다.
튀김	너무 높은 온도에서 튀기면 식용유의 산패* 현상이 일어나므로 적정 온도로 요리하고(채소 160~180℃, 육류는 180~190℃), 식용유는 여러번 재사용하지 않는다. * 산패 기름과 같은 식품을 공기에 장기간 노출하거나 고온에서 가열하면 맛과 색이 나빠지고 불쾌한 냄새가 나는 현상

3) 조리 후

설거지 및 뒷정리	• 세제는 적당량만 사용하고, 기름이 많이 묻은 그릇은 종이로 기름을 닦은 후 설거지한다. • 식사 후에 남은 음식을 잘 정리하여 부패하지 않게 하고, 다음 식사에도 먹을 수 있도록 잘 보관한다.
음식물 쓰레기 줄이기	• 장보기 전에 식단을 계획하여 필요한 양과 재료만 구매하고, 알맞은 양만 조리한다. • 음식물 쓰레기는 물기를 최대한 제거하여 분리수거하고, 조개껍데기, 생선가시, 과일 씨앗 등은 일반 쓰레기로 분류하여 버린다.

2 식사 평가하기

❶ **식사 평가의 필요성**: 식사 계획에 있어 잘된 점과 개선해야 할 점을 평가하여 다음 식사에 반영함으로써 가족의 요구와 영양에 적합한 식사를 계획할 수 있게 한다.

❷ 식사 평가 내용(예시)

영역	평가 내용	잘 됨	보통	잘못됨
가족의 요구	음식의 맛과 질감은 적절했는가?			
	다양한 조리법으로 조리했는가?			
	가족 구성원의 요구가 잘 반영되었는가?			
영양	식품의 종류가 다양했는가?			
	여섯 가지 식품군 모두 적절히 섭취했는가?			
	동물성 지방, 소금, 설탕 등의 섭취량이 알맞았는가?			
위생	위생적으로 조리했는가?			
안전	안전하게 조리했는가?			
능률 및 환경	조리 기구를 적절히 사용했는가?			
	음식물 쓰레기를 줄이기 위해 노력했는가?			
	음식물 쓰레기 처리는 잘 되었는가?			
	설거지 및 뒷정리는 잘 되었는가?			

중단원 핵심 문제

⑯ 안전한 식품 선택과 보관 · 관리
⑰ 가족을 위한 한 끼 식사 마련하기

01 다음 중 식품 표시에서 확인할 수 <u>없는</u> 것은?

① 원재료명
② 제조연월일
③ 식품첨가물 양
④ 알레르기 유발 물질
⑤ 1일 영양 성분 기준치에 대한 비율

02 다음 ⓐ와 ⓑ 두 제품의 영양 정보를 보고 옳게 비교한 것을 모두 고른 것은?

ⓐ

영양정보	총 내용량 200ml 135kcal
총 내용량당	1일 영양성분 기준치에 대한 비율
나트륨 100mg	5%
탄수화물 10g	3%
당류 10g	10%
지방 8g	16%
트랜스지방 0g	
포화지방 5g	33%
콜레스테롤 20mg	7%
단백질 6g	11%

1일 영양성분 기준치에 대한 비율(%)은 2,000kcal 기준이므로 개인의 필요 열량에 따라 다를 수 있습니다.

원재료명: 원유 100%(국산)

ⓑ

영양정보	총 내용량 200ml 175kcal
총 내용량당	1일 영양성분 기준치에 대한 비율
나트륨 125mg	6%
탄수화물 25g	8%
당류 25g	
지방 5.3g	11%
트랜스지방 0g	
포화지방 4.1g	27%
콜레스테롤 15mg	5%
단백질 6.5g	11%

1일 영양성분 기준치에 대한 비율(%)은 2,000kcal 기준이므로 개인의 필요 열량에 따라 다를 수 있습니다.

원재료명: 정제수, 액상과당, 전지분유 3.9%(수입산), 탈지분유 2%, 코코아분말 1%(네덜란드산), 식물성크림, 합성착향료(쵸코향), 카라기난, 정제소금, 수크랄로스(합성감미료)

㉠ ⓐ 상품은 ⓑ 상품보다 지방 함량이 높다.
㉡ ⓐ 상품은 ⓑ 상품보다 나트륨 함량이 높다.
㉢ ⓐ 상품의 당류는 설탕을 첨가한 것이다.
㉣ ⓑ 상품에는 식품첨가물이 포함되어 있다.

① ㉠, ㉡ ② ㉡, ㉢
③ ㉢, ㉣ ④ ㉠, ㉢
⑤ ㉠, ㉣

03 다음과 같은 식품 표시의 원재료명에서 식품첨가물에 해당하는 것은?

① 계란 ② 백설탕
③ 정제염 ④ 소맥분(밀)
⑤ L-글루타민산나트륨

04 다음 중 유전자 재조합 식품을 확인하는 방법을 바르게 제시한 학생을 〈보기〉에서 고른 것은?

〈보기〉

수지: 원재료명에 '유전자 재조합'이라고 표시된 내용을 확인한다.
명희: 유전자 재조합 여부가 확실한 식품에만 '유전자 재조합'이라는 용어가 표시되어 있다.
서진: 즉석 제조 식품이나 위생 상자를 사용한 경우는 유전자 재조합 식품을 표기할 수 없다.
민우: 식품의 포장 겉면에서 '유전자 재조합 식품'이라고 적어져 있는 식품 표시를 확인한다.

① 명희, 수지 ② 명희, 서진
③ 수지, 서진 ④ 수지, 민우
⑤ 서진, 민우

05 유전자 재조합 식품이 갖는 장점으로 보기 어려운 것은?

① 토종 품종 감소
② 식량 문제 해결
③ 의약품 제조에 사용
④ 농작물의 수확량 증가
⑤ 좋은 품질의 농산물 생산 가능

06 다음 중 환경을 고려한 식품 선택 방법이 아닌 것은?

① 로컬 푸드 구매하기
② 푸드 마일리지 고려하기
③ 비닐하우스 식품 선택하기
④ 환경친화적 식품 선택하기
⑤ 환경친화적 식품 마크 확인하기

07 다음의 식품 표시 내용을 옳게 이해한 것을 〈보기〉에서 모두 고른 것은?

영양정보	1회 제공량 1개(23.5g) 총4회 제공량(94g)	
1회 제공량당 함량		%영양소 기준치
열량	130 kcal	
탄수화물	13 g	4%
당류	12 g	
단백질	2 g	4%
지방	8 g	16%
포화지방	5 g	33%
트랜스지방	0 g	
콜레스테롤	5 mg	2%
나트륨	25 mg	1%

* %영양소 기준치: 1일 영양소 기준치에 대한 비율

〈 보기 〉
㉠ 총 4회 분량을 제공하는 식품이다.
㉡ 총 4회 분량을 먹었을 때 열량은 130kcal이다.
㉢ 1회 제공량을 기준으로 영양소 함량을 표시하였다.
㉣ 3회 제공량을 먹었을 때 단백질의 하루 필요량을 충족시킬 수 있다.

① ㉠, ㉡ ② ㉠, ㉢
③ ㉡, ㉢ ④ ㉡, ㉣
⑤ ㉢, ㉣

08 다음 제시된 문장에서 영양 성분 표시를 확인해야 하는 이유와 가장 관련이 깊은 식품첨가물은?

무설탕이라는 달콤한 말에 넘어가지 말라

① 감미료 ② 착향료
③ 표백제 ④ 보존제
⑤ 착색제

09 다음과 같은 환경친화적 식품 마크에 해당되는 설명으로 옳은 것을 〈보기〉에서 모두 고른 것은?

〈 보기 〉
㉠ 우수 농식품을 소비자가 믿고 구매할 수 있도록 국가가 인증하는 제도이다.
㉡ 유기가공식품 마크는 합성 농약, 화학 비료를 사용하지 않고 재배한 유기원료를 제조 · 가공한 식품에 부여된다.
㉢ 무항생제 마크는 항생제가 첨가되지 않은 사료를 먹이고, 축사와 사육 조건, 질병 관리 등의 인증 기준을 지켜 생산한 축산물에 부여된다.

① ㉠ ② ㉢
③ ㉠, ㉡ ④ ㉡, ㉢
⑤ ㉠, ㉡, ㉢

10 냉장고 속 식품을 안전하게 보관하는 방법으로 가장 적당한 것은?

① 육류는 1회 사용분씩 나누어 보관한다.
② 채소나 과일은 신문지에 싸서 보관한다.
③ 달걀은 둥근 부분이 아래가 되도록 보관한다.
④ 마요네즈, 요거트 등은 냉동실에 장기 보관한다.
⑤ 생선이나 어패류는 씻지 않은 상태로 밀폐용기에 보관한다.

11 식중독을 예방하는 방법으로 옳지 않은 것은?

① 조리 전 손을 씻는다.
② 식품별로 보관 온도를 지켜서 보관한다.
③ 식품을 조리할 때 충분히 익혀서 식중독균을 제거한다.
④ 손에 상처가 있거나 설사 등의 증세가 있는 경우는 조리를 피한다.
⑤ 냉동 보관 식품을 해동할 때에는 실온에서 오랜 시간 동안 해동한다.

12 다음 중 상온에서 보관할 수 있는 식품은?

① 우유　② 달걀
③ 어패류　④ 빙과류
⑤ 건조식품

13 다음 중 발효식품이 아닌 것은?

① 간장　② 소금
③ 막걸리　④ 새우젓
⑤ 배추김치

14 다음과 같은 설문조사 결과와 가장 관련이 깊은 밥상머리 교육의 효과는?

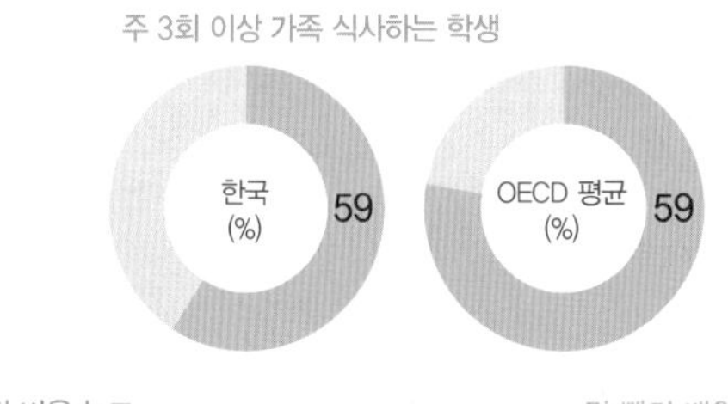

① 건강해진다.
② 안정감을 느낀다.
③ 사회성이 발달한다.
④ 성적과 어휘력이 향상된다.
⑤ 가족 간에 유대감과 행복감이 높아진다.

15 우리나라 한식 상차림에 대한 설명으로 옳은 것을 〈보기〉에서 모두 고른 것은?

〈 보기 〉
㉠ 육류 위주의 식단이다.
㉡ 조리법이 단순하여 영양소 손실이 적다.
㉢ 장류, 김치류 등 다양한 발효식품이 있다.

① ㉠　② ㉢
③ ㉠, ㉡　④ ㉡, ㉢
⑤ ㉠, ㉡, ㉢

16 다음 중 유산균의 이로운 점으로 보기 어려운 것은?

① 암 예방
② 성인병 예방
③ 면역력 증강
④ 소장 · 대장에서 유해균 증가
⑤ 소장에서 콜레스테롤 흡수 방해

17 다음 〈보기〉의 한 끼 식사를 계획하고 준비하는 순서를 바르게 나열한 것은?

〈 보기 〉
㉠ 다듬기, 씻기, 썰기, 조리하기, 담기 순으로 조리한다.
㉡ 음식에 따라 특징과 조리 시간을 예상해서 조리 순서를 정한다.
㉢ 가족 구성원의 수, 생활양식 기호 등을 고려하여 음식의 종류와 양을 정한다.
㉣ 제철 식품과 로컬 푸드를 활용하여 안전하고 영양이 풍부한 것으로 재료를 선택한다.

① ㉠ – ㉡ – ㉢ – ㉣
② ㉠ – ㉢ – ㉡ – ㉣
③ ㉢ – ㉠ – ㉣ – ㉡
④ ㉢ – ㉣ – ㉡ – ㉠
⑤ ㉡ – ㉢ – ㉣ – ㉠

18 다음과 같은 조리 방법을 이용한 음식은?

- 양념과 물을 넣고 국물이 없어질 때까지 가열하는 방법
- 물이 줄어들고 양념이 스며들면 짜질 수 있으므로 양념과 물의 양 조절이 중요함

① 된장국 ② 김치전
③ 갈치조림 ④ 감자볶음
⑤ 삼겹살 구이

19 다음 중 조리 도구 이용 방법을 가장 바르게 말한 사람은 누구인가?

① 은정: 금속제 조리 기구는 전자레인지를 사용할 수 있어.
② 영진: 플라스틱 손잡이가 달린 금속제 조리 기구는 오븐에 사용할 수 있어.
③ 태민: 빈 냄비나 프라이팬은 소독도 할 겸 오래 가열한 후 사용하는 것이 좋아.
④ 상혁: 불소 코팅 프라이팬에서 음식 조리 시에는 스테인레스 뒤집개를 사용하는 것이 좋아.
⑤ 지수: 알루미늄 냄비에 산을 함유한 식품을 조리하면 알루미늄 성분이 용출되므로 주의해야 해.

20 다음 중 올바른 전자레인지 사용방법에 대한 설명으로 옳은 것만을 〈보기〉에서 모두 고른 것은?

〈 보기 〉
㉠ 내열성이 없는 그릇이나 알루미늄 포일 용기를 사용한다.
㉡ 식품이 밀봉된 용기나 포장에 들어있는 경우에는 그대로 가열한다.
㉢ 전자레인지가 작동 중일 때는 전자파의 위험이 있으니 30cm 이상 거리를 유지한다.
㉣ 전자레인지에서 끓인 물은 화상 위험이 있으므로 반드시 20~30초 정도 후에 컵을 꺼낸다.

① ㉠, ㉡ ② ㉢, ㉣
③ ㉠, ㉡, ㉣ ④ ㉡, ㉢, ㉣
⑤ ㉠, ㉡, ㉢, ㉣

21 다음 중 조리 방법을 올바르게 설명한 것은?

① 생선을 구울 때는 자주 뒤집어 준다.
② 육류의 탄 부분은 제거하고 섭취한다.
③ 육류는 250℃ 이상의 센 불에서 조리한다.
④ 튀김을 할 때에는 최대한 높은 온도에서 바삭하게 튀겨낸다.
⑤ 수용성 영양소의 손실을 줄이기 위해서는 삶기 방법이 적합하다.

22 식사 평가 시 다음과 같은 평가 내용을 포함하는 평가 영역은?

- 식품의 종류가 다양했는가?
- 여섯 가지 식품군 모두 적절히 섭취했는가?
- 동물성 지방, 소금, 설탕 등의 섭취량이 알맞았는가?

① 위생 ② 영양
③ 안전 ④ 가족의 요구
⑤ 능률 및 환경

23 식품별 식품첨가물을 줄이는 방법을 연결해 보자.

①  • • ㉠ 뜨거운 물로 데친다.

②  • • ㉡ 찬물에 담가둔다.

③  • • ㉢ 흐르는 찬물에 깨끗이 씻는다.

주관식 문제

24 다음 ( ) 안에 들어갈 조리 방법을 순서대로 쓰시오.

> 한식은 곡류, 육류, 생선류, 채소류, 해조류 등의 다양한 식품을 사용하여 영양적으로 균형 잡혀 있다. 또한 식품에 많은 양의 물을 넣고 가열하는 (㉠), 가열된 뜨거운 수증기로 식품을 익히는 (㉡), 프라이팬에 기름을 조금 두르고 식품을 올려 익히는 (㉢) 등 다양한 조리 방법을 사용하기 때문에 가족들의 다양한 기호를 충족시킬 수 있다.

㉠ ㉡ ㉢

25 다음 〈보기〉의 시금치나물 만드는 방법을 순서대로 나열하시오.

〈 보기 〉

㉠ 시금치의 물기를 꼭 짜고, 길면 5cm 정도의 길이로 자른다.
㉡ 간장, 참기름, 소금, 깨소금을 모두 섞은 후 시금치를 넣고 무친다.
㉢ 시금치를 다듬어서 끓는 물에 소금을 약간 넣고 1분 동안 데친 후 바로 찬물에 헹군다.

26 ㉠ 식품 표시의 의미와 ㉡ 식품 표시에 포함되는 내용을 2가지만 적어보시오.

㉠

㉡

27 환경을 고려해서 식품을 선택하기 위한 방법을 2가지만 제시하시오.

28 가정에서 음식물 쓰레기를 줄일 수 있는 실천 방안을 2가지만 서술하시오.

대단원 정리 문제

01 한국인 영양 섭취 기준에서 인체 건강에 나쁜 영향이 나타나지 않을 정도의 최대 영양소 섭취 수준을 무엇인가?

① 권장 섭취량
② 평균 필요량
③ 충분 섭취량
④ 상한 섭취량
⑤ 최소 섭취량

02 다음과 같은 특징을 갖는 식품군에 속하지 않는 식품은 어느 것인가?

- 매일 3~4회 정도 섭취
- 주 영양소: 단백질, 지방, 철, 티아민, 리보플라빈
- 반찬으로 많이 섭취하고 있음

① 소고기, 닭고기 등의 고기류
② 고등어, 조기 등의 생선류
③ 김, 파래, 미역 등의 해조류
④ 모시조개, 전복 등의 조개류
⑤ 콩 등의 두류나 다양한 견과류

03 균형 잡힌 식사 계획을 구성할 때 고려해야 할 사항으로 묶인 것은?

㉠ 필요한 영양소는 점심과 저녁에 치중하여 계획한다.
㉡ 대체 식품을 이용하면 경제적인 부담을 줄일 수 있다.
㉢ 가족이 좋아하는 식품과 조리법을 사용하되 편식하지 않도록 한다.
㉣ 가족의 건강이 중요하므로 식비 예산을 최우선으로 세워 자주 외식을 계획한다.
㉤ 같은 식품군이라도 포함된 영양소의 종류와 양이 다르므로 다양한 식품을 이용한다.

① ㉠, ㉡, ㉢　② ㉠, ㉢, ㉣
③ ㉡, ㉢, ㉤　④ ㉡, ㉣, ㉤
⑤ ㉢, ㉣, ㉤

04 다음 식품 중 식품군의 분류가 다른 하나는 어느 것인가?

① 버터　② 치즈
③ 식용유　④ 참기름
⑤ 마요네즈

05 식사 구성안을 작성할 때 대체 식품으로 사용한 것이 올바르지 않은 것은?

① 생선 대신 어묵을 이용하였다.
② 치즈 대신 버터를 이용하였다.
③ 소고기 대신 닭고기를 이용하였다.
④ 겨울에 생태 대신 동태를 이용하였다.
⑤ 국산 밀가루 대신 수입 밀가루를 이용하였다.

06 다음 중 주거 가치관에 영향을 미치는 요인과 가장 거리가 먼 것은 어느 것인가?

① 편의 시설
② 자녀의 학군
③ 주변 자연 환경
④ 부부의 나이나 학력
⑤ 경제적 수준이나 생활양식

07 다음과 같은 특징을 갖는 주거 공간에 거주하기에 적합한 가족의 형태는?

- 공동생활 공간은 중앙에 위치하여 온 가족이 사용하기 편리하게 한다.
- 독립성이 요구되는 침실이나 자녀의 방은 떨어지게 한다.
- 세대별로 부엌과 화장실을 따로 마련하는 것이 좋다.
- 세대별 독립된 출입문을 만드는 것도 좋다.

① 독신 가구
② 노인 단독 가구
③ 한 부모 자녀 가구
④ 맞벌이 부부 가구
⑤ 3세대 확대 가족 가구

08 유니버설 주거에서 출입문 레버형 손잡이는 유니버설 디자인의 어떤 원리를 적용한 것인가?

① 지원성 ② 수용성
③ 안전성 ④ 심미성
⑤ 접근 가능성

09 근린시설 중 성격이 다른 하나는 무엇인가?

① 학교
② 놀이터
③ 이웃 주민
④ 급배수 시설
⑤ 도로와 주차 공간

10 주거 공간을 구성할 때 공간의 연결이 바르게 된 것끼리 묶인 것은?

> ㉠ 공동생활 공간 – 거실, 식사실
> ㉡ 개인 생활 공간 – 침실, 공부방
> ㉢ 가사 작업 공간 – 부엌, 세탁실
> ㉣ 생리위생 공간 – 침실, 화장실
> ㉤ 기타 공간 – 현관, 복도, 다용도실

① ㉠, ㉡, ㉢ ② ㉠, ㉢, ㉣
③ ㉡, ㉢, ㉤ ④ ㉡, ㉣, ㉤
⑤ ㉢, ㉣, ㉤

11 동선을 고려한 주거 공간 구성의 예가 바른 것끼리 묶인 것은?

> ㉠ 침실은 현관과 가까이 배치해야 독립성이 유지된다.
> ㉡ 화장실은 침실과 가깝게 배치하고, 손님을 위한 여분의 화장실은 현관 가까이 둔다.
> ㉢ 거실은 모든 가족이 모이기 쉬운 장소에 배치하고, 식당은 부엌과 거실 사이에 두는 것이 음식 운반이나 식사하기 편리하다.
> ㉣ 부엌은 거실과는 거리가 멀어야 냄새가 나지 않으며, 현관 가까이에 두어 쓰레기 분리수거나 식품의 운반이 편리하도록 하는 것이 좋다.

① ㉠, ㉡ ② ㉠, ㉢
③ ㉡, ㉢ ④ ㉡, ㉣
⑤ ㉢, ㉣

12 부엌 중앙에 작업대를 분리시킨 배치 방식으로 작업을 할 때 가족들의 얼굴을 볼 수 있어 단란한 가족 분위기를 조성하는 데 적합한 부엌으로 아래 그림과 같은 부엌의 형태는 무엇인가?

① 일자형 ② 병렬형
③ ㄴ자형 ④ ㄷ자형
⑤ 아일랜드형

13 다음 중 성격이 다른 하나는 어느 것인가?

① 거실과 식사실 겸용
② 세탁실과 드레스룸
③ 부엌 겸용 식사실
④ 소파 겸용 수납장
⑤ 한옥 안방의 침실 겸용 거실

14 성폭력의 유형이라고 보기 어려운 것은?

① 강간 ② 성추행
③ 성 폭로 ④ 성희롱
⑤ 강간 미수

15 성 행동 시 자기 주장을 표현하는 방법으로 옳지 않은 것은?

① 자신의 감정을 솔직하게 표현한다.
② 상대방과 의견이 불일치할 때는 서로 협의하여 행동한다.
③ 자신의 입장을 밝히는 것을 두려워 말고 '나'라는 말을 사용한다.
④ '왜'라는 말을 사용하여 단순히 정보를 더 요구하는 방식으로 자기 주장을 한다.
⑤ 거부할 때 'NO'라는 말을 사용하여 자신의 의사를 명확하게 하도록 노력한다.

16 성폭력에 대한 잘못된 인식으로 연결된 것끼리 묶인 것은?

> ㉠ 성폭력은 나와는 상관없는 일이라고 생각한다.
> ㉡ 성폭력은 나하고 가까운 사람에 의해 발생하는 경우가 많다.
> ㉢ 성폭력 가해자는 정신이 이상한 사람이 일으키는 경우가 대부분이다.
> ㉣ 성폭력은 여자들이 조심하면 발생하지 않거나 예방할 수 있는 일이다.
> ㉤ 성폭력은 신체적 접촉뿐 아니라 정신적 언어적 희롱도 모두 포함된다.

① ㉠, ㉡, ㉢ ② ㉠, ㉢, ㉣
③ ㉡, ㉢, ㉤ ④ ㉡, ㉣, ㉤
⑤ ㉢, ㉣, ㉤

17 성폭력의 영향이라고 보기 어려운 것은?

① 불안과 수치심을 느끼게 된다.
② 분노와 우울감을 느끼거나 공포에 떨게 된다.
③ 학습 부진이나 등교 거부 등 사회 부적응을 하게 된다.
④ 성폭력에 대한 이해와 관심이 커지고 이를 바탕으로 성숙해진다.
⑤ 공격 행동을 보이기도 하고 섭식 장애를 일으키는 등 심하면 자살 기도를 한다.

18 가정 폭력에 대한 설명으로 바르지 않은 것은?

① 과거에는 가정 폭력이 가정 내 질서 유지 수단으로 여겨졌다.
② 부모가 아동에게 심리적, 신체적으로 상해를 주는 모든 행위이다.
③ 가정 폭력은 가정 내에서 이루어져서 많은 부분이 은폐, 축소되었다.
④ 가정 폭력은 방임이나 언어적이고 정서적인 폭력 등을 포함하지 않는다.
⑤ 가정 폭력을 당한 경험이 있는 경우에 주변 친구에게 폭력을 행사하기도 한다.

19 부부 간에 경멸하는 말투로 모욕을 주거나 무능력하다고 비난하는 행위 또는 대화를 거부하거나 무시하고 업신여기는 행위 등은 부부 폭력의 어떤 유형에 속하는가?

① 방임
② 유기
③ 성적 학대
④ 신체적 학대
⑤ 언어적 · 정신적 학대

20 다음 중 아동 학대 신고 의무자에 해당하지 않는 사람은 누구인가?

① 학원 교사 ② 의료진
③ 시설 종사자 ④ 아이 돌보미
⑤ 학교 주변 상가 주인

21 노인 학대 신고 의무자에 속하지 않는 사람은 누구인가?

① 의료업 종사자 ② 노인복지 상담원
③ 119 구급대원 ④ 노인 대학교 동료
⑤ 장기요양기관 종사자

22 아동 학대의 피해 대한 설명이다. 옳은 것끼리 묶인 것은?

> ㉠ 신체적으로 상처나 뇌출혈 등 심각한 손상을 입는다.
> ㉡ 신체적 학대가 언어적 학대보다 더 큰 영향력을 갖는다.
> ㉢ 폭력을 당한 아동은 낮은 자존감과 과도한 공격성을 갖게 된다.
> ㉣ 언어 폭력에 의한 정서적 손상은 성장하면서 곧 바로 사라지게 된다.

① ㉠, ㉡ ② ㉠, ㉢
③ ㉡, ㉢ ④ ㉡, ㉣
⑤ ㉢, ㉣

23 다음 중 식품 표시로 확인할 수 없는 것은?

① 유통기한 ② 제조연월일
③ 식품첨가물 양 ④ 알레르기 유발 물질
⑤ 제조원이나 판매원 표시

24 영양 정보(영양 성분 함량)에 대한 설명으로 바르지 않은 것은?

① 1포장당, 단위 내용당, 1회 섭취 참고량당 함유된 값을 표시한 것이다.
② 나트륨, 탄수화물, 지방, 트랜스 지방, 콜레스테롤, 단백질 등을 표시한다.
③ 제품 표시에 원재료명도 건강에 좋은 식품을 선택하는 데 중요한 정보이다.
④ 영양 정보에는 모든 영양소가 표시되어 있어 식품 구매 시 참고할 수 있다.
⑤ 영양 성분 함량과 1일 영양 성분 기준치에 대한 비율을 이용하면 식품 선택에 도움이 된다.

25 우리나라에서 시판되고 있는 유전자 조작 식품의 종류에 속하지 않는 것은?

① 콩으로 만든 두부
② 토마토로 만든 케첩
③ 밀가루로 만든 수입 과자
④ 옥수수로 만든 콘스낵, 팝콘
⑤ 감자로 만든 프라이드 포테이토

26 다음 중 냉동고에 보관할 수 없는 식품을 고른 것은?

㉠ 달걀 ㉡ 통조림 ㉢ 마요네즈
㉣ 바로 먹을 육류 ㉤ 핫도그

① ㉠, ㉡, ㉢ ② ㉠, ㉢, ㉣
③ ㉡, ㉢, ㉤ ④ ㉡, ㉣, ㉤
⑤ ㉢, ㉣, ㉤

27 식품에 첨가물을 넣는 이유와 거리가 가장 먼 것은?

① 식품의 외관을 좋게 하기 위해서
② 식품의 품질을 향상시키기 위해서
③ 식품의 보존성을 향상시키기 위해서
④ 영양소를 보충하고 영양을 강화하기 위해서
⑤ 식품에 불필요한 부분을 손질하여 무게를 줄이기 위해서

28 유전자 조작 식품의 표시라고 보기 어려운 것은?

① 유전자 조작 식품 ② 유전자 개량 식품
③ 유전자 재조합 식품 ④ 식품명(유전자 재조합)
⑤ 식품(유전자 재조합된 식품)

29 유전자 조작 식품의 장점이라고 보기 어려운 것은?

① 식품을 싸게 구입할 수 있다.
② 식량 문제를 해결할 수 있다.
③ 농작물의 수확이 늘어 농가 소득이 증대된다.
④ 품질이 우수한 농작물을 생산할 수 있게 된다.
⑤ 농약에 대한 내성이 강해져 잡초나 해충에 대한 저항력이 강해진다.

30 냉장고에 식품을 보관할 때 유의할 점으로 옳은 것은?

① 문 쪽이 온도가 낮으므로 육류는 문 쪽에 보관한다.
② 식품의 안전을 살펴보기 위해 문을 자주 열어 확인한다.
③ 뜨거운 식품은 그대로 보관해야 변질이 잘 일어나지 않는다.
④ 냉장고에는 식품을 가득 채워 넣어야 온도가 올라가지 않아 효과가 좋다.
⑤ 냉장고는 보관 전에 이물질을 제거하고 1달에 한 번 정도는 청소를 해야 한다.

31 아이스크림이나 마요네즈를 만들 때 물과 기름처럼 본래 섞이지 않는 물질을 균질하게 혼합된 상태로 만들기 위해 사용하는 첨가물은 무엇인가?

① 감미료 – 아스파탐 ② 보존료 – 소르빈산
③ 표백제 – 아황산나트륨 ④ 착색료 – 식용 황색 4호
⑤ 유화제 – 카제인나트륨

32 한식의 장점이라고 보기 어려운 것은?

① 비만을 예방하는 효과가 있다.
② 음식 재료의 혼합 측면에서 영양적으로 우수하다.
③ 재료가 단순하여 식사 준비 시간이나 노력이 적다.
④ 구이나 찜 등을 이용한 담백한 조리법으로 지방 사용이 적다.
⑤ 저열량의 탄수화물과 채식 위주로 에너지 비율 구성이 우수하다.

33 밥상머리 교육의 실천 방법으로 가장 거리가 먼 것은?

① 정해진 시간과 장소에서 식사를 한다.
② 가족이 대화를 하면서 천천히 먹는다.
③ 식사 시간을 자녀 교육 및 지도를 하는 시간으로 활용한다.
④ 아이들의 말을 경청하고 하루 일과를 이야기하는 시간으로 한다.
⑤ 식사 중에는 TV를 시청하지 말고 스마트폰도 사용하지 않도록 한다.

34 양념과 물을 넣고 끓여서 국물이 잦아들 때까지 가열하는 방식으로, 생선이나 야채에도 자주 이용하는 조리법과 이를 이용한 음식으로 바르게 짝지어진 것은?

① 삶기 – 돼지고기 수육
② 데치기 – 오징어 데치기
③ 조리기 – 감자조림
④ 데치기 – 시금치 데치기
⑤ 조리기 – 버섯 불고기

35 올바른 전자레인지 사용 방법과 거리가 먼 것은?

① 전자레인지에서 끓인 물은 바로 꺼내야 식지 않는다.
② 오징어볶음과 달걀 등 폭발 가능한 것은 전자레인지로 가열하지 않는다.
③ 전자레인지 작동 시 전자파의 위험이 있으니 30cm 이상 거리를 유지한다.
④ 식품이 밀봉된 용기나 포장에 들어있는 경우에는 뚜껑을 조금 열고 가열한다.
⑤ 내열 용기와 금속 테두리가 없는 도자기를 사용하며, 플라스틱이나 내열성이 없는 유리 그릇은 사용하지 않는다.

36 조리법 중 구이에 대한 설명으로 바르지 못한 것은?

① 조리 과정에서 생기는 연기를 흡입하지 않도록 한다.
② 자주 뒤집어 타는 부분이 생기지 않게 주의하고 탄 부분은 제거하고 먹는다.
③ 불꽃이 닿으면 발암 물질이 생기므로 직화는 가능한 피하고 팬이나 불판을 사용한다.
④ 너무 높은 온도에서 조리하면 유해 물질이 발생하므로, 200℃ 이하의 중간 불에서 조리한다.
⑤ 조리 시간이 짧을수록 유해 물질이 많이 생성되므로 조리 시간을 가능한 길게 오래 조리하는 것이 좋다.

주관식 문제

37 다음과 같은 식단의 음식을 섭취하고 간식으로 보충하려면 어떤 식품을 섭취하는 것이 좋을까?

> 잡곡밥, 소고기미역국, 돼지고기 볶음, 상추쌈, 잡채, 배추김치, 바나나

38 다음은 식단 작성 순서이다. 순서대로 바르게 나열하시오.

> ㉠ 끼니별로 음식의 종류를 결정한다.
> ㉡ 식품군별 1일 권장 섭취 횟수를 파악한다.
> ㉢ 끼니별로 1일 권장 섭취 횟수를 배분한다.
> ㉣ 식단을 평가한다.
> ㉤ 식품 재료의 분량을 결정한다.

39 다음은 오늘 아침 소정이가 먹은 식단이다. 이 식단에서 부족한 식품군의 음식은 무엇일까?

> 현미밥, 조개 미역국, 달걀찜, 감자버섯 볶음, 배추김치, 우유

40 다음과 같은 특징을 갖는 주거 공간은?

> • 휴식과 수면을 취할 수 있는 개인 생활 공간으로 주택 내에서 가장 조용한 곳에 위치함
> • 사람의 출입이 빈번한 곳은 피하는 것이 좋음
> • 독립성이 보장되는 곳으로 화장실이나 욕실 가까이 배치함
> • 학습에 필요한 책상이나 의자, 조명기구를 갖추는 것이 좋음

41 공동의 이익에는 부합되지만 자신이 속한 지역에는 이롭지 않은 일을 반대하는 이기적인 행동을 뜻하는 것으로 쓰레기 소각장이나 장애인 시설 화장터 등을 혐오하여 거주하는 지역에 들어서는 것을 반대하는 사회적 현상을 무엇이라고 하는가?

42 (　　) 안에 들어갈 적당한 단어는 무엇인가?

> (㉠)을 침해하는 모든 행위는 성폭력으로 규정할 수 있는데, '모든 행위'에는 상대가 동의하지 않았는데 일방적으로 가하는 성적인 말이나 행동을 모두 포함한다.
> 성폭력에는 여러 가지 유형이 있는데, 이 중 상대방의 가슴 · 엉덩이 · 성기 부분을 접촉하거나 문지르는 음란 행위를 (㉡)라고 한다.

㉠　　　　㉡

43 다른 사람에게 음란한 사진이나 그림을 보여 주거나 음란한 농담을 하고 지나가는 사람들의 외모를 성적으로 비유하는 등의 행위를 무엇이라고 하는가?

44 가정 폭력의 가해자나 피해자들을 위해 실시하는 다양한 가족 지원 정책 중 하나로, 건강 가정 기본법에 따른 건강가정사를 채용하여 가족을 지원하는 프로그램을 운영하는 여성가족부 산하의 기관은 무엇인가?

45 식품의 외관을 좋게 하거나 풍미를 향상시키고 변질과 부패를 막는 등 식품의 제조 및 가공 보존을 위해 사용하는 것을 무엇이라고 하는가?

46 조미료나 냉동 어묵 식품의 맛이나 풍미를 증가시키기 위해서 넣는 향미증진제 중 대표적인 것으로 구수한 맛을 내는 식품첨가물은 무엇인가?

47 우리나라 식품 중 간장, 된장, 고추장, 청국장, 김치류, 젓갈류, 막걸리 같은 식품은 영양가가 높고 맛과 향이 우수하며 저장성도 우수하고 유산균도 포함한 식품이다. 이러한 식품을 무엇이라고 하는가?

48 12~18세 청소년들의 1일 권장 섭취 횟수에서 남녀가 섭취해야 할 양이 같은 식품군은 무엇인가? 그리고 그 식품군에 속하는 식품을 예를 들어 보자.

- 식품군:
- 예:

49 다음 친환경적 식품 마크가 의미하는 바를 설명하시오.

무농약
(NON PESTICIDE)
농림축산식품부

50 튀김 요리 시 너무 높은 온도에서 재료를 튀기면 식용유의 산패 현상이 일어나므로 적정 온도로 요리하는데 채소는 (㉠), 육류는 (㉡), 식용유는 여러 번 재사용하지 않는 것이 좋다. 산패란 (㉢) 현상이다.

㉠

㉡

㉢

수행 활동지 ① 우리 집 식단 작성하기

단원	Ⅱ. 건강하고 안전한 가정생활 01. 균형 잡힌 식사 계획
활동 목표	다섯 가지 식품군과 식단 작성에 대해 이해할 수 있다.

● 중학생인 소정이네 가족의 요구를 반영한 균형 잡힌 식사를 계획해 보자.

- 아버지(55세): 고혈압이 있음
- 어머니(55세): 빈혈 증세가 있음
- 오빠(22세): 고기를 좋아하는 건강한 대학생
- 소정(14세): 야채만 먹는 건강한 중학생

① 식품군별 1일 섭취 횟수를 파악해 보자.

식품군	아버지	어머니	오빠	소정	계
곡류					
고기, 생선, 달걀, 콩류					
채소류					
과일류					
우유, 유제품					
유지, 당류					

② 끼니별로 1일 권장 섭취 횟수를 배분해 보자.

식품군	아침	점심	저녁	간식	계
곡류					
고기, 생선, 달걀, 콩류					
채소류					
과일류					
우유, 유제품					
유지, 당류					

③ 끼니별로 음식의 종류를 결정해 보자. 단, 봄철 식단으로 가족의 특성을 고려하여 작성한다.

끼니	아침	점심	저녁	간식
음식명				

④ 식품 재료의 분량을 결정해 보자.

식품군	아침	점심	저녁	간식	계
곡류					
고기, 생선, 달걀, 콩류					
채소류					
과일류					
우유, 유제품					
유지, 당류					

⑤ 식사를 평가해 보자.

경제적인 면	
능률적인 면	
가족 기호면	

수행 활동지 ② 이웃과 더불어 생활하기

단원	**II. 건강하고 안전한 가정생활** 02. 이웃과 더불어 사는 주생활 문화
활동 목표	유니버설 주거의 개념과 의미를 이해하고 설명할 수 있다.

유니버설 주거의 의미와 유니버설 디자인의 4가지 목표는 무엇인지 알아보고, 유니버설 주거에 대한 이해를 통해 우리 학교 시설물을 점검하여 보자.

① 유니버설 주거란 무엇인가?

② 유니버설 디자인이 추구하는 4가지 목표를 간단하게 설명하고 예를 들어보자.

목표	설명	예시
목표 1		
목표 2		
목표 3		
목표 4		

❸ 유니버설 주거에 대한 이해를 통해 우리 학교 시설물을 점검해 보고, 설치물을 설치하거나 보수하여 편리한 생활을 할 수 있도록 해 보자.

우리 학교 시설물	현재 상태(사진 첨부)	설치나 시설 수리 및 보수

수행 활동지 ③

나의 주거 가치관과 주거 공간 구성하기

단원	**II. 건강하고 안전한 가정생활** 03. 주거 공간의 효율적 사용
활동 목표	주거 공간의 구성과 주거 공간에 대한 가족의 욕구와 필요성을 이해할 수 있다.

● 내가 결혼을 해서 집을 갖게 되면 살고 싶은 주거와 알맞은 주거 공간을 구성하기 위한 방법을 생각해 보자.

① 다음 그림에 알맞은 주거 공간 계획을 수립해 보자.

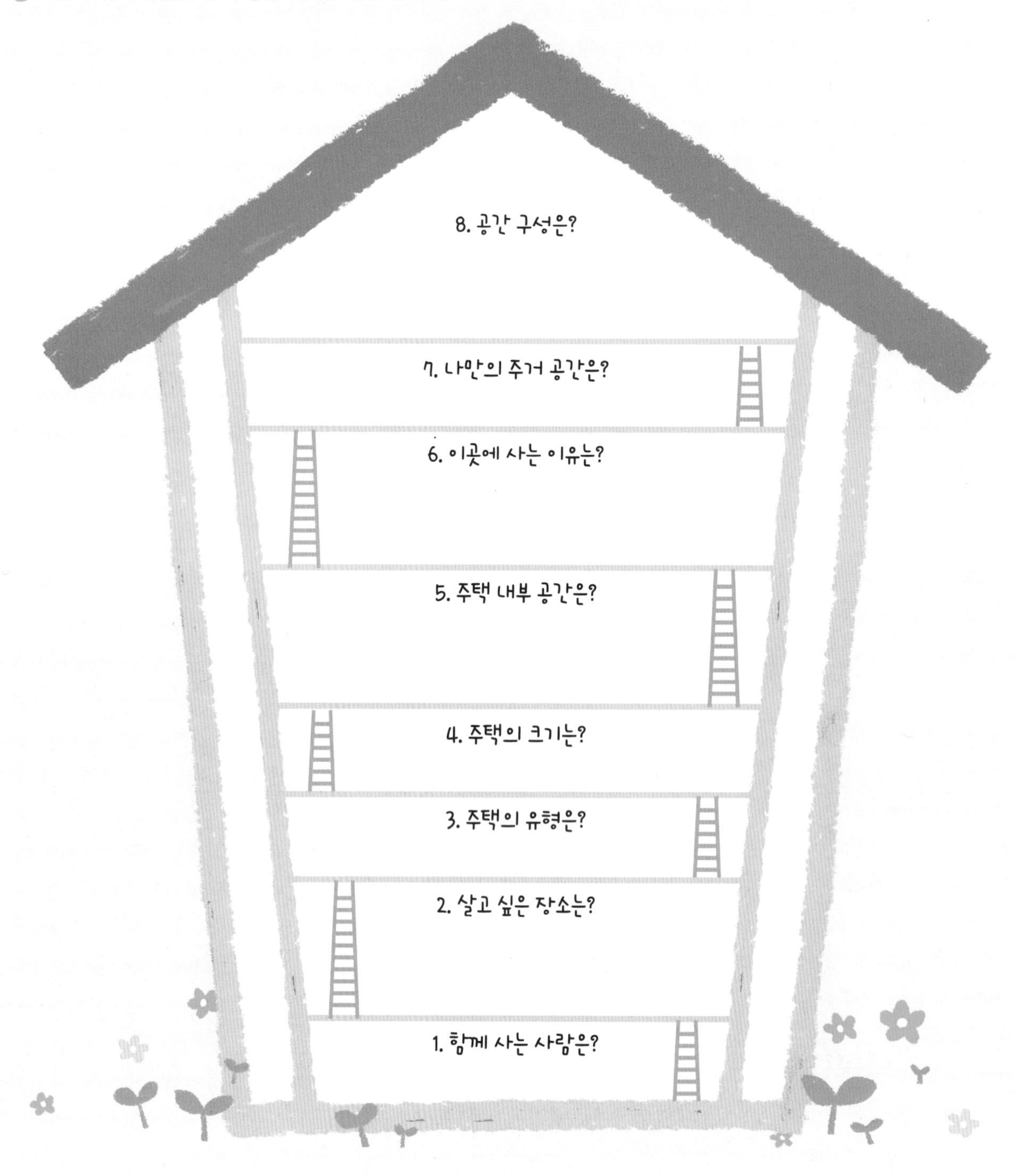

❷ 내가 살고 싶은 집과 그 집의 실내 공간 구성을 그림이나 사진으로 직접 표현해 보자.

내가 살고 싶은 집	실내 공간 구성

수행 활동지 ④ 성폭력과 가정 폭력

단원	II. 건강하고 안전한 가정생활 04. 성폭력 예방과 대처 / 05. 가정 내 인권 문제, 가정 폭력
활동 목표	성폭력과 가정 폭력에 대한 올바른 이해를 통해 이를 예방하고 대처할 수 있다.

● 성폭력이나 가정 폭력에 대한 다음 카드 뉴스를 보고 스토리를 만들어 보자. 그리고 성폭력과 가정 폭력을 예방하거나 대처하기 위해 실천할 수 있는 방법을 찾아보자.

1

2

3

4

5

1	상황	
	예방이나 대처 방법 제안	
2	상황	
	예방이나 대처 방법 제안	
3	상황	
	예방이나 대처 방법 제안	
4	상황	
	예방이나 대처 방법 제안	
5	상황	
	예방이나 대처 방법 제안	

수행 활동지 5 가정 폭력의 원인 탐색하기

단원	**II. 건강하고 안전한 가정생활** 05. 가정 내 인권 문제, 가정 폭력
활동 목표	가정 폭력의 원인을 4why 기법으로 탐색해 볼 수 있다.

● 가정 폭력 가해자 A 씨의 생각을 들여다 본 후 가정 폭력의 원인을 4why 기법으로 탐색해 보자.

1 Why	왜 가정 폭력을 휘두르게 될까? →
2 Why	 →
3 Why	 →
4 Why	 →
결론	

MEMO

수행 활동지 ❻

올바른 식품 보관

단원	Ⅱ. 건강하고 안전한 가정생활 06. 안전한 식품 선택과 보관 · 관리
활동 목표	식품의 올바른 보관과 관리를 위해 냉장고 보관법을 이해할 수 있다.

다음 식품들을 각각 냉장고의 어디에 보관하는 것이 좋을지 냉장고 그림 위에 적어보고, 질문에도 답해 보자.

냉동실 문쪽

❶ 냉동실에 보관할 수 없는 식품은?

냉동실 안쪽

❷ 냉동실에 육류를 보관할 때 주의할 점은 무엇인가?

❸ 냉동실에 생선을 보관할 때 어떻게 하는 것이 좋은가?

냉장실 안쪽

❹ 냉장실에 음식을 보관하는 방법은?

❺ 바로 먹을 생선이나 육류는 어디에 보관하는가?

냉장실 문쪽

❻ 달걀을 보관할 때 어떻게 보관하는 것이 좋은가?

❼ 채소나 과일을 보관하는 방법은?

MEMO

Ⅲ

일·가정 양립과 생애 설계

01 저출산·고령 사회와 가족 친화 문화

1 저출산 · 고령 사회 문제 어떻게 해결해야 할까

1 저출산·고령 사회의 원인

❶ 저출산의 원인

- 여성의 경제 활동 증가
- 자녀 양육 및 가사 노동에 대한 부담 증가
- 취업 및 주거 불안정으로 결혼을 늦추거나 결혼을 하지 않음
- 자녀 출산에 대한 가치관의 변화

❷ **합계 출산율**: 여성이 출산 가능한 나이인 15세부터 49세까지를 기준으로 한 여성이 평생 동안 낳을 수 있는 자녀의 수를 말한다.

❸ 고령화 사회의 구분

- 고령화 사회: 65세 이상 노인 인구가 총인구 비율의 7% 이상인 사회
- 고령 사회: 65세 이상 노인 인구가 총인구 비율의 14% 이상인 사회
- 초고령 사회: 65세 이상 노인 인구가 총인구 비율의 20% 이상으로 후기 고령 사회

2 저출산·고령 사회가 가정과 사회에 미치는 영향

❶ 가정에 미치는 영향

- 부모 자녀 간 문제: 자녀가 적어 자녀에 대한 관심도는 증가하는 반면 부모에 대한 효심은 약화되어 세대 간 갈등 초래
- 형제자매 간 문제: 형제 수가 적어 협동심과 배려심을 배울 기회가 적고, 동성 형제만 있는 경우 성 역할 학습에 제한이 있을 수 있음
- 부부 간 문제: 부부 간 친밀도 증가, 즉 부부 간 관계가 중요해지면서 자녀 중심의 부부 관계에서 보다 위기를 쉽게 겪을 수 있음
- 노인 문제: 노인 부양, 노인과의 세대 간 격차, 노인 소외, 경제 문제 등으로 가족 간 갈등 원인

❷ 사회에 미치는 영향

- 노인 건강 및 일자리 문제, 노인 연금 등의 사회 문제로 이슈화될 수 있음
- 노후 보장 비용 마련을 위한 세대 간 갈등이 발생할 수 있음
- 경제 활동의 중심인 중 · 장년층의 수가 줄어 경제 성장을 느리게 할 뿐만 아니라 국가 경제에도 막대한 손실을 초래할 수 있음
- 노인 인구의 증가로 인해 사회적 비용 및 국가 재정 부담금 증가하여 국가 경제의 위기를 초래할 수 있음

3 저출산 해결 방안

❶ 취업이나 주거 마련 등의 부담 경감으로 결혼에 부담을 느끼지 않도록 해야 한다.

❷ 출산 지원과 보육 정책을 마련해야 한다.

❸ 자녀 양육이나 교육으로 인한 부담을 경감시켜야 한다.

❹ 난임과 불임 부부를 위한 의료 복지 지원 제도를 확보해야 한다.

❺ 자녀 출산으로 인한 여성의 경력 단절이나 신체적 정신적 부담을 해소할 수 있는 직장(사회적) 분위기를 조성해야 한다.

4 고령 사회 문제 해결 방안

❶ 노인의 경제적 자립 기반을 마련해야 한다.

❷ 노인의 의료 지원과 복지 지원으로 안정적 노후 생활을 할 수 있는 기반을 마련해야 한다.

❸ 노인 인구에 대한 사회적 인식이 필요하다.

2 가족 친화 문화, 어떻게 만들어 가야 할까

1 가족 친화 문화의 필요성

❶ **가족 친화 문화**: 가족 구성원이 친밀감을 느끼고 서로 소통하여 가정생활과 사회생활을 조화롭게 할 수 있는 환경을 의미한다.

❷ 가족 친화 문화를 바탕으로 사회적으로 가정생활과 일이 양립할 수 있는 환경이 조성될 수 있다.

❸ 저출산 · 고령 사회에서 여성의 경제적 활동은 증가하고 청소년들은 가족과 함께하는 시간을 갖기 어려우며 경제적 자립 능력이 없는 노인 인구는 증가하여 가족이 점점 어려움을 겪게 되어 가족 친화 문화 형성이 더 중요하다.

2 가족 친화 문화 만들기

❶ 저출산 · 고령 사회에서 가족 친화 문화 조성을 위해서는 가정에서 부부가 자녀 양육과 가사 노동을 적절히 분담해야 한다.

❷ 가족원이 함께할 수 있는 가족 친화 행사에 함께 참여하여 가족의 기능을 회복해야 한다.

❸ 전통 놀이 문화를 통해 노인이나 부모 등과 청소년 자녀와의 세대 차이를 극복한다.

❹ 국가나 기업에서 자녀 출산 및 양육과 노인 부양을 위한 시설을 확충하고, 경제적 지원 등 법적 제도 및 복지 정책을 마련해야 한다.

3 가족 친화 프로그램의 유형

❶ 유연 근무제

남녀 근로자 모두에게 근무 시간과 장소를 조절할 수 있게 한 제도로, 선택적 근로 시간제라고도 한다.

구분	내용
유연 출퇴근제	필수 근무 시간을 빼고 자신에게 편리한 시간을 직접 정해서 근무하는 것
재택근무제	집에서 근무할 수 있게 하는 것
일자리 공유제	한 개의 일자리를 두 사람 이상의 인원이 나눠 근무하는 것
집중 근무제	하루 근무 시간을 늘리는 대신 나중에 이를 보상하는 추가적인 휴일을 갖게 하는 것
한시적 시간 근무제	개인이 원하는 일정한 기간의 근무 시간을 줄이는 제도

❷ 육아휴직 제도

「남녀 고용 평등과 일 · 가정 양립 지원에 관한 법률」에 근거, 남녀 구분 없이 만 8세 또는 초등 학교 2학년 이하의 자녀가 있는 경우 30일 이상 최대 1년의 육아휴직을 사용할 수 있다. 이 기간에는 고용보험을 통해 일정액의 육아휴직 급여가 지급된다.

❸ 돌봄 서비스

자녀 양육, 가족 부양 등 가족이 수행해야 할 역할을 사회가 분담하는 가족 정책으로, 아이 돌보미, 장애아 가족 양육, 노인 돌보미 지원 등이 있다.

❹ 출산 전후 휴가 제도

임신 · 출산한 여성 근로자가 일을 하지 않고도 임금을 받으면서 휴식을 보장받는 제도로, 「근로 기준법」에서는 출산 전후에 90일의 휴가를 사용하도록 명시하고 있다.

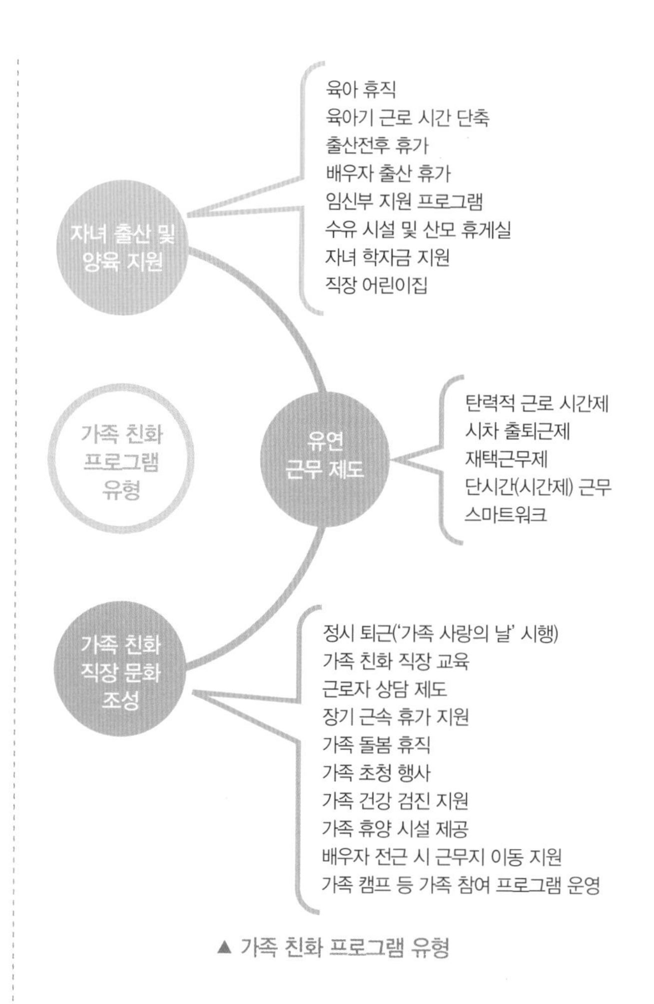

▲ 가족 친화 프로그램 유형

중단원 핵심 문제

01 다음은 저출산의 원인이다. 이 중 바르지 않은 것은?

① 결혼에 대한 가치관이 변화되었다.
② 여성의 경제적인 활동과 능력이 향상되었다.
③ 여성의 자녀 양육 및 가사 노동 부담이 감소되었다
④ 자녀 출산에 대한 가치관이 변화되어 무자녀 가족이 늘었다.
⑤ 취업 및 주거 불안정으로 결혼을 늦추거나 결혼을 하지 않는 경우가 늘었다.

02 저출산 · 고령 사회에서 발생하는 가족 문제에 대한 바른 설명이라고 볼 수 있는 것은?

① 부모 자녀 간에 효심이 더욱 강화된다.
② 부부 간에 친밀도가 생기기는 어려우나 위기는 더 적다.
③ 형제자매 간에는 협동심과 배려를 배울 기회가 적어진다.
④ 노인 문제에서는 자녀가 적을수록 소외가 줄고 부양하기 쉬워진다.
⑤ 부모-자녀 간에 부모의 자녀에 대한 관심이 증가되며 세대 간 갈등이 줄어든다.

03 저출산을 해결할 수 있는 방안으로 올바른 것을 모두 고른 것은?

> ㉠ 취업률을 향상시킨다.
> ㉡ 난임과 불임 치료를 지원한다.
> ㉢ 주거 마련을 위한 대책을 수립한다.
> ㉣ 자녀 양육과 교육에 대한 부담을 증가시킨다.
> ㉤ 노인 인구를 위한 예산을 출산과 보육 정책으로 보완한다.

① ㉠, ㉡, ㉢　② ㉠, ㉢, ㉣
③ ㉠, ㉡, ㉣　④ ㉡, ㉢, ㉤
⑤ ㉢, ㉣, ㉤

04 가족 친화 문화를 만들기 위한 방법으로 묶인 것은?

> ㉠ 자녀 양육은 부부가 공동으로 참여한다.
> ㉡ 가족 친화 행사는 부부 중심으로 이루어져야 한다.
> ㉢ 가사 노동은 남녀가 할 수 있는 일을 분명하게 구분한다.
> ㉣ 노인이나 부모 등과 청소년 자녀와의 세대 차이를 극복한다.
> ㉤ 가족의 기능이 회복될 수 있도록 국가나 기업에서 경제적 지원 제도를 만든다.

① ㉠, ㉡, ㉣　② ㉠, ㉣, ㉤
③ ㉡, ㉢, ㉤　④ ㉡, ㉣, ㉤
⑤ ㉢, ㉣, ㉤

05 가족 친화를 위해 근무 시간과 장소를 조절할 수 있는 제도와 관련이 없는 것은?

① 재택근무제　② 집중 근무제
③ 시차 출퇴근제　④ 일자리 공유제
⑤ 장기 근속 휴가제

주관식 문제

06 가족 친화 문화 형성을 위한 프로그램 중 유연 근무제와 관련된 것으로, 개인이 육아 등의 이유로 한 개의 일자리를 두 사람 이상의 인원이 나누어 근무하는 제도를 무엇이라고 하는가?

---

07 고령 사회와 고령화 사회, 초고령 사회를 구분하는 기준은 무엇인지 설명하시오.

---

02 일·가정 양립하기

① 일 · 가정 양립 시 어떤 문제가 생길 수 있을까

1 일·가정 양립 시 문제점

❶ **역할 갈등**: 한 개인에게 주어진 두 가지 이상의 역할에서 서로 다른 것을 요구할 때 생기는 갈등이다.

❷ **가족 가치관 갈등**: 자녀 양육과 가사 일은 여자가 해야 하거나 더 많이 참여해야 한다는 편견을 갖는 가부장적 가치관으로 인한 갈등이다.

❸ **자녀 양육 문제**: 핵가족화로 자녀를 믿고 맡길 다른 가족이나 기관이 부족하고, 돌봄 시간이 제한되며, 여성이 더 부담을 가지게 되는 전통적 가치관의 갈등이다.

❹ **경제적 문제**: 주부가 취업 시 가정의 전체적인 소득은 늘지만 계속 일하기 위해 대신 지불해야 하는 경제적 비용이 발생하는 문제가 생긴다.

❺ 자녀가 어릴 경우 자녀 양육이나 교육에 대한 심리적 · 경제적 부담과 가사 노동의 증가로 인해 갈등이 더 커진다.

② 일 · 가정 양립을 위한 방안에는 무엇이 있을까

1 개인과 가족의 노력

❶ 개인 차원

- 일 · 가정 양립을 위해 개인은 자신의 역할에 대한 인식을 전환해야 한다.
- 직업과 가정생활 중 우선순위를 정하여 여러 가지 일을 처리해야 할 때는 시급성과 중요도에 따라 우선순위를 나누어서 처리한다.

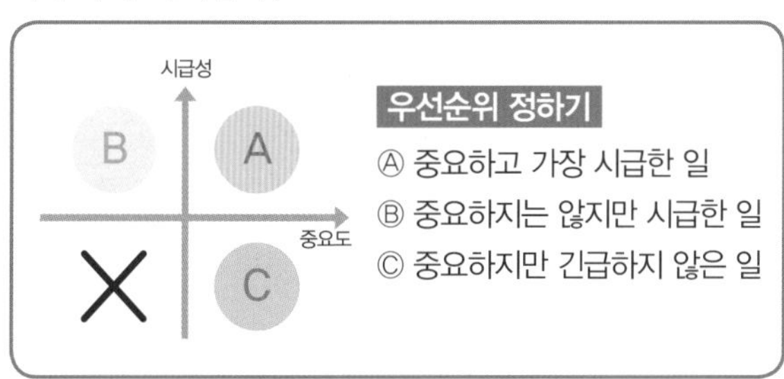

- 가정과 일을 명확하게 구분하여 처리한다.
- 직업과 가정 일에 성취 기준을 조정하여 인식을 바꾼다.
- 개인적으로 주어진 시간 내에 일을 열심히 하는 것도 중요하다.
- 시간을 배분하여 여가나 수면 시간을 조절해도 좋다.
- 가정 관리 방법으로 가전 기기 활용, 가사 도우미 고용 등으로 역할 과중이나 갈등을 해소하는 것도 좋다.
- 가사 노동을 줄이기 위해 반조리 식품이나 배달 음식, 세탁소나 빨래방 등 외부 업체를 이용하는 것도 좋다.

❷ 가족 차원

- 가사 노동을 분담하거나 남성이 가사 노동에 적극 참여하는 등 양성평등한 역할 분담이 이루어져야 한다.
- 가족 간의 의사소통으로 가족 간의 문제를 해결해야 한다.
- 솔직한 대화와 의견 제시도 일 · 가정 양립의 중요한 역할을 한다.

2 사회의 책임과 복지 정책

❶ 일 · 가정 양립을 위한 방안

- 남녀 평등한 기회와 대우 보장
- 모성 보호와 남녀 고용 평등을 실현할 수 있는 사회적 분위기 조성(임신 육아기 근로 시간 단축이나 탄력 근무제 이용)
- 취업 부부의 육아를 위한 보육 시설과 돌봄 교실 마련(직장 어린이집 등)
- 기업이나 공공 기관의 가족 친화 인증제 참여 확대
- 배우자 출산 휴가 제도, 육아 휴직 제도, 가족 돌봄 휴직 제도 등의 제도 마련
- 직장 어린이집, 공공 보육 시설 운영 등 정책 지원
- 재택근무 활용이나 유연 근무제 활용 등 다양한 근무 환경 조성

❷ 가족 친화 인증제

- 가족 친화 제도를 모범적으로 운영하는 기업 및 공공 기관에 대하여 심사를 통해 인증을 부여하는 제도
- 자녀 출산 및 양육 지원, 유연 근무 제도, 가족 친화 직장 문화 조성 사업이 포함됨

▲ 가족 친화 인증 제도

- 가족 친화 우수 기업이나 기관은 인증 표시 활용과 홍보를 통한 이미지 제고로 기업 경쟁력을 강화할 수 있을 뿐 아니라 주요 사업 지원 대상 시 가산점을 받고, 융자 대출 시 금리 우대를 받는 등 다양한 혜택이 주어짐

중단원 핵심 문제

01 일 · 가정 양립의 문제에 대한 설명으로 바른 것은?

① 일 · 가정 양립 문제는 가정에서 해결해야 한다.
② 일 · 가정 양립 문제는 여성에게만 해당되는 문제이다.
③ 일 · 가정 양립 문제는 여성의 학력이 높을수록 심화된다.
④ 일 · 가정 양립 문제는 경제적 조건이 열악할수록 심화된다.
⑤ 일 · 가정 양립 문제는 가사 노동과 직업을 잘 수행하면서 병행해 나가도록 해결해야 한다.

02 일 · 가정 양립으로 생길 수 있는 문제나 갈등으로 보기 어려운 것은?

① 한 개인에게 주어진 두 가지 이상의 역할에서 서로 다른 것을 요구하는 역할 갈등이 생길 수 있다.
② 자녀 양육과 가사 일은 여자가 해야 한다는 편견을 갖는 가부장적 가치관으로 인한 갈등이 생길 수 있다.
③ 주부가 취업 시 가정의 소득이 늘어나 이를 지출하기 위한 생활 설계 및 경제적 주도권으로 인한 문제가 생긴다.
④ 핵가족화로 자녀를 맡길 다른 가족이나 기관이 부족하고, 돌봄 시간이 제한되며, 여성이 더 부담을 갖는 전통적 가치관의 갈등이 생긴다.
⑤ 자녀가 어릴 경우 자녀 양육이나 교육에 대한 심리적 · 경제적 부담과 가사 노동의 증가로 인해 갈등이나 문제가 더 커진다.

03 일 · 가정 양립을 위한 개인적 차원의 노력으로 옳은 것끼리 묶인 것은?

> ㉠ 가정과 일을 명확하게 구분하여 처리한다.
> ㉡ 여가나 수면 시간을 줄여서 가사 일을 처리한다.
> ㉢ 직업과 가정 일에 성취 기준을 조정하는 등 인식을 바꾼다.
> ㉣ 개인적으로 주어진 시간 내에 일을 열심히 하는 것도 중요하다.
> ㉤ 일을 처리할 때 시급성만을 고려하여 우선순위를 정하고 실행한다.

① ㉠, ㉡, ㉢　② ㉠, ㉢, ㉣
③ ㉡, ㉢, ㉤　④ ㉡, ㉣, ㉤
⑤ ㉢, ㉣, ㉤

04 일 · 가정 양립을 위해 가정에서 가사 노동을 줄이기 위한 방법과 거리가 가장 먼 것은?

① 배달 음식 이용하기
② 반조리 식품 이용하기
③ 친환경 식품 재료 구입하기
④ 가사 도우미를 고용하여 가사 일 처리하기
⑤ 세탁소나 빨래방 등 외부 업체를 이용하여 가사 일 처리하기

05 일 · 가정 양립을 위해 남녀 근로자에게 필수 근무 시간을 빼고 자신에게 편리한 시간을 직접 정해서 근무하는 것을 무엇이라고 하는가?

① 재택 근무제　② 집중 근무제
③ 유연 출퇴근제　④ 일자리 공유제
⑤ 정시 출퇴근제

06 일 · 가정 양립을 위한 해결 방안으로 옳은 것이 아닌 것은?

① 남녀 평등한 기회와 대우를 보장해야 한다.
② 취업 부부를 위한 보육 시설과 돌봄 교실을 직장 내에 마련한다.
③ 배우자 출산 휴가 제도, 육아 휴직 제도, 가족 돌봄 휴직 제도를 마련한다.
④ 부부가 공동 육아 휴가 제도 마련과 임신과 출산으로 인한 근무 연장을 실시한다.
⑤ 재택근무 활용이나 유연 근무제 활용 등으로 다양한 근무 환경과 여건을 조성한다.

주관식 문제

07 다음 그림에서 직업과 가정생활을 양립하는 경우 여러 가지 일을 처리할 때 우선순위를 정하여 가장 먼저 처리해야 될 일은 어느 것인가?

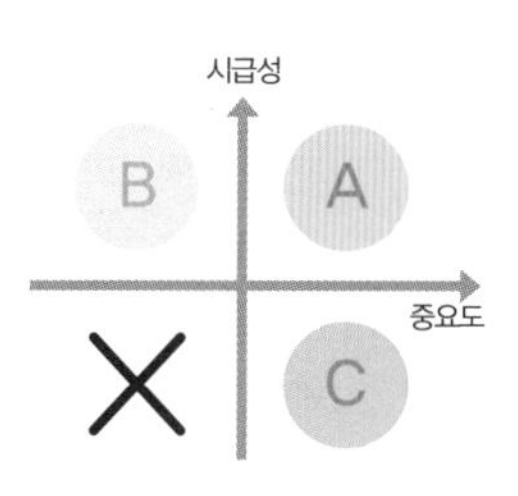

08 일 · 가정 양립 시 한 개인에게 주어진 두 가지 이상의 역할에서 서로 다른 것을 요구할 때 생기는 것을 (㉠)이라고 하며, ㉡ 이를 해결하기 위한 가사 노동 감소를 위한 가정 관리 방법을 2가지 제시하시오.

㉠

㉡

09 다음 그림과 같은 표시는 무엇을 의미하는지 설명하시오.

10 ㉠ 일과 가정을 양립할 때 생기기 쉬운 문제 중 핵가족화와 여성의 취업으로 인해 결혼한 취업 여성이 가장 어렵고 힘이 드는 문제는 무엇인가? 그리고 ㉡ 이를 해결하기 위해 시행되고 있는 제도에는 무엇이 있는지 두 가지만 예를 들어 보자.

㉠

㉡

03 내가 꿈꾸는 인생 설계하기
04 나에게 맞는 진로 탐색과 설계

① 생애 설계를 하는 것이 왜 중요할까

1 생애 설계

❶ **생애 설계의 의의:** 자신의 인생을 어떻게 보낼 것인지에 대해 목표를 세우고, 이를 실천하기 위한 구체적인 계획을 준비하는 과정이다.

❷ **생애 설계의 장점**

- 자신을 좀 더 잘 이해할 수 있다.
- 자신의 가치관에 따른 인생 계획을 세울 수 있다.
- 자신의 인생 방향에 대한 지속적인 반성과 개선을 할 수 있다.
- 앞으로의 삶을 예측해 봄으로써 삶의 안정성을 높일 수 있다.

❸ **생애 설계의 내용:** 자신의 인생 전체를 계획하는 것이므로 인생의 장기적인 목표를 중심으로 진로 및 직업, 건강, 결혼, 가족, 노후의 삶 등을 함께 고려해야 한다.

② 생애 단계마다 무엇을 이루고 준비해야 할까

1 생애 주기

1) 생애 주기

사람이 태어나서 사망할 때까지 시간의 흐름에 따라 삶의 모습이 변화되는 단계이다.

2) 생애 주기의 구분

❶ **개인 생활 주기:** 개인이 태어나서 사망할 때까지 거치는 발달 단계이다.

❷ **가족생활 주기:** 가족이 형성되고 소멸할 때까지 가족의 삶이 변화하는 단계이다.

개인 생활 주기

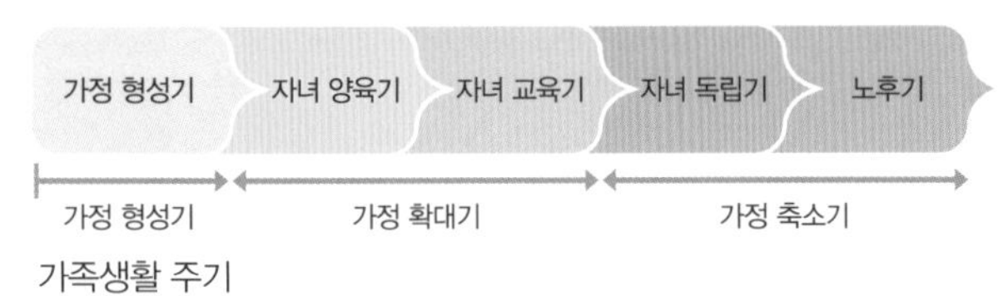

가족생활 주기

▲ 개인 생활 주기와 가족생활 주기

3) 발달 과업

생애 주기의 각 단계에 수행해야 할 역할과 중요한 일들을 발달 과업이라고 한다. 발달 과업은 인생의 단계별로 어떤 목표를 세워야 할지, 어떤 일들을 경험하게 될지 예상하는 데 도움을 주며, 이를 잘 이루게 되면 삶에 대한 만족도를 높일 수 있고 다음 단계의 발달 과업을 이루는 데도 긍정적인 영향을 준다.

❶ **개인 생활 주기별 주요 발달 과업**

개인 생활 주기	발달 과업	경제적 준비
영아기 (0~2세)	• 걷기, 말하기 • 돌봐주는 사람에 대한 신뢰와 애착 형성하기	
유아기 (2~6세)	• 기본 생활 습관 형성하기 • 언어로 의사소통하기	
아동기 (6~12세)	• 적절한 성 역할 학습하기 • 도덕성의 기초 형성하기	
청소년기 (12~20세)	• 자아 정체감 형성하기 • 신체적 · 지적 · 사회적 · 도덕적 발달 이루기 • 진로 탐색하기	• 용돈 스스로 관리하기 • 합리적인 소비 습관 기르기 • 우리 집 경제 관리에 관심을 가지고 가정 상황에 맞게 소비하기
성년기 (20~40세)	• 성인의 관점으로 사회적 가치 받아들이기 • 경제적 독립을 위한 직업 선택하기 • 이상적 배우자상 확립하기 • 배우자 선택과 올바른 부모 역할 수행하기 • 책임 있는 시민으로서 해야 할 역할 수행하기 • 개인적 신념과 가치 체계 확립하기	• 부부의 수입과 지출을 파악하여 가족의 전 생애 경제 설계하기 • 육아 비용 마련 및 자녀 교육비 준비하기 • 주택 마련 계획 세우고 이에 따른 자금 마련하기 • 노후 생활 대비 자금 준비 시작하기
중년기 (40~65세)	• 행복한 결혼생활 유지하기 • 직업생활 유지하기 • 인생 철학 확립하기 • 중년기의 위기 관리하기 • 건강 약화에 대비하여 심신 단련하기	• 자녀 교육비 및 자녀 결혼 자금 마련하기 • 주택 규모 변경 고려하기 • 노후 대비 자산 점검 및 노후 생활 자금 마련하기 • 노후 생활 준비하기
노년기 (65세 이후)	• 건강 관리하기 • 은퇴에 적응하기 • 신체적 노화 긍정적으로 수용하기 • 배우자 사별과 자신의 죽음 준비하기 • 여가 잘 보내기 • 경제적 대책 마련하기	• 은퇴 및 노후 생활하기 • 주택 규모 점검 및 적절한 규모의 집으로 이사하기 • 은퇴 상황에 맞도록 안전적 자산 관리하기 • 상속이나 증여 실행하기 • 여가, 봉사와 같은 사회적 기여 활동하기

❷ 가족생활 주기별 주요 과업

가정 형성기	• 새로운 가족 관계에 적응 • 가족 계획 세우기(자녀 출산, 자녀 양육 등) • 주거 및 가정 경제 계획 세우기
자녀 양육기	• 자녀 출산으로 새로운 가족 관계에 적응 • 자녀의 양육 방침을 확립 • 가사 노동의 역할과 책임을 조정
자녀 교육기	• 자녀의 사춘기 위기 극복 • 독립적인 자녀로 키우기 • 수평적인 부모-자녀 관계를 수립 • 자녀 진학 및 독립을 위 한 경제적 준비
자녀 독립기	• 자녀의 독립과 결혼에 필요한 경제적 지원을 준비 • 자녀 독립 이후 부부의 친밀한 협력 관계를 재구성 • 직업 생활 은퇴 준비
노후기	• 여가를 활용하여 교육, 봉사 등의 새로운 관심 분야 만들기 • 자녀 및 손자녀와 친밀한 관계 유지 • 배우자 사망 등 홀로된 생활의 대비

2 경제적 자립을 위한 준비

❶ **경제 설계:** 개인이나 가정이 소유하고 있는 경제적 자원을 보다 효율적으로 사용할 수 있도록 인생의 각 시기별로 어떤 목적으로 어느 정도의 돈이 필요한지 파악하고 이를 어떻게 마련할 것인지에 대한 계획을 세우는 것으로 재무 설계라고도 한다.

❷ **경제 설계를 할 때 유의점:** 생애 주기별로 수입과 지출의 수준이 달라질 수 있으므로 장기적인 관점에서 수입과 지출의 균형을 예상하고 소득보다 지출이 많아지는 시기에 대비하여 저축 · 투자 · 보험 등을 통해 안정적인 생활을 유지할 수 있도록 계획해야 한다.

3 진로 설계는 왜 필요할까

1 진로 설계의 필요성

❶ 진로의 뜻

• 개인이 일생을 통해 추구하는 모든 일을 말한다.

• 좁게는 직업이나 일을 뜻하고, 넓게는 진학 · 교육 · 결혼 · 취업 · 직업 전환 · 여가 활동 · 사회적 활동 등 개인이 겪게 되는 모든 활동과 일을 의미한다.

❷ 진로 설계의 뜻

• 자신의 인생에서 나아가고자 하는 방향을 정하고 각 단계마다 하고자 하는 일을 실현하기 위한 장기적이고 구체적인 계획을 세우는 것이다.

• 인생의 다양한 측면을 전체적으로 바라보고 계획을 세워야 한다.

❸ **진로 설계의 필요성:** 자신의 인생에서 경험하게 될 다양한 측면의 일을 미리 계획함으로써 삶의 목적을 명확히 하여 주도적이고 행복한 삶을 사는데 도움이 된다.

4 나의 진로를 탐색하고 설계해 볼까

1 진로 설계의 단계

1단계 삶의 목표 정하기	자신의 가치관에 따라 인생에서 이루고자 하는 삶의 목표를 세운다.
2단계 나를 이해하기	자신의 평가, 주위 사람들의 의견 수렴, 표준화 검사 등의 다양한 방법을 통해 나의 적성, 흥미, 성격, 가치관, 신체적 조건, 나를 둘러싼 환경 등을 파악한다.
3단계 직업 정보 및 상급 학교 탐색하기	• 직업 현장 견학이나 체험, 인터넷 검색, 직업 인터뷰 등을 통해 직업의 종류와 직업에 필요한 능력, 교육 수준 및 자격증, 취업 방법, 장래 전망 등의 직업 정보를 파악한다. • 상급 학교의 종류, 입학 전형, 졸업 후의 진로 방향 등에 대한 정보를 알아본다.
4단계 상담을 통해 진로 목표를 설정	진로를 선택하기 위해 부모님, 선생님, 선배, 전문가 등에게 조언을 구하고 합리적인 진로 의사 결정 과정을 통해 진학 및 취업에 관한 진로 목표를 설정한다.
5단계 실천 계획 수립 및 실행하기	진로 목표를 달성할 수 있도록 구체적인 실천 계획을 세우고 이를 실행한다.

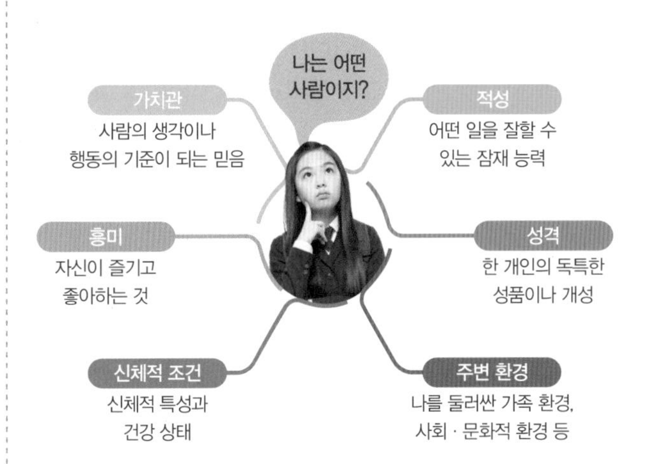

▲ 나를 이해하기

2 진로 설계 시 유의사항

❶ 개인의 특성을 존중한다.
❷ 내면적 가치를 존중한다.
❸ 사회적 규범을 준수한다.
❹ 스스로 설계한다.
❺ 단계별 계획을 수립한다.
❻ 다양한 정보를 토대로 한다.

3 진로 의사 결정

❶ **진로 의사 결정**: 진로 의사 결정이란 진로를 탐색하고 설계하는 과정 중 수많은 선택의 상황에서 스스로 책임질 수 있는 최선의 행동 방향을 결정하는 것이다.

❷ **진로 의사 결정 과정에서의 갈등**: 진로 의사 결정 과정에서 부모님의 요구, 사회적 상황, 직업에 대한 고정 관념 등 다양한 요인들의 영향을 받을 수 있으며 갈등이 생길 수 있다.

❸ 장기적인 관점에서 삶의 여러 가지 측면을 함께 고려하여 최선의 선택을 할 수 있도록 노력해야 한다.

5 나는 어떤 직업 가치관을 추구할 것인가

1 직업 가치관

❶ 직업 가치관의 뜻

- 가치관: 어떤 일이나 대상에 대해서 무엇이 옳고 바람직한지를 판단하는 생각을 말한다.
- 직업 가치관: 직업을 선택할 때 무엇을 중요하게 생각하는지, 직업을 통해 이루고 싶은 가치가 무엇인지를 뜻하는 말이다.

❷ 직업의 의미

- 경제적 의미: 수입을 통해 생계를 안정적으로 유지할 수 있다.
- 사회적 의미: 사회가 유지되는 데 필요한 일과 노동력을 제공하고 사회생활에 참여하고 봉사할 수 있는 수단이 된다.
- 심리적 의미: 일을 통해 자아를 실현할 수 있다.

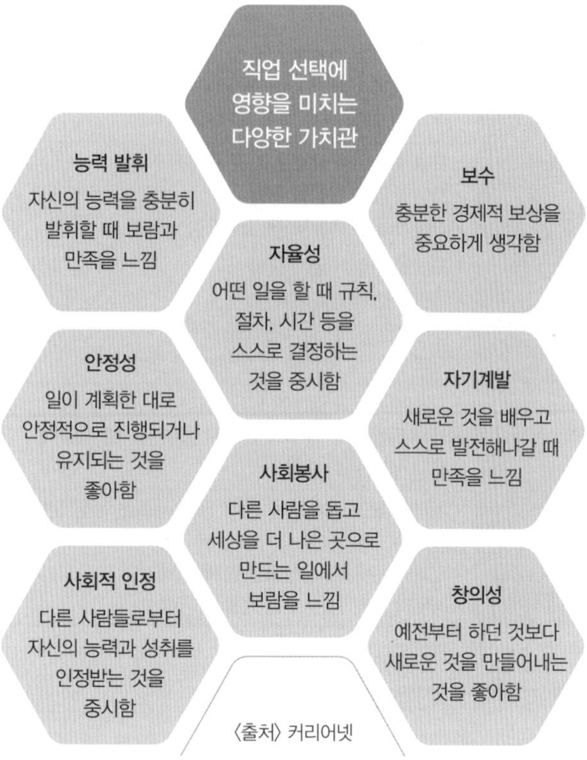

중단원 핵심 문제

03 내가 꿈꾸는 인생 설계하기
04 나에게 맞는 진로 탐색과 설계

01 다음 중 생애 설계의 장점을 〈보기〉에서 모두 고른 것은?

〈보기〉
ㄱ 자신을 좀 더 잘 이해할 수 있다.
ㄴ 자신의 가치관에 따른 인생 계획을 세울 수 있다.
ㄷ 자신의 인생 방향을 끊임없이 변경할 수 있다.
ㄹ 앞으로의 삶을 예측해 봄으로써 삶의 안정성을 높일 수 있다.

① ㄱ
② ㄱ, ㄴ
③ ㄱ, ㄷ
④ ㄱ, ㄴ, ㄹ
⑤ ㄴ, ㄷ, ㄹ

02 다음과 같은 특징을 지니는 개인 생애 주기 단계는?

- 자신이 어떤 사람이며, 어떤 삶을 추구하는지 알아가는 시기이다.
- 내가 생각하는 가치 있는 삶이란 무엇인지 스스로 질문을 던지면서 답을 찾아 나가야 한다.

① 유아기
② 아동기
③ 청소년기
④ 청년기
⑤ 중년기

03 다음 중 생애 설계 시 고려할 사항이 아닌 것은?

① 가족
② 결혼
③ 건강
④ 영아기의 삶
⑤ 진로 및 직업

04 다음 중 생애 설계에 포함되는 내용을 〈보기〉에서 모두 고른 것은?

〈보기〉
ㄱ 직업 설계 ㄴ 경제 설계
ㄷ 여가 설계 ㄹ 가족 설계

① ㄱ, ㄴ ② ㄷ, ㄹ
③ ㄱ, ㄴ, ㄷ ④ ㄴ, ㄷ, ㄹ
⑤ ㄱ, ㄴ, ㄷ, ㄹ

※ [05~07] 다음은 개인 생활 주기와 가족생활 주기이다. 물음에 답하시오.

05 다음 중 ㄱ 시기에 해당되는 개인 생활 주기에 해당하는 발달 과업은?

개인 생활 주기

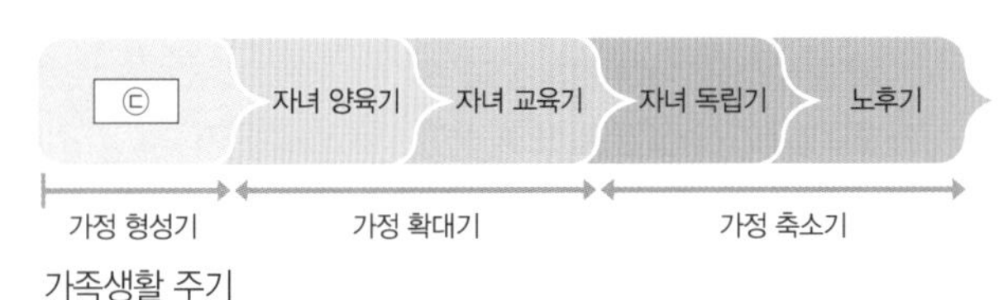

가족생활 주기

① 걷기, 말하기
② 적절한 성 역할 학습하기
③ 도덕성의 기초 형성하기
④ 기본 생활 습관 형성하기
⑤ 돌봐주는 사람에 대한 애착 형성하기

06 다음 중 ㄴ 시기에 해당되는 경제적 준비로 보기 어려운 것은?

① 상속이나 증여 실행하기
② 합리적인 소비 습관 기르기
③ 여가, 봉사와 같은 사회적 기여 활동하기
④ 은퇴 상황에 맞도록 안전적 자산 관리하기
⑤ 주택 규모 점검 및 적절한 규모의 집으로 이사하기

07 다음 중 ⓒ 시기의 가족생활 주기별 발달 과업으로 가장 적절한 것은?

① 가족 계획 세우기
② 직업생활 은퇴 준비하기
③ 자녀의 양육 방침 확립하기
④ 독립적인 자녀로 키우기
⑤ 여가를 활용하여 교육, 봉사 등의 새로운 관심 분야 만들기

08 다음과 같은 가족생활 주기별 주요 과업을 수행해야 하는 시기는?

- 자녀의 양육 방침을 확립
- 가사 노동의 역할과 책임을 조정
- 자녀 출산으로 새로운 가족 관계에 적응

① 가정 형성기 ② 자녀 양육기
③ 자녀 교육기 ④ 자녀 독립기
⑤ 노후기

09 다음과 같은 경제적 준비를 해야 하는 시기에 해당되는 발달 과업이 아닌 것은?

- 노후 생활 준비하기
- 주택 규모 변경 고려하기
- 자녀 교육비 및 자녀 결혼 자금 마련하기
- 노후 대비 자산 점검 및 노후 생활 자금 마련하기

① 진로 탐색하기
② 직업생활 유지하기
③ 인생 철학 확립하기
④ 중년기의 위기 관리하기
⑤ 행복한 결혼생활 유지하기

10 다음 중 진로 설계에 포함되는 내용을 〈보기〉에서 모두 고른 것은?

〈보기〉
㉠ 직업 설계 ㉡ 경제 설계
㉢ 사회적 활동 설계 ㉣ 건강 및 여가 설계

① ㉠, ㉡ ② ㉡, ㉢
③ ㉢, ㉣ ④ ㉠, ㉡, ㉣
⑤ ㉠, ㉡, ㉢, ㉣

11 다음 중 진로 설계에 대한 설명으로 옳지 않은 것은?

① 좁게는 직업이나 일을 뜻한다.
② 개인이 일생을 통해 추구하는 모든 일을 말한다.
③ 인생의 다양한 측면을 전체적으로 바라보고 계획을 세워야 한다.
④ 삶의 목적을 명확히 하여 주도적이고 행복한 삶을 사는 데 도움이 된다.
⑤ 하고자 하는 일을 실현하기 위한 단기적이고 추상적인 계획을 세우는 것이다.

12 다음 그림의 진로 설계 내용 중 중학교 시기는 진로 설계 단계로 볼 때 어느 단계에 속하는가?

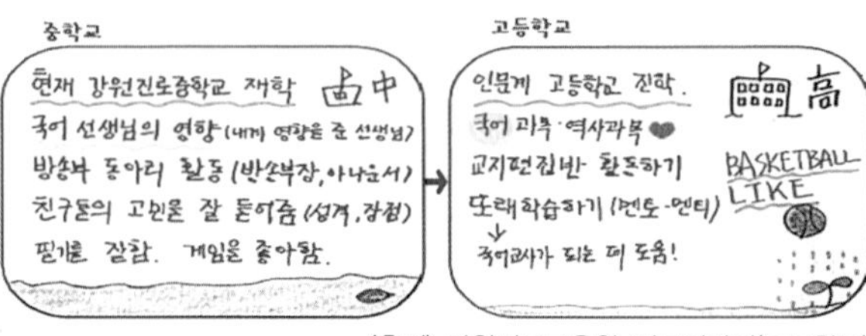

〈출처〉 강원진로교육원, 진로이야기(고등학교)

① 삶의 목표 정하기
② 나에 대해 이해하기
③ 실천 계획 세우고 실행하기
④ 상담을 통해 진로 목표를 설정하기
⑤ 직업 정보 및 상급 학교 탐색하기

13 다음 중 진로 의사 결정 시 고려할 점만 〈보기〉에서 모두 고른 것은?

〈보기〉
㉠ 사회적 상황
㉡ 자신이 하고 싶은 것
㉢ 직업에 대한 역사적 변천 과정
㉣ 부모님의 일방적인 높은 요구

① ㉠, ㉡ ② ㉠, ㉢
③ ㉡, ㉢ ④ ㉡, ㉣
⑤ ㉢, ㉣

14 청소년기 진로 설계 시 자신(나)을 이해하기 위한 요소가 아닌 것은?

① 흥미 ② 성격
③ 소득 ④ 주변 환경
⑤ 신체적 조건

15 다음은 수진이의 진로 고민이다. 이를 보고 추측할 수 있는 수진이의 직업 선택에 큰 영향을 준 가치관은 무엇인가?

> 나는 사회의 부조리를 개선하는 시민운동가가 되고 싶어. 그런데 부모님은 이 직업이 안정적인 수입이 보장되지 않는다고 하셔. 내가 하고 싶은 일과 경제적 자립, 둘 중 무엇을 선택해야 할까? 이 두 가지를 모두 이룰 방법은 없을까?

① 보수
② 창의성
③ 안정성
④ 사회봉사
⑤ 자기 계발

16 다음 신문 기사에서 드러나는 A 씨의 직업 가치관과 거리가 먼 것은?

> 올해로 25년째 미용업에 종사하는 A 씨는 올해도 어김없이 독거 노인들을 위한 무료 이발소를 열었다. A 씨는 현재 업계에서 손꼽히는 대형 헤어샵의 대표로 어린시절 경제적으로 어려웠을 때 주위 어른들이 도와주셨던 일을 떠올리면서 매년 지역 사회 노인분들에게 이발 서비스를 해드리고 있다. 실력과 인성을 겸비한 미용 전문가라는 타이틀도 덤으로 얻었다.

① 보수
② 능력발휘
③ 사회봉사
④ 자기계발
⑤ 사회적 인정

17 진로 선택 단계별 구체적 활동과 관련 요소를 연결해 보자.

① 삶의 목표 정하기 • • ㉠ 실천 계획, 실행
② 나에 대해 이해하기 • • ㉡ 자신의 가치관
③ 직업 정보 및 상급 학교 탐색하기 • • ㉢ 직업 현장 견학, 장래 전망, 입학 전형
④ 상담을 통해 진로 목표를 설정하기 • • ㉣ 부모님, 선생님, 선배, 전문가 등의 조언
⑤ 실천 계획 세우고 실행하기 • • ㉤ 자신의 적성, 흥미, 주변 환경

주관식 문제

18 다음에서 설명하고 있는 개념을 적어 보자.

> • 생애 주기의 각 단계에 수행해야 할 역할과 중요한 일들을 말한다.
> • 이를 잘 이루게 되면 삶에 대한 만족도를 높일 수 있다.
> • 인생의 단계별로 어떤 목표를 세워야 할지, 어떤 일들을 경험하게 될지 예상하는 데 도움을 준다.

19 다음 (   ) 안에 들어갈 말을 순서대로 적어보자.

> (㉠)이란 어떤 일이나 대상에 대해서 무엇이 옳고 바람직한지를 판단하는 생각을 말한다. (㉡)은 직업을 선택할 때 무엇을 중요하게 생각하는지, 직업을 통해 이루고 싶은 가치가 무엇인지를 가리키는 말이다.

㉠ ㉡

대단원 정리 문제

※ [01~02] 다음은 우리나라 고령화 비율을 나타낸 그래프이다. 물음에 답하시오.

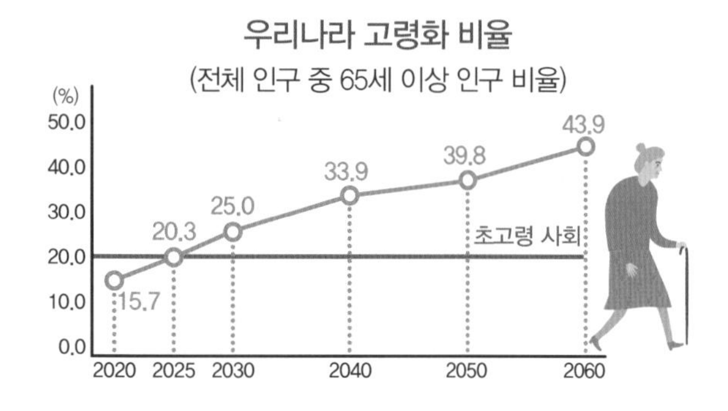

01 위와 같은 그래프가 나타나는 원인을 〈보기〉에서 모두 고른 것은?

〈 보기 〉
㉠ 출산율 증가　㉡ 평균 수명 연장
㉢ 가족 가치관 변화　㉣ 여성 경제 활동 감소

① ㉠, ㉡　② ㉡, ㉢
③ ㉢, ㉣　④ ㉠, ㉡, ㉣
⑤ ㉠, ㉡, ㉢, ㉣

02 위와 같은 변화에 따라 나타날 수 있는 가족 문제가 아닌 것은?

① 노인 소외
② 부부간 친밀도 약화
③ 부모에 대한 효심 약화
④ 자녀에 대한 관심도 증가
⑤ 형제자매를 통한 협동 기회 감소

03 일과 가정을 양립하기 어렵게 하는 요인으로 보기 어려운 것은?

① 장시간 근로 환경
② 가족 가치관의 충돌
③ 양성평등 의식 확대
④ 양육과 보육 관련 제도의 확충
⑤ 여성의 경제 활동에 대한 긍정적 인식 확산

※ [04~05] 다음은 가족 친화 문화 형성을 위한 기업 사례이다. 물음에 답하시오.

ㅇㅇ기업은 매주 수요일 '가족 사랑의 날'을 정하여 정시 퇴근을 독려한다. 저녁 6시 30분이 되면 직원들의 컴퓨터는 자동으로 꺼지고 대표이사부터 회사를 나선다. 정시 퇴근, 조기 퇴근 문화는 사실 조직의 리더나 인사팀이 솔선수범해야 실행력을 높일 수 있기 때문이다.

04 위와 같은 사례가 등장하는 데 영향을 준 것으로 보기 어려운 것은?

① 여성의 경제 활동 증가
② 일 중심의 사회적 분위기
③ 가족 구성원의 친밀감 증대
④ 삶의 균형에 대한 욕구 증대
⑤ 가정생활과 사회생활의 조화 추구

05 위의 가족 친화 문화 사례와 가장 거리가 먼 내용은?

① 조기 출근 문화
② 가족 초청 행사 운영
③ 가족 건강 검진 지원
④ 장기 근속자 휴가 지원
⑤ 배우자 전근 시 근무지 이동 지원

06 일 · 가정 양립을 어렵게 하는 원인 중 다음 그림에서 나타나는 것을 〈보기〉에서 고른 것은?

〈 보기 〉
㉠ 세대 차이
㉡ 가부장적 가치관
㉢ 성 역할 고정 관념
㉣ 여성 경제 활동 감소

① ㉠, ㉡　② ㉠, ㉢
③ ㉡, ㉢　④ ㉡, ㉣
⑤ ㉢, ㉣

※ [07~08] 다음은 미진이의 일기이다. 물음에 답하시오.

요즘 미진이는 고민이 많다. 이제 막 중학교를 입학하여 바쁜 하루하루를 보내고 있는데, 매일 늦게까지 야근을 하고 오신 후 밀린 빨래와 하루 동안 쌓인 설거지, 집안일까지 혼자 하시던 어머니께서 결국 병원 신세를 지게 되셨기 때문이다. 그동안 너무 무리하셨나 보다. 아버지께서는 어머니께 미안해 하시면서도 어떻게 해야 할지 난감해하셨다. 미진이는 어떻게 해야 할까?

07 미진이가 가족을 위해서 할 수 있는 노력으로 옳지 않은 것은?

① 가사를 혼자서 다 해결하기
② 구성원 간 원활한 의사소통하기
③ 가족회의를 통해 가사 업무 분담하기
④ 세탁소나 빨래방 등 외부 업체에 이용하기
⑤ 가전 기기 활용하여 효율적으로 집안일 하기

08 위 사례의 문제를 해결하기 위한 방안으로 적절하지 않은 것은?

① 개인은 성 역할 고정 관념에서 벗어나야 한다.
② 정부는 문제 해결을 위한 법과 제도를 개발해야 한다.
③ 기업은 가족 친화적인 직장 문화를 조성해야 한다.
④ 출산 전후 휴가 제도나 육아휴직 등 제도를 더욱 확대해야 한다.
⑤ 가족 내에서는 가사 노동을 공평하게 분담하고 수직적으로 의사소통을 해야 한다.

09 다음과 같은 문제를 해결할 수 있는 가정 차원의 해결 방안과 거리가 먼 것은?

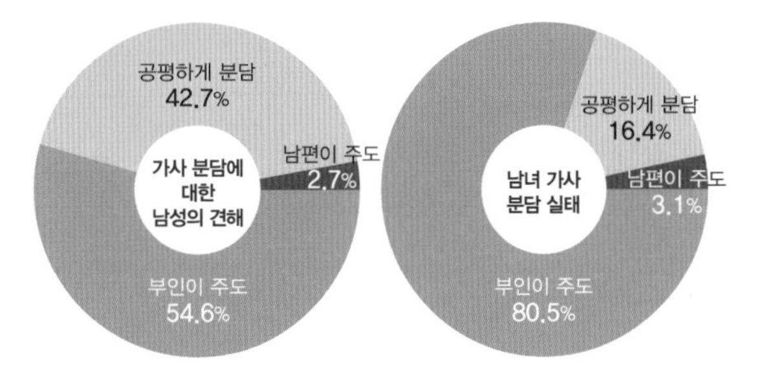

① 모성 보호와 여성 고용 촉진
② 가족원들의 가사 노동 분담
③ 가족 구성원 간의 의사소통
④ 남성이 가사 노동에 적극 참여
⑤ 양성평등한 성 역할 태도 갖추기

10 다음과 같은 설문조사를 볼 때 일 · 가정 양립을 위해 필요한 것은?

기업 내에서 일 · 가정 양립 문화 확산 정책 실현 부진 이유

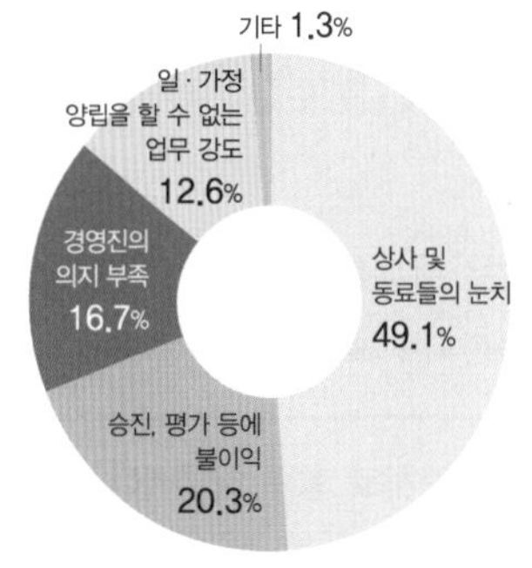

〈출처〉 전국 경제인 연합회 소비라이프뉴스

① 성 역할 분담하기
② 시간 제약 극복하기
③ 일의 우선순위 정하기
④ 개인의 성취 기준 조정하기
⑤ 직장 내 가족 친화적 분위기 조성하기

11 일 · 가정의 양립의 의미로 옳지 않은 것은?

① 가정과 직장 일을 조화롭게 처리할 수 있는 상황이다.
② 일과 가정생활의 균형은 어느 한 구성원의 일방적인 희생이 요구된다.
③ 개인이 일과 가정생활을 모두 잘해내고 있다고 느끼는 상태를 말한다.
④ 두 영역의 생활이 개인에게 똑같이 중요하다는 가치를 지니는 개념이다.
⑤ 일하고자 하는 여성에게 노동권을, 남성에게는 행복 추구권과 부모권을 보장해 주는 것이다.

12 다음과 같은 가족 친화 프로그램은 무엇인가?

가족이 수행할 자녀 양육, 가족 부양 등의 역할을 사회가 분담하는 가족 정책으로 아이 돌보미, 장애아 가족 양육, 노인 돌보미 지원 등이 있다.

① 돌봄 서비스
② 육아휴직 제도
③ 유연 근무 제도
④ 가족 친화 인증제
⑤ 출산 전후 휴가 제도

13 다음 중 유연 근무 제도에 해당하지 않는 것은?

① 재택근무제 ② 집중 근무제
③ 유연 출퇴근제 ④ 일자리 공유제
⑤ 육아휴직 제도

14 다음과 같은 문제를 해결하기 위해 활용할 수 있는 가장 적절한 가족 친화 프로그램은?

> 오늘도 정말 피곤하고 힘든 하루였다. 일과 육아에 지쳐서 가끔은 회사를 잠시 쉴까 고민해 보지만 복직 후 회사에서 계속 다닐 수 있게 해줄지도 모르겠고 경력 단절로 인해 어려움을 겪을까봐 쉽게 결정을 내릴 수가 없다. 직장인으로서, 엄마로서 내가 수행해야 할 일이 너무 많아 누군가의 도움을 받고 싶다. 나는 어떻게 해야 할까?

① 돌봄 서비스 ② 육아휴직 제도
③ 유연 근무 제도 ④ 가족 친화 인증제
⑤ 출산 전후 휴가 제도

15 다음 중 일 · 가정 양립에서 발생하는 문제를 해결하는 방법 중 사회 · 문화적 측면에 적용되는 사례는?

① 가사 도우미 고용하기
② 가족원이 각자의 역할 분담하기
③ 일과 가정의 삶 명확히 구분하기
④ 육아기 근로 시간 단축 활용하기
⑤ 업무와 가사에 대한 기준 낮추기

16 생애 설계에서 다음과 같은 질문을 하는 이유로 거리가 먼 것은?

> • 내가 이루고 싶은 인생의 목표는 무엇일까?
> • 인생의 목표를 이루기 위해서 직업 생활, 결혼, 경제 설계, 건강 및 여가 설계 등을 어떻게 해야 할까?
> • 이런 목표를 이루기 위해서 나는 구체적으로 무엇을 실천해야 할까?

① 목표 수립
② 과거의 삶 회고
③ 자신에 대한 이해
④ 자신의 가치관에 따른 인생 계획
⑤ 인생 방향에 대한 지속적인 반성과 개선

17 다음과 같은 질문은 진로 설계 내용 중 무엇에 해당하는가?

> • 내가 바라는 배우자는 어떤 특성을 가진 사람인가?
> • 바람직한 부부 관계, 책임 있는 부모 역할을 위해 어떤 준비가 필요할까?

① 직업 설계
② 생애 설계
③ 노후 설계
④ 결혼 및 가족 설계
⑤ 건강 및 여가 설계

18 다음과 같은 발달 과업을 갖는 시기의 생애 주기별 경제적 준비로 옳은 것은?

> • 이상적 배우자상 확립하기
> • 경제적 독립을 위한 직업 선택하기
> • 개인적 신념과 가치 체계 확립하기
> • 배우자 선택과 올바른 부모 역할 수행하기

① 용돈 스스로 관리하기
② 상속이나 증여 실행하기
③ 자녀 결혼자금 마련하기
④ 은퇴 상황에 맞도록 안전적 자산 관리하기
⑤ 부부의 수입과 지출을 파악하여 가족의 전 생애 경제 설계하기

19 다음과 같은 경제적 준비를 필요로 하는 시기의 발달 과업은?

> • 용돈 스스로 관리하기
> • 합리적인 소비 습관 기르기
> • 우리 집 경제 관리에 관심을 가지고 가정 상황에 맞게 소비하기

① 여가 잘 보내기
② 인생 철학 확립하기
③ 적절한 성 역할 습득하기
④ 기본 생활 습관 형성하기
⑤ 신체적 · 지적 · 사회적 · 도덕적 발달 이루기

20 진로 설계 시 유의사항으로 옳지 않은 것은?

① 스스로 설계한다.
② 외면적 가치를 존중한다.
③ 사회적 규범을 준수한다.
④ 개인의 특성을 존중한다.
⑤ 단계별 계획을 수립한다.

21 다음과 같은 정보 활용과 관련된 진로 설계 단계는?

> • 진로를 선택하기 위한 부모님, 선생님, 선배, 전문가의 조언
> • 진로 의사 결정 과정

① 삶의 목표 정하기
② 나에 대해 이해하기
③ 실천 계획 세우고 실행하기
④ 상담을 통해 진로 목표를 설정하기
⑤ 직업 정보 및 상급 학교 탐색하기

22 다음 직업인 A 씨와의 인터뷰에서 알 수 있는 직업 선택 시 영향을 미치게 된 가치관은?

> Q: 이미지컨설턴트로 활동하시면서 가장 기억에 남는 사연을 한 가지 소개해 주세요.
> A: 면접에서 15번이나 낙방한 취업준비생이 면접 이미지 컨설팅을 받고 취업에 성공한 사례입니다. 명문대 출신인 그 고객은 자신의 스펙과 실력만으로도 취업은 문제없다고 생각했었는데 막상 면접에서 줄줄이 낙방하고 나서 자신의 이미지가 면접관에게 호감을 주지 못한다는 사실을 알게 되었습니다. 저는 그 고객의 헤어스타일, 안경, 복장, 걸음걸이, 말투 등을 전체적인 이미지를 개선하도록 도와주었고, 그는 결국 면접에서 당당히 합격하였습니다. 제가 가진 능력으로 누군가의 인생에 도움을 줄 수 있다는 사실에 감사함을 느낍니다.

① 보수　　② 자율성
③ 창의성　　④ 안정성
⑤ 사회적 봉사

23 다음 직업에 대한 명언과 가장 관련이 깊은 직업의 의미는?

> 직업에는 귀천이 있다?
> 똑같은 일이라도 그 일을 대하는 사람 스스로의 마음가짐에 따라 그 직업은 귀한 직업이 될 수도, 천한 직업이 될 수도 있다.

① 경제적 의미　　② 사회적 의미
③ 정치적 의미　　④ 심리적 의미
⑤ 문화적 의미

주관식 문제

24 다음 (　　　) 안에 들어갈 말은 무엇인가?

> (　　　)은/는 자녀 출산 및 양육 지원, 유연 근무 제도, 가족 친화 직장 문화 조성 사업 등을 모범적으로 운영하는 기업 및 공공 기관에 대하여 심사를 통해 인증을 부여하는 제도이다.
> (　　　) 심사를 통과한 기업이나 기관은 인증 표시 활용과 홍보를 통한 이미지 제고로 기업 경쟁력을 강화할 수 있을 뿐 아니라 주요 사업 지원 대상 시 가산점을 받고 융자 대출 시 금리 우대를 받는 등 다양한 혜택이 주어진다.

____

25 다음 (　　　) 안에 들어갈 말은 무엇인가?

> (　　　)(이)란 선택의 상황에서 스스로 책임질 수 있는 최선의 행동 방향을 결정하는 것으로, 진로 선택을 위해서도 (　　　)이/가 필요하다. 진로 의사 결정 시 부모님의 요구, 사회적 상황, 직업에 대한 고정 관념 등 다양한 요인들의 영향을 받을 수 있다.

____

26 다음 (   ) 안에 들어갈 개념은 무엇인가?

> 전 생애에 걸친 (   )을 위해서는 인생의 각 시기별로 어떤 목적으로 어느 정도의 돈이 필요한지 파악하고 이를 어떻게 마련할 것인지에 대한 계획을 세워야 하는데, 이를 경제 설계라고 한다.

27 다음 (   ) 안에서 활용한 각 가족 친화 프로그램 유형은 무엇인가?

> **커리어도 쌓고, 아이도 돌보고**
>
> 저는 아이를 낳고 3년 동안 출산 · (㉠)을/를 이용했습니다. 회사를 떠나 육아에 전념할 수 있었던 힘들지만 소중한 시간이었습니다. 이번에는 초등학교에 입학하는 아이를 등교시키고 출근할 수 있도록 회사에 (㉡)을/를 신청했습니다. 남편은 회사에서 불이익을 받는 것은 아닌지 걱정했지만 '커리어'와 '육아'라는 두 마리 토끼를 잡아야 했던 저는 가족 친화 기업인 회사를 믿고 과감히 (㉡)을/를 신청했습니다.

㉠ ㉡

28 다음 (   ) 안에 들어갈 말은 무엇인가?

> (   )(이)란 자신의 인생을 어떻게 보낼 것인지에 대해 목표를 세우고, 이를 실천하기 위한 구체적인 계획을 준비하는 과정을 말한다.
> (   )을/를 하면 자신을 좀 더 잘 이해할 수 있고 자신의 가치관에 따른 인생 계획을 세우는 데 도움이 된다.

29 다음 그래프를 토대로 경제적 자립을 위한 경제 설계를 해야 하는 이유를 설명하시오.

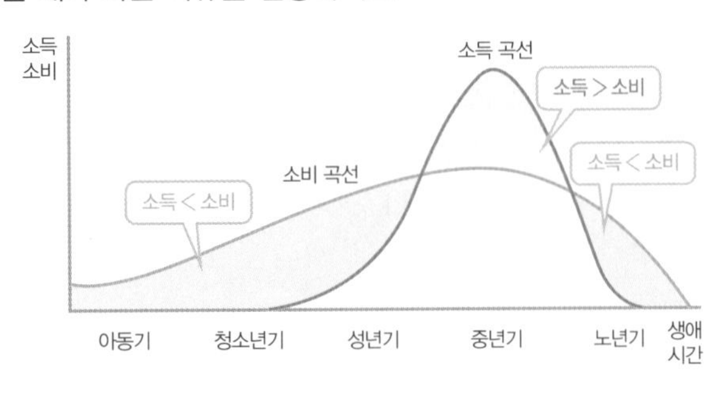

30 다음과 같은 변화가 사회에 미치는 경제적 영향을 1가지 서술하시오.

31 다음과 같은 인구 예측 자료를 볼 때 우리나라 인구가 어떻게 변화하게 될지 그 영향을 예측해서 서술하시오.

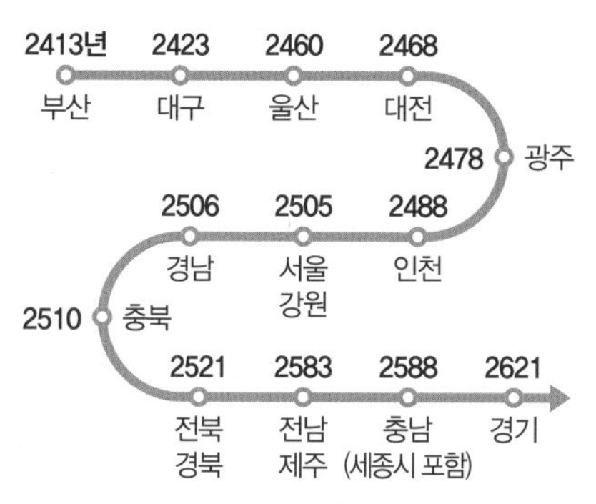

32 다음과 같은 진로 갈등 사례 시 어떻게 진로를 결정하는 것이 현명한 방법인지 서술하시오.

> 나는 컴퓨터 해커의 침입에 대비하는 정보보호 전문가가 되고 싶어. 그래서 컴퓨터 프로그래밍을 전문적으로 배울 수 있는 특성화 고등학교로 진학하고 싶어. 그런데 부모님은 우선 내 성적에 맞는 인문계 고등학교로 진학한 후 대학에서 컴퓨터 프로그래밍을 전공하길 바라셔.

수행활동

수행 활동지 ① 저출산 해결 방안 논술해 보기

단원	Ⅲ. 일 · 가정 양립과 생애 설계 01. 저출산 고령 사회와 가족 친화 문화
활동 목표	저출산이 우리 사회에 미치는 영향을 고려하고, 저출산을 극복할 수 있는 방안을 제시할 수 있다.

● 다음 신문 기사를 읽고 질문에 답해 보자.

한국 출산율 OECD와 세계 전체에서 꼴찌 수준

한국의 출산율은 선진국 클럽인 경제협력개발기구(OECD) 회원국 중 꼴찌에서 벗어나지 못하고 있다. 그런데 한국 저출산 심각성은 OECD가 문제가 아니다.

한국 출산율은 OECD뿐만 아니라 전 세계에서도 거의 꼴찌 수준이다. 아이를 2명도 낳지 않는 건 자녀 양육 부담이 갈수록 늘어 한 명이라도 제대로 키우기가 쉽지 않기 때문이다.

당장 5월 초 '황금연휴'가 다가온다고 하지만 맞벌이 부부 등은 아이 맡길 곳이 없어 황금연휴가 아니라 '한숨연휴'라는 말까지 나올 정도다. 이제 2%대 중반을 바라보는 한국의 경제성장률은 전 세계 110위권 수준이고 OECD 회원국 중에선 10위권 밖으로 밀려났다.

20일 미국 중앙정보국(CIA) '월드팩트북(The World Factbook)'에 따르면 지난해 추정치 기준으로 한국의 합계출산율은 1.25명으로 세계 224개국 중 220위로 최하위권이었다. 합계출산율은 여성 1명이 평생 낳을 것으로 예상하는 평균 출생아 수를 뜻한다. 전 세계에서 한국보다 합계출산율이 낮은 국가는 4곳뿐이다.

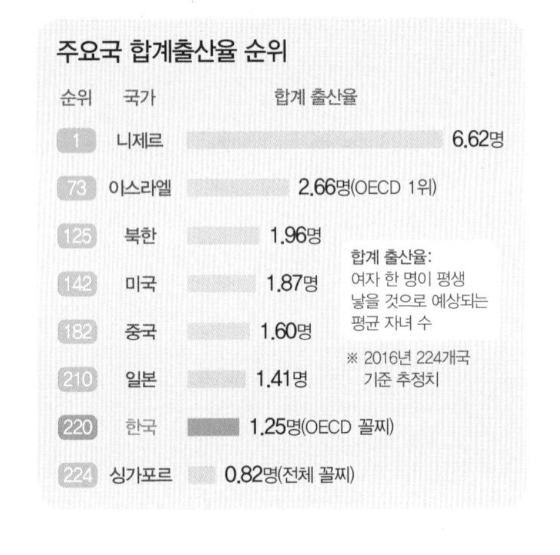

〈출처〉 연합뉴스(2017.03.20.)

① 저출산이 우리 사회에 미칠 영향을 2가지 이상 서술해 보자.

② 저출산을 극복할 수 있는 방법을 개인, 사회, 국가(정부) 차원에서 각각 1가지 이상 논술하시오.

개인	
사회	
국가(정부)	

수행 활동지 ❷ 일 · 가정 양립 방안 알아보기

단원	Ⅲ. 일 · 가정 양립과 생애 설계 02. 일 · 가정 양립하기
활동 목표	일 · 가정 양립의 어려움을 해결할 수 있는 방안을 제시하고, 가족 친화 프로그램의 종류를 설명할 수 있다.

❶ 아래 그림을 보고 일 · 가정 양립 과정에서 나타날 수 있는 갈등과 어려움에는 어떤 것들이 있는지 설명해보고 이를 해결할 수 있는 방안을 적어보자.

상황				
겪을 수 있는 갈등				
해결 방안				

❷ 기업이나 국가에서 실시하고 있는 가족 친화 프로그램에는 어떤 것이 있는지 다음에 대해서 설명해 보자.

유연 근무 제도	
육아휴직 제도	
출산 전후 휴가 제도	

수행 활동지 ③ 나의 생애 설계해 보기

단원	Ⅲ. 일 · 가정 양립과 생애 설계 03. 내가 꿈꾸는 인생 설계하기
활동 목표	가족생활 주기별 발달 과업을 설명하고, 가족생활 주기별로 나의 생애를 설계할 수 있다.

생애 설계는 자신의 인생에 대한 목표를 세우고 이를 실천하기 위해 구체적인 계획을 준비하는 것이다. 생애 설계에 관한 다음 질문에 답해 보자.

① 가족생활 주기별로 이루어야 할 발달 과업을 예시 외에 1가지 이상 쓰고 나의 생애 설계 내용을 적어보자.

가족생활 주기	발달 과업	나의 생애 설계 내용
가정 형성기	• 새로운 가족 관계에 적응 • •	• •
자녀 양육기	• 자녀 출산으로 새로운 가족 관계에 적응 • •	• •
자녀 교육기	• 자녀의 사춘기 위기 극복 • •	• •
자녀 독립기	• 자녀의 독립과 결혼에 필요한 경제적 지원을 준비 • •	• •
노후기	• 여가를 활용하여 교육, 봉사 등의 새로운 관심 분야 만들기 • •	• •

② 위의 가족생활 주기 중 우리 가정은 어디에 속하는지 찾아 보고, 우리 가족의 발달 과업을 잘 성취할 수 있도록 내가 할 수 있는 일을 2가지만 적어보자.

우리 가족의 가족생활 주기별 단계	
내가 할 수 있는 일	

Ⅳ

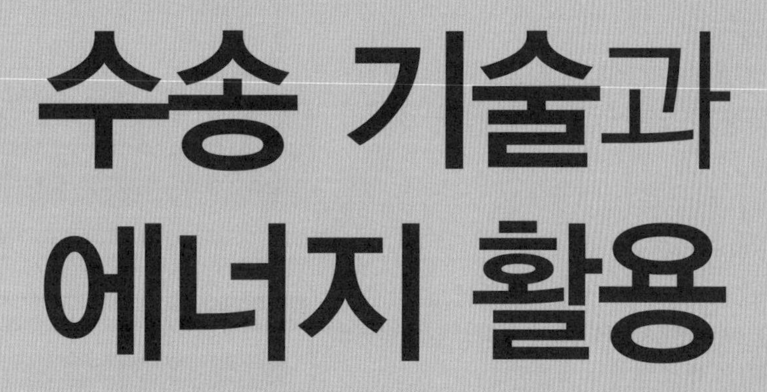

수송 기술과 에너지 활용

01 수송 기술 시스템과 발달 과정

① 수송 기술 시스템이란 무엇일까

1 수송 기술과 구성 요소

❶ **수송**: 사람이나 물건을 한 장소에서 다른 장소로 이동시킬 수 있는 수단이나 활동

❷ **수송 기술**: 수송에 이용되는 자동차, 비행기, 선박 등 안전하고 신속하게 수송하기 위한 수단, 방법, 지식 등

❸ **수송 기술의 구성 요소**

수송 수단	이동 경로	지원 시설
자동차, 비행기, 배, 기차, 엘리베이터, 자전거 등	도로, 철도, 해로, 항로 등	환승 시설, 편의 시설, 안전 시설, 법규 등

2 수송 기술 시스템

수송 기술 시스템은 수송이 원활하게 이루어지도록 수송 과정을 '투입 → 과정 → 산출'의 단계로 체계화한 것을 말한다.

❶ **투입 단계**: 수송을 위한 준비 단계

❷ **과정 단계**: 수송이 이루어지는 단계

❸ **산출 단계**: 사람 또는 물건이 목적지에 도착하는 단계

❹ **되먹임**: 수송 기술 시스템에서 제대로 수송되지 않았을 때에는 되먹임 과정을 통해 문제를 해결한다.

▲ 수송 기술 시스템

② 수송 기술의 특징과 발달 과정을 알아볼까

1 수송 기술의 특징

• 수송의 영역에 따라 발달 속도가 다르다
  ㉠ 육상, 해상, 항공 · 우주 등
• 동력원의 발달에 밀접한 영향을 받는다.
  ㉠ 내연 기관, 외연 기관, 로켓 기관 등
• 에너지 자원에 영향을 받는다.
  ㉠ 화석 연료, 수소, 전기 에너지 등
• 다양한 영역의 기술과의 융합으로 더욱 발전한다.
  ㉠ 내비게이션, 자율 주행 장치 등

2 수송 기술의 발달

❶ **육상 수송 기술의 발달**

• 바퀴와 동력 기관의 발명과 함께 본격적으로 발전하였다.
• 자동차는 1769년 등장한 증기 기관 자동차 이후 속도와 편리성 등이 개선되었으며, 20세기 초 미국의 포드사가 컨베이어 벨트 방식의 대량 생산 체제를 도입하면서 대중화되기 시작하였다.
• 우리나라 최초의 자동차: 1955년 시발 자동차(국내 부품 50% 사용)

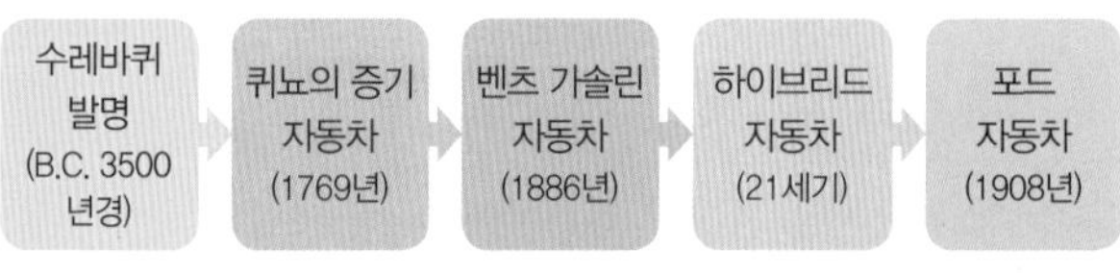

▲ 육상 수송 기술의 발달 과정

하나 더 알기 우리나라의 옛 육상 수송 수단

종류	수송 방법
지게	곡물, 나무 등의 짐을 사람의 등에 지고 나를 수 있도록 함(오늘날 등산용 배낭으로 응용됨)
가마	사람을 태워 앞뒤에서 들고 나르던 여러 가지 탈 것을 통틀어 말하는 것
유형거	수원 화성을 만들 때 이용한 돌, 목재 등 건설 자재를 나르는 수레(짐수레, 손수레)

❷ **해상 수송 기술의 발달**

• 초기에는 뗏목이나 통나무배, 가죽배 등을 이용하였으며, 17세기에는 돛을 사용한 범선을 주로 이용하였다.
• 동력 기관이 사용되면서 선박 건조 기술이 급속히 발전하기 시작하였다.
• 오늘날에는 고속 해상 수송에 대한 수요와 해상 자원 개

발 증가 등으로 선박의 대형화·고속화 방향으로 해상 수송 기술이 발전하고 있다.

▲ 해상 수송 기술의 발달 과정

③ 항공·우주 수송 기술의 발달

- 레오나르도 다빈치는 새의 날개를 모방하여 날 수 있는 장치를 고안하였다.
- 18세기에 몽골피에 형제는 열기구를 고안하여 인류 최초로 비행에 성공하였다.
- 릴리엔탈의 글라이더, 라이트 형제의 동력 비행기 발명 등으로 항공 기술이 눈부시게 발전하였다.
- 우리나라는 1992년 인공위성 우리별 1호 발사에 성공하였다.

몽골피에 형제의 열기구 (1783년) → 라이트 형제의 동력 비행기 (1903년) → 최초 인공위성 발사 (1957년) → 화성 탐사선 발사 (2011년) → 최초 유인 달착륙 (1969년)

▲ 항공·우주 수송 기술의 발달 과정

하나 더 알기 조선 시대의 비행기, 비차(飛車)

조선 시대, 임진왜란 당시 장평구라는 사람이 하늘을 나는 수레인 비차를 만들어 일본 병력에 포위당한 우리나라 백성들을 진주성 안으로 날아 들어가 구했다는 이야기가 전해진다. 비차가 실존했다면 라이트 형제의 비행기보다 약 300년 앞선 세계 최초의 비행기가 되는데, 정확한 설계도나 원리 등이 기록되지 않아 공식적으로 인정받지 못하였다.

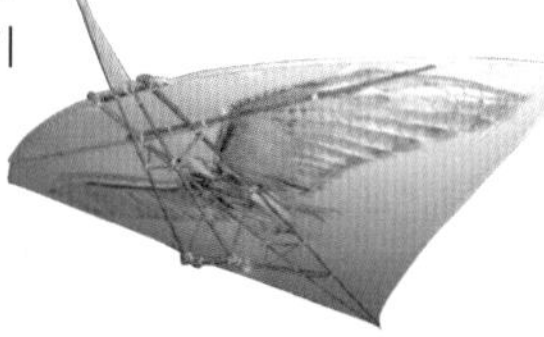

3 오늘날 수송 기술과 미래 수송 기술을 알아볼까

1 오늘날 수송 기술

- 대기 오염 물질이 발생하는 화석 연료 대신 전기, 연료 전지, 수소 등 배기 가스가 발생하지 않는 무공해 연료를 사용하는 수송 수단이 개발되었다.
- 탄소 섬유 강화 플라스틱, 티타늄 등 가볍고 튼튼한 재료를 사용함으로써 수송 기관의 무게를 줄여 에너지 효율을 높인다.
- 초고속 항공기, 고속 철도의 등장은 신속하고 안전한 대량 수송을 가능하게 한다.

▼ 친환경 자동차의 종류

종류	특징
전기 자동차	연료통과 내연 기관 대신 전지와 전동기 엔진으로 달리는 자동차로, 가정이나 충전소에서 충전이 가능(축전지 → 전동기 → 동력)
연료 전지 자동차	수소와 산소가 반응하여 물이 되는 과정에서 전기를 발생시키는 장치인 연료 전지를 이용하는 전기 자동차(연료 전지 → 전동기 → 동력)
수소 자동차	수소를 내연 기관의 연료로 사용하는 자동차로, 전기 자동차나 연료 전지 자동차 와 달리 일반 자동차처럼 연료가 연소될 때 발생하는 힘을 이용
하이브리드 자동차	두 가지 동력 기관을 사용하는 자동차로, 내연 기관과 전동기 두 개의 기관에서 동력이 발생(내연 기관, 전동기 → 동력)

2 미래 수송 기술

- 무인 수송 기술이나 지능형 교통 시스템 등 정보 통신 기술이나 첨단 건설 기술의 융합을 통해 많은 변화가 이루어질 것이다.
- 빠르고 안전하며, 친환경적이고 에너지 소모가 적은 수송 수단이 개발될 것이다.
- 비행기보다 빠른 자동차, 공중·물속으로 다닐 수 있는 자동차, 수직 이착륙이 가능한 비행기, 극초음속 비행기, 물위를 날아다니는 배 등 다양한 수송 수단이 활용될 것이다.

TIP 지능형 교통 시스템

도로, 차량, 신호 시스템 등 기존 교통 체계의 구성 요소에 전자, 제어, 통신 등 첨단 기술을 접목시켜 교통 시설의 효율을 높이고 안전을 증진하기 위한 차세대 교통 시스템

하나 더 알기 드론의 프로펠러 개수

드론(drone)은 지상에서 무선 전파를 활용하여 원격 조종하거나 사전에 입력된 프로그램에 따라 비행이 가능한 무인 항공기를 말한다. 최근 많이 사용하고 있는 멀티콥터(multi copter)는 프로펠러의 개수에 따라 부르는 이름이 다르다. 프로펠러가 4개인 것은 쿼드콥터(quad-copter), 6개는 헥사콥터(hexa-copter), 8개는 옥타콥터(octa-copter)라고 부른다.

옥타콥터 헥사콥터 쿼드콥터

중단원 핵심 문제

01 수송 기술 시스템과 발달 과정

01 다음과 같은 내용에서 설명하는 기술의 영역은 무엇인가?

> 사람이나 물건을 한 장소에서 다른 장소로 이동시킬 수 있는 수단이나 활동

① 제조 기술　② 건설 기술
③ 정보 통신 기술　④ 수송 기술
⑤ 생명 기술

02 다음 그림은 수송이 원활하게 이루어지도록 수송 과정을 체계화한 수송 기술 시스템 과정이다. 그림에서 ㉠과 같은 단계를 거치는 수송 시스템은 무엇인가?

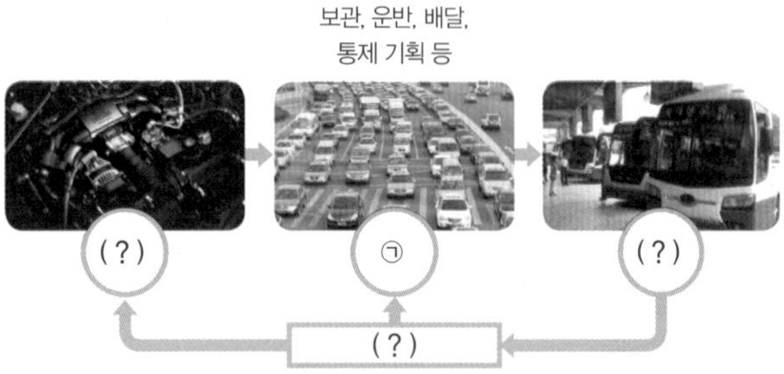

보관, 운반, 배달, 통제 기획 등

(?) → ㉠ → (?)

(?)

① 되먹임　② 산출
③ 과정　④ 결과
⑤ 투입

03 다음의 〈보기〉에서 수송 기술의 특징으로 바르게 짝지어진 것은?

〈보기〉
㉠ 수송의 영역에 따라 발달 속도가 다르다.
㉡ 동력원의 발달에 밀접한 영향을 받는다.
㉢ 사회, 경제, 문화, 외교, 환경 등 인간의 삶에 전반적으로 영향을 주지 않는다.
㉣ 에너지 자원에 영향을 받는다.
㉤ 다양한 영역의 기술과의 융합으로 더욱 발전한다.

① ㉠, ㉡, ㉢　② ㉠, ㉡, ㉣, ㉤
③ ㉡, ㉢, ㉤　④ ㉢, ㉣, ㉤
⑤ ㉠, ㉡, ㉢, ㉣, ㉤

04 다음 내용은 무엇에 대한 설명인가?

- 이것의 발명으로 혁신적인 변화를 가져온 육상 수송 기술은 동력 기관의 발명과 함께 본격적으로 발전하였다.
- 사람이나 가축의 힘으로 움직이는 수레나 마차에 주로 이용하였다.

① 풍차　② 증기선
③ 수차　④ 열기구
⑤ 수레바퀴

05 우리나라 최초의 자동차는 무엇인가?

① 가솔린 자동차　② 시발 자동차
③ 유형거　④ 증기 자동차
⑤ 디젤 자동차

06 전기에 의해 발생된 자기력으로 철로에서 낮은 높이로 떠올라 바퀴 없이 차량을 추진시키는 열차로서, 현재 우리나라에도 운행이 되고 있는 것은 무엇인가?

① 자기 부상 열차　② 디젤 기관차
③ 하이퍼 루프　④ 초고속 열차
⑤ 전동차

07 다음과 같은 특징을 갖는 수송 기술은 무엇인가?

- 진공 기술을 적용해 자기 부상 열차의 고속성을 극대화한 진공 터널 열차를 말한다.
- 만약 실용화된다면 서울과 부산을 16분, 서울과 뉴욕을 3시간대에 이동이 가능해진다.

① 하이퍼 루프
② 전동차
③ 증기 기관차
④ 초고속 열차(KTX)
⑤ 디젤 기관차

08 해상 수송 기관의 발달 과정이 순서대로 바르게 된 것은?

㉠ 갈대배	㉡ 증기선	㉢ 디젤 기관선
㉣ 범선	㉤ 원자력선	

① ㉠ – ㉢ – ㉣ – ㉡ – ㉤
② ㉠ – ㉣ – ㉡ – ㉢ – ㉤
③ ㉠ – ㉡ – ㉣ – ㉢ – ㉤
④ ㉣ – ㉠ – ㉡ – ㉢ – ㉤
⑤ ㉣ – ㉠ – ㉢ – ㉡ – ㉤

09 해상 수송 기술에 대한 내용을 잘못 알고 있는 학생은 누구인가?

① 주안: 동력 기관이 사용되면서 선박 건조 기술이 급속히 발전하기 시작하였다.
② 태경: 고려 시대에 곡물을 대량으로 운반한 배를 조운선이라 한다.
③ 지완: 최근 해상 수송 수단은 첨단화된 재료를 사용하여 무게는 가볍고, 크기는 대형화·고속화되고 있다.
④ 지호: 수면의 얼음을 깨고 항해를 하는 배를 준설선이라고 한다.
⑤ 태환: 우리나라는 삼면이 바다인 지형적 특성으로 해상 수송 기술이 발달하였다.

10 우리나라는 1992년 최초로 인공위성을 쏘아 올려 세계에서 22번째 상용 위성 보유국이 되었다. 이때 쏘아 올린 인공위성은 무엇인가?

① 아리랑 1호
② 우리별 1호
③ 천리안
④ 무궁화 위성 1호
⑤ 나로 3호

11 다음과 같이 작동하는 친환경 자동차는 무엇인가?

- 두 가지 동력 기관을 사용하는 자동차로, 내연 기관과 전동기 두 개의 기관에서 동력이 발생한다.
- 시동(전동기) → 일반 주행(내연 기관 충전), 가속 주행(내연 기관 및 축전지 사용), 경사 주행(전동기, 내연 기관 사용 충전) → 정지 및 재시동(전동기)

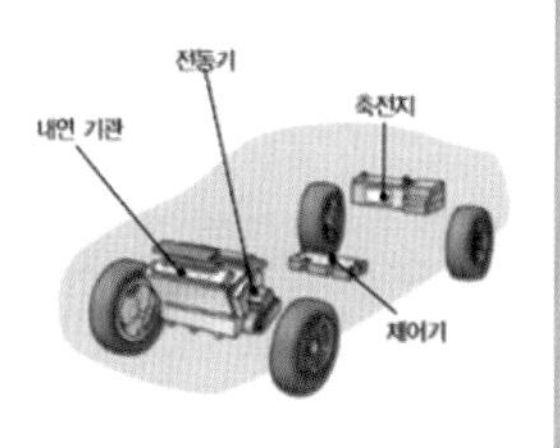

① 연료 전지 자동차
② 가솔린 자동차
③ 하이브리드 자동차
④ 수소 자동차
⑤ 전기 자동차

12 미래의 수송 기술에 대한 설명으로 바르지 않은 것은?

① 지능형 교통 시스템은 수송 기술에 있어서 우리의 일상생활에 큰 영향을 줄 것이다.
② 다양한 수송 수단이 활용될 것이다.
③ 정보 통신 기술이나 첨단 건설 기술 등 여러 가지 기술의 융합을 통해 많은 변화가 이루어질 것이다.
④ 빠르고 안전하며, 친환경적이고 에너지 소모가 적은 수송 수단이 개발될 것이다.
⑤ 미래에는 사고의 위험으로부터 보호받기 위하여 다양한 수송 수단의 재료가 현재의 재료보다 무조건 무겁고 튼튼해야 한다.

13 지상에서 무선 전파를 활용하여 원격 조종하거나 사전에 입력된 프로그램에 따라 비행이 가능한 것을 무엇이라 하는가?

① 태양광 비행기
② 극초음속 비행기
③ 제트 비행기
④ 드론
⑤ 초대형 여객기

02 수송 수단의 이용과 안전

1 수송 수단의 안전한 이용 방법을 알아볼까

1 육상 수송 수단의 안전한 이용 방법

❶ 버스나 지하철 이용 시 위험 요소

- 버스를 기다릴 때 차도에 가까이 있을 경우 부딪칠 수 있다.
- 지하철 탑승 시 승강장과 열차 사이에 간격이 넓어 발이 빠질 수 있다.
- 버스나 지하철을 타고 내릴 때 질서를 지키지 않으면 넘어져 다칠 수 있다.
- 지하철 승강장에서 밀거나 장난하면 선로 위로 떨어지는 사고가 발생할 수 있다.
- 버스에 탔을 때 창문 밖으로 손이나 머리를 내밀면 지나가는 차와 부딪쳐 다칠 수 있다.

❷ 버스나 지하철의 올바른 이용 방법

- 지하철을 기다릴 때는 노란색 안전선 안에서 기다린다.
- 서로 먼저 타려고 밀거나 서두르지 않는다.
- 버스에서 내릴 때 지나가는 오토바이나 자전거 또는 다른 장애물이 있는지 확인한 후 내린다.
- 버스나 지하철에서는 바르게 앉고, 서 있을 경우에는 손잡이를 잡는다.
- 버스 창문 밖으로 손이나 머리를 내밀지 않는다.
- 지하철을 타고 내릴 때 승강장과 열차 사이에 발이 빠지지 않도록 주의한다.

2 해상 수송 수단의 안전한 이용 방법

❶ 배를 탈 때

- 승선할 때는 신분증을 지참한다.
- 선박이 흔들려 넘어질 수 있으므로 안전 난간을 잡는다.
- 탑승 시 장난을 치거나 방심하지 않는다.
- 선착장, 출입구 등이 미끄러울 수 있으니 천천히 질서 있게 탑승한다.

❷ 배를 탄 후

- 승무원의 안내에 따라 지정된 좌석에 앉는다.
- 출항하기 전 비상 대피 통로와 비상 탈출구의 위치를 알아 둔다.
- 승무원이 안내하는 대피 요령과 구명조끼 비치 장소 및 착용 방법을 잘 듣고 숙지한다.
- 선내에서는 안전 운항을 위해 선내 규칙을 준수하며, 승무원의 지시에 따른다.
- 선박은 바람, 파도 등에 흔들리고, 강철로 되어 있어 넘어지면 크게 다치므로 이동할 때 주의한다.
- 운항 중 안전 난간 밖으로 머리나 몸을 내밀거나 기대어 앉지 않는다.
- 무리한 사진 촬영은 사고의 위험이 있으니 하지 않는다.

❸ 배에서 내릴 때

- 먼저 내리려고 출입구 앞에 미리 나가 있지 않는다.
- 선박이 완전히 정지할 때까지 기다린다.
- 접안이 완료된 후 승무원의 안내에 따라 정해진 출입구를 이용해 내린다.

3 항공 수송 수단의 안전한 이용 방법

- 비행기에 탑승한 후에는 승무원의 안전 교육을 잘 듣고 대처법을 익혀 둔다.
- 비행기가 이착륙할 때는 반드시 안전띠를 착용한다.
- 승무원의 안내 방송에 귀를 기울이고 비상 상황이 발생하면 승무원의 안내에 따른다.
- 안전띠 착용 표시등이 꺼진 후에도 기류 변화 등으로 인해 비행기가 흔들릴 수 있으므로 안전띠를 착용하고 있는 것이 좋다.
- 좌석의 등받이가 뒤로 젖혀진 상태로 사고가 나면 충격 범위가 넓어 사람들이 많이 다칠 수 있으므로, 비행기 이착륙 시에는 등받이를 최대한 직각으로 세운다.
- 필요하면 좌석 앞주머니의 안전 안내서를 꺼내 충격 방지 자세, 탈출구 위치, 탈출구 작동법 등을 재확인한다.

2 수송 관련 사고의 원인과 대처 방법을 알아볼까

1 수송 수단의 사고 원인

사람에 의한 원인	• 안전 의식 결핍 • 건강상의 장애 • 보행자, 운전자의 주의 부족 • 체계적인 안전 교육 부족 등
환경적 원인	• 눈, 비 등 자연재해 발생 • 도로 설계 및 수송 과정 오류 • 도로, 신호 체계 등 지원 시설 미비 등

수송 수단 자체 원인	• 수송 수단의 자체 결함 • 수송 수단의 정비 부족 • 불량 부품 사용 및 사용 기한 불이행 등

2 수송 수단의 사고 예방과 유형별 대처 방법

버스나 승용차 사고

• 사고가 발생하면 주변 사람들이나 119에 연락하여 즉시 도움을 요청한다.
• 차 안에서 화재가 발생하면 큰 소리로 화재가 발생한 사실을 알리고, 안내에 따라 사고 차량 밖으로 나온 뒤 멀리 떨어진 안전한 곳으로 이동한다.

▲ 비상 탈출용 망치

• 문으로 내리기 어려운 경우에는 비상 탈출용 망치를 이용하여 창문을 깨고 탈출한다.
• 고속도로 사고 시 차량 후방에 안전 삼각대와 불꽃 신호기 등을 설치하고 고속도로 밖 안전한 곳으로 대피하여 2차 사고를 예방한다.

지하철이나 열차 사고

• 화재가 발생하면 비상용 버튼으로 승무원과 연락한 후, 전동차 내에 비치되어 있는 소화기를 이용하여 불을 끈다.
• 출입문이 열리지 않으면 출입문 비상 콕을 개방하여 수동으로 문을 연다.
• 연기가 날 경우 코와 입을 옷소매 등으로 막고 통로 유도등을 따라 대피한다.

▲ 비상 콕

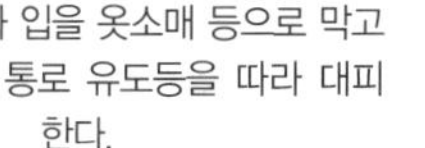

• 통로 유도등이 보이지 않을 경우 벽을 짚으면서 나가거나 시각 장애인 안내용 보도블록을 따라 나간다.
• 반대선 선로 쪽으로 절대로 건너가지 말고, 선로 주변에 머무르지 않는다.

배(선박) 사고

• 사고가 발생한 사실을 큰 소리로 알리거나 비상벨을 누른다.
• 승무원의 안내에 따라 구명조끼를 착용하고 구조를 기다린다.
• 배에 충격이 가해지거나 폭발음이 들릴 경우 신속하게 선실에서 벗어나 탈출하기 쉬운 갑판으로 이동한다.

• 선체가 한쪽으로 기울 경우 높은 방향 쪽으로 대피한다.
• 큰 선박이 침몰할 때는 거센 소용돌이가 발생할 수 있으므로 성급하게 바다에 뛰어들지 말고 배의 높은 곳으로 피신한다.
• 탈출이 필요할 경우 구명조끼를 입고, 물속에서 움직이기 쉽도록 신발을 벗은 후 물로 뛰어든다(체온 유지를 위해 양말은 신는다).

비행기 사고

• 비상 상황이 발생하면 두 손을 포개어 앞좌석에 대고 팔 사이로 머리를 감싸 안아 몸을 웅크리는 충격 방지 자세를 취하고 승무원의 안내 지시를 따른다.
• 비상 탈출용 미끄럼틀을 이용할 때는 두 팔을 앞으로 뻗거나 가슴에 모으고 다리를 쭉 뻗어 엉덩이로 미끄럼을 타고 내려가야 한다.
• 강이나 바다에 비상 착수하는 경우 구명복은 탈출 직전에 부풀린다. 물에 잠기게 되면 잠수해서 탈출해야 하는데 구명조끼에 바람이 들어가면 잠수가 불가능하기 때문이다.
• 사고 비행기는 폭발할 위험이 크기 때문에 탈출하면 사고 비행기로부터 먼 곳으로 대피한다.

3 교통사고 예방을 위한 교통안전 표지 알아보기

교통안전 표지는 도로를 이용하는 사용자가 주변의 환경을 미리 인식함으로써 사고를 예방할 수 있는 중요한 역할을 한다.

주의 표지 도로 상태가 위험하거나 도로 또는 그 부근에 위험물이 있는 경우 이를 도로 사용자에게 알리는 표지

교차로

미끄러운도로

추락주의

어린이보호

자전거

야생동물보호

규제 표지 도로 교통의 안전을 위하여 각종 제한 · 금지 등의 규제를 하는 경우 이를 도로 사용자에게 알리는 표지

통행금지

자동차통행금지

자전거통행금지

진입금지

일시정지

보행자보행금지

지시 표지 도로의 통행 방법 · 통행 구분 등 도로 교통의 안전을 위하여 필요한 지시를 하는 경우 도로 사용자가 이에 따르도록 알리는 표지

자전거전용도로

횡단보도

노인보호

자동차전용도로

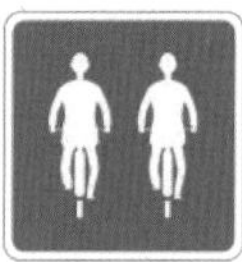
자전거나란히 통행허용

자전거, 보행자 겸용도로

중단원 핵심 문제

01 버스나 지하철의 올바른 이용 방법이 아닌 것은?

① 버스나 지하철을 기다릴 때는 차도나 안전선 안쪽으로 한발 물러서서 기다린다.
② 버스나 지하철에서는 이리 저리 다니며, 서 있을 경우에는 손잡이를 잡지 않는다.
③ 버스에서 내릴 때 지나가는 오토바이나 자전거 또는 다른 장애물이 있는지 확인한 후 내린다.
④ 버스 창문 밖으로 손이나 머리를 내밀지 않는다.
⑤ 서로 먼저 타려고 밀거나 서두르지 않는다.

02 해상 수송 수단의 이용 방법으로 옳지 않은 것은?

① 선박이 흔들려 넘어질 수 있으므로 안전 난간을 잡는다.
② 선내에서 행동할 경우 안전 운항을 위해 선내 규칙을 준수하며, 승무원의 지시에 따른다.
③ 선착장, 출입구 등이 미끄러울 수 있으니 천천히 질서 있게 탑승한다.
④ 출발 전에 배의 구조와 출구 위치를 알아둔다.
⑤ 승무원이 안내하는 대피 요령과 구명조끼 비치 장소 및 착용 방법 등은 다 똑같으므로 듣지 않아도 된다.

03 배 안에서의 안전 수칙으로 틀린 것은?

① 출항하기 전 비상 대피 통로와 비상 탈출구의 위치를 알아 둔다.
② 구명조끼, 소화기, 비상벨 등의 위치를 확인한다.
③ 배의 구조가 궁금하므로 위험 구역에 출입하여 살펴본다.
④ 선박은 바람, 파도 등에 흔들리고, 강철로 되어 있어 넘어지면 크게 다치므로 이동할 때 주의한다.
⑤ 무리한 사진 촬영은 사고의 위험이 있으니 하지 않는다.

04 항공 수단의 안전한 이용 방법을 잘못 알고 있는 학생은 누구인가?

① 호동: 이착륙 시에는 반드시 안전띠를 착용한다.
② 수근: 승무원의 안내 방송에 귀를 기울이고, 상황 발생 시 승무원의 안내에 따른다.
③ 장훈: 승무원의 안내 또는 비디오 안내에 따라 안전띠 사용법을 숙지하도록 한다.
④ 상민: 승무원이 알려주는 안전 수칙을 숙지하고, 비상 시 대처법을 익혀둔다.
⑤ 건모: 이착륙 시 테이블을 사용 전 상태로 위치시키고, 좌석의 등받이는 젖혀 놓는다.

05 수송 수단의 사고 원인이 다른 하나는 무엇인가?

① 도로 신호 체계 등 지원 시설 미비 등
② 체계적인 안전 교육 부족
③ 안전 의식 결핍
④ 보행자, 운전자의 주의 부족
⑤ 건강상의 장애

06 지하철이나 열차 사고의 예방과 대처 방법이 틀린 것은?

① 통로 유도등이 보이지 않을 경우 벽을 짚으면서 나가거나 시각 장애인 안내용 보도블록을 따라 나간다.
② 반대 선로 쪽으로 건너가고, 선로 주변에서 119 구조대가 올 때까지 기다린다.
③ 출입문이 열리지 않으면 출입문 비상 콕을 개방하여 수동으로 문을 연다.
④ 화재가 발생하면 비상용 버튼으로 승무원과 연락한 후, 전동차 내에 비치되어 있는 소화기를 이용하여 불을 끈다.
⑤ 연기가 날 경우 코와 입을 옷소매 등으로 막고 통로 유도등을 따라 대피한다.

07 선박 사고의 예방과 대처 방법이 틀린 것은?

① 사고가 발생한 사실을 큰 소리로 알리거나 비상벨을 누른다.
② 승무원의 안내에 따라 구명조끼를 착용하고 구조를 기다린다.
③ 배에 충격이 가해지거나 폭발음이 들릴 경우 신속하게 선실에서 벗어나 탈출하기 쉬운 갑판으로 이동한다.
④ 선체가 한쪽으로 기울 경우 낮은 방향 쪽으로 대피한다.
⑤ 탈출이 필요할 경우 구명조끼를 입고, 물속에서 움직이기 쉽도록 신발을 벗은 후 물로 뛰어든다.

08 비행기 사고의 예방과 대처 방법이 틀린 것은?

① 사고 비행기는 폭발할 위험이 크기 때문에 탈출하면 사고 비행기로부터 먼 곳으로 대피한다.
② 비상 상황이 발생하면 두 손을 포개어 앞좌석에 대고 팔 사이로 머리를 감싸 안아 몸을 웅크리는 충격 방지 자세를 취한다.
③ 비상 탈출용 미끄럼틀을 이용할 때는 두 팔을 앞으로 뻗거나 가슴에 모으고 엎드린 상태로 미끄럼을 타고 내려가야 한다.
④ 강이나 바다에 비상 착수하는 경우 구명복은 탈출 직전에 부풀린다.
⑤ 비상 상황이므로 승무원의 지시와 안내 방송에 따라 침착하게 행동해야 한다.

09 다음은 교통안전 표지판이다. 주의 표지에 해당하는 것을 모두 고르시오.

① ㉠, ㉡, ㉢　　② ㉠, ㉥
③ ㉢, ㉥　　④ ㉣, ㉤, ㉥
⑤ ㉡, ㉣

10 다음과 같은 교통안전 표지판의 의미는 무엇인가?

① 보행자 보행 금지
② 횡단보도
③ 자전거, 보행자 겸용 도로
④ 노인 보호
⑤ 어린이 보호

11 다음과 같은 교통안전 표지판의 의미는 무엇인가?

① 보행자 보행 금지
② 횡단보도
③ 자전거, 보행자 겸용 도로
④ 노인 보호
⑤ 어린이 보호

12 사고가 일어났을 때 인명을 구조하기 위한 초반의 중요한 시간을 무엇이라 하는가?

① 러쉬 아워　　② 러쉬 타임
③ 피크 타임　　④ 골든 타임
⑤ 골든 아워

03 수송 기술 문제, 창의적으로 해결하기

1 수송 기술과 관련된 문제를 이해해 볼까

레오나로도 다빈치는 새를 관찰하여 공기 역학 원리의 이치를 알아내고 하늘을 나는 기구를 발명하였다. 만약 주변에서 쉽게 구할 수 있는 재료를 활용하여 비행체를 만든다고 할 때 먼저 고려해야 할 것은 다음과 같다.

❶ 비행기(구)의 설계
❷ 주변 재료를 활용한 비행기 제작 방법
❸ 비행기 제작에 필요한 재료
❹ 비행기 제작에 필요한 설계도면

2 비행기의 구조와 원리

1 비행기의 구조

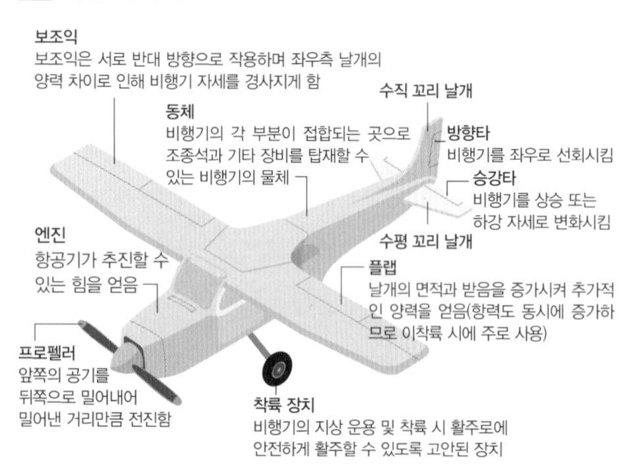

❶ 비행기는 기본적으로는 동체와 동체에 붙은 주 날개 및 꼬리 날개 등으로 이루어진다.
❷ **주 날개**: 비행기가 뜰 수 있도록 양력을 만들며, 슬랫, 플랩, 스포일러, 에일러론 등의 각종 보조 날개가 달린다.
❸ **꼬리 날개**: 수직 꼬리 날개와 수평 꼬리 날개로 이루어진다.
- 수직 꼬리 날개: 항공기의 좌우 방향 전환 역할(방향타)
- 수평 꼬리 날개: 항공기의 자세를 안정시키며, 상승과 하강 역할

2 비행기의 원리

❶ **비행기에 작용하는 힘**: 양력, 추력, 중력, 항력 등이 있고, 이 중 하나만 없어도 비행기는 제대로 비행을 할 수 없다.

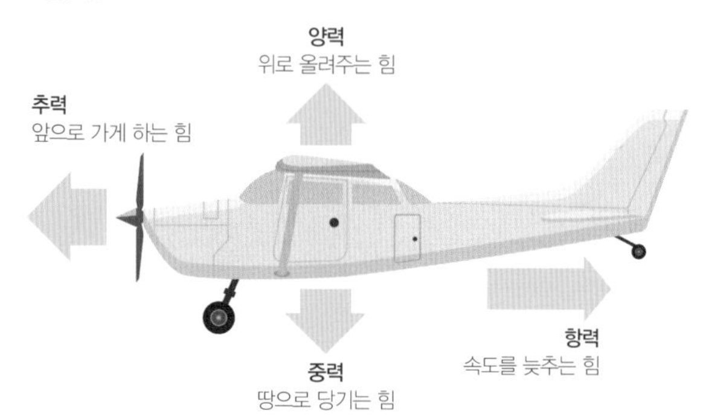

❷ **양력**: 공기를 통과하는 비행기의 움직임에 만들어지는 힘으로 비행기 무게의 반대되는 쪽으로 작용하여 공중에 비행기를 머무르게 하는 힘이다. 양력은 비행기의 속도와 공기의 흐름, 날개의 크기나 모양에 따라 달라지지만 주로 날개 단면과 받음각 등의 영향이 크다.

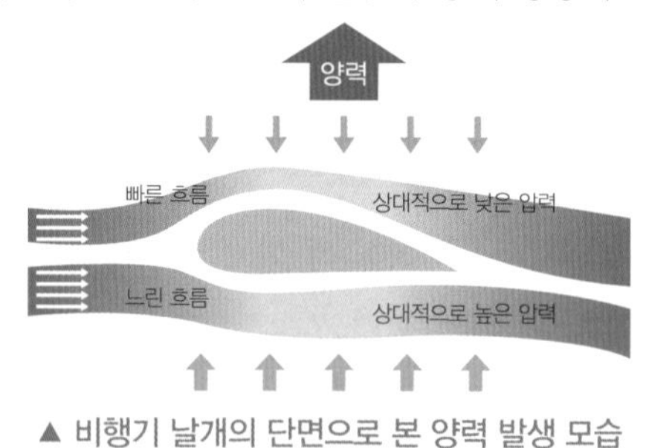

▲ 비행기 날개의 단면으로 본 양력 발생 모습

TIP 베르누이의 정리
유체(공기나 물처럼 흐를 수 있는 기체나 액체)는 빠르게 흐르면 압력이 감소하고, 느리게 흐르면 압력이 증가한다는 법칙

❸ **추력**: 비행기의 엔진에서 발생되는 힘으로, 비행기의 진행 방향 쪽으로 작용한다. 간단히 말하자면 비행기를 앞으로 나아가게 하는 힘인 것이다. 추력이 크면 클수록 비행기는 앞으로 더욱 빠르게 나아갈 수 있다.
❹ **중력**: 지구가 비행기에 가하는 힘이다. 지구의 중력은 만유인력과 자전에 의한 원심력을 합한 힘으로서, 지표 근처의 물체를 아래 방향으로 당기고 있다. 중력이 존재하기 때문에 지구상의 모든 물체는 우주 공간으로 떠다니지 않고 지구에 붙어 있는 것이다.
❺ **항력**: 공기 저항으로, 공기 속에서 움직이거나 흐르는 공기 속에 정지해 있는 모든 물체는 공기에 의해 공기에 대한 물체의 상대 속도의 반대 방향으로 항력을 받

는다. 물론 비행기는 항력을 줄이기 위해 기체를 유선형으로 설계한다.

⑥ **받음각**: 비행기가 수평 비행을 할 때 시위선과 불어오는 바람과의 방향이 이루는 각

- 받음각이 클수록 양력이 발생하기 쉽고, 작아질수록 양력이 발생하기 어렵다.
- 받음각이 일정한 수준을 넘어서면 양력이 감소하고, 항력이 증가한다.

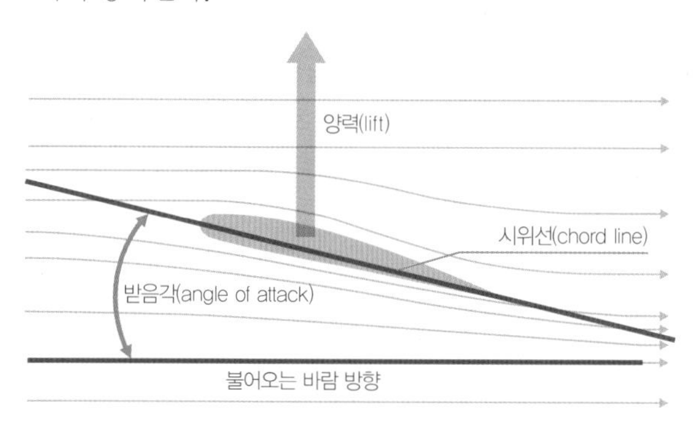

▲ 받음각

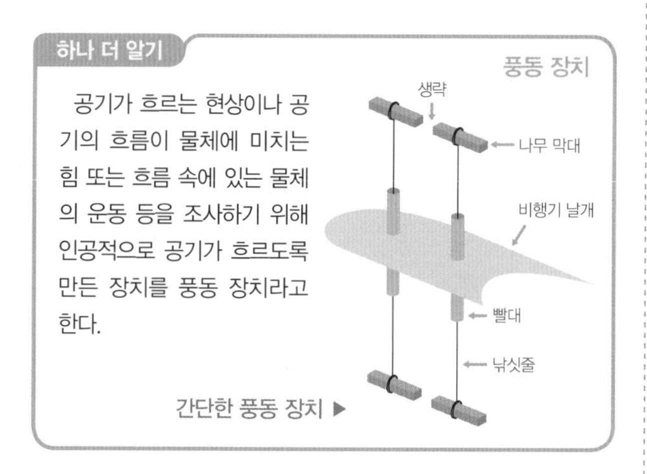

하나 더 알기

풍동 장치

공기가 흐르는 현상이나 공기의 흐름이 물체에 미치는 힘 또는 흐름 속에 있는 물체의 운동 등을 조사하기 위해 인공적으로 공기가 흐르도록 만든 장치를 풍동 장치라고 한다.

간단한 풍동 장치 ▶

3 추력 발생 장치

❶ **프로펠러**: 회전하는 날개로 날개깃을 고속으로 회전시키면 프로펠러 앞으로 진입하는 공기를 압축하여 뒤로 내보내면서 비행기를 압축된 공기의 반대 방향으로 내보내려는 추력이 발생한다.

❷ **제트 추력**: 제트란 고속으로 흐르는 공기의 흐름을 말하며, 제트 엔진은 연료를 연소시켜 얻는 고온 · 고압의 가스를 제트 형태로 뒤로 내뿜어서 그 반작용으로 추력을 얻는 기관이다.

3 비행기의 무게 중심은 비행에 어떤 영향을 줄까

❶ **무게 중심**: 물체의 어떤 곳을 매달거나 받쳤을 때 수평으로 균형을 이루는 점. 비행기에서 무게 중심이 변화될 경우 안정성, 비행성, 조종성 등 전반적인 항공기의 특성에 영향을 미친다.

❷ **비행기의 무게 중심과 비행 영향**: 비행기가 수평 비행을 하기 위해서는 무게 중심뿐만 아니라 공력 중심도 같이 생각해야 한다.

- 공력 중심: 받음각이 변해도 모멘트(물체를 회전시키려고 하는 힘의 작용)의 크기가 일정한 기체의 이론적인 중심점
- 승강키: 비행기의 뒷날개에 달려 있는 키. 비행기가 뜨고 내릴 때 비행기를 안정되게 유지하는 기능을 한다.

무게 중심이 공력 중심보다 앞에 있는 경우

비행기의 머리 부분이 아래쪽으로 내려가는 현상이 생겨 계속 승강키를 올리면서 비행하게 된다.

무게 중심이 공력 중심보다 뒤에 있는 경우

비행기의 머리 부분이 위쪽으로 올라가는 현상이 생겨 계속 승강키를 내리면서 비행하게 된다.

무게 중심이 공력 중심보다 조금 앞에 있는 경우

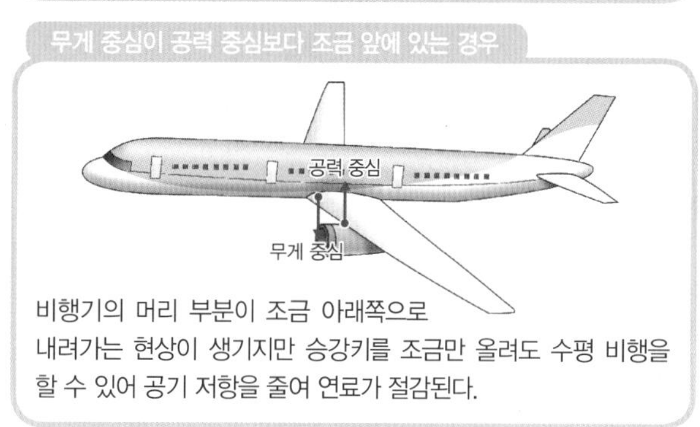

비행기의 머리 부분이 조금 아래쪽으로 내려가는 현상이 생기지만 승강키를 조금만 올려도 수평 비행을 할 수 있어 공기 저항을 줄여 연료가 절감된다.

중단원 핵심 문제

01 비행기 구성에 대한 설명 중 바르지 못한 것은?

① 비행기는 용도와 크기에 따라 모양이 다르며, 기본적으로 동체, 주 날개, 꼬리 날개 등으로 구성된다.
② 방향타(rudder)는 항공기의 좌우 방향 전환을 할 때에 사용된다.
③ 꼬리 날개는 수직 꼬리 날개와 수평 꼬리 날개로 되어 있다.
④ 승강타(elevator)는 항공기의 상승과 하강을 맡는다.
⑤ 비행기 동체는 물고기의 몸통처럼 부드러운 사각형으로 생겼다.

02 다음 중 비행기에 작용하는 힘이 아닌 것은?

① 중력　② 양력
③ 추력　④ 부력
⑤ 항력

03 다음 그림은 비행기에 작용하는 힘이다. ㉡에 작용하는 힘은 무엇인가?

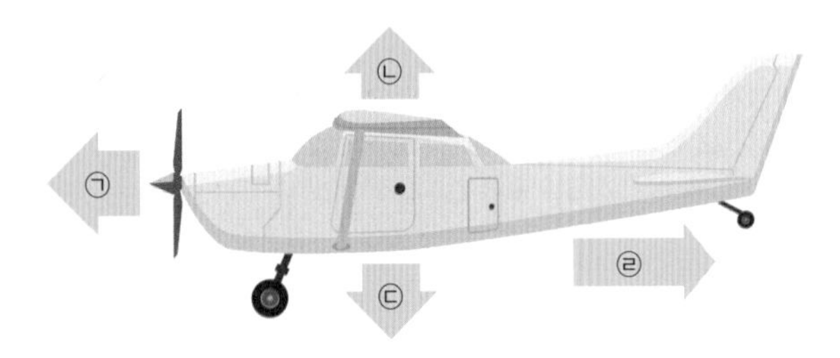

① 양력　② 추력
③ 부력　④ 항력
⑤ 중력

04 비행기가 수평 비행을 할 때 시위선과 불어오는 바람과의 방향이 이루는 각을 무엇이라 하는가?

① 직각　② 반사각
③ 받음각　④ 시위각
⑤ 예각

05 다음이 설명하는 장치에 대한 설명으로 맞는 것은?

> 회전하는 날개로 날개깃을 고속으로 회전시키면 프로펠러 앞으로 진입하는 공기를 압축하여 뒤로 내보내면서 비행기를 압축된 공기의 반대 방향으로 내보내려는 추력이 발생한다.

① 착륙 장치　② 엔진
③ 플랩　④ 프로펠러
⑤ 보조익

06 연료를 연소시켜 얻는 고온 · 고압의 가스를 제트 형태로 뒤로 내뿜어서 그 반작용으로 추력을 얻는 기관을 무엇이라 하는가?

① 디젤 기관　② 제트 엔진
③ 증기 기관　④ 가솔린 기관
⑤ 가스터빈 기관

07 비행기체(동체)를 구상하려고 할 때 유의할 점이 아닌 것은?

① 추력으로 사용되는 프로펠러의 날개가 동체에 부딪히지 않도록 한다.
② 충전 콘덴서 삽입 위치를 동체 중심 아래 앞쪽으로 하여 전체 중심을 고려한다.
③ 모터 고정 위치는 프로펠러의 바람 방향이 동체 뒤로 가도록 한다.
④ 주 날개가 삽입될 위치는 받음각을 고려한다.
⑤ 동력 장치부와 저장 장치를 고정시킬 수 있는 공간은 비행기의 무게 중심을 고려하지 않는다.

08 물체의 어떤 곳을 매달거나 받쳤을 때 수평으로 균형을 이루는 점을 무엇이라 하는가?

① 공력 중심　② 중심 잡기
③ 수평점　④ 무게 중심
⑤ 수직점

09 콘덴서 비행기 제작도를 그릴 때 맞는 것을 모두 고르시오.

> ㉠ 날개의 좌우 균형이 맞도록 해야 한다.
> ㉡ 주 날개는 양력이 발생할 수 있는 모양으로 구상한다.
> ㉢ 동력 연결 시 극성에 주의하지 않고 연결하도록 한다.
> ㉣ 수평 꼬리 날개에 승강타를 삽입한다.
> ㉤ 수직 꼬리 날개에는 방향타를 삽입한다.

① ㉠, ㉡, ㉢ ② ㉡, ㉢, ㉤
③ ㉢, ㉣, ㉤ ④ ㉠, ㉡, ㉣, ㉤
⑤ ㉠, ㉡, ㉢, ㉣, ㉤

10 비행기 제작 과정이 바르게 된 것은?

> ㉠ 재료 준비 ㉡ 동체 제작 ㉢ 조립 및 완성
> ㉣ 날개 제작 ㉤ 꼬리 날개 제작

① ㉠ – ㉣ – ㉡ – ㉢ – ㉤
② ㉠ – ㉣ – ㉡ – ㉤ – ㉢
③ ㉠ – ㉣ – ㉢ – ㉡ – ㉤
④ ㉠ – ㉡ – ㉣ – ㉤ – ㉢
⑤ ㉠ – ㉡ – ㉤ – ㉣ – ㉢

11 공기가 흐르는 현상이나 공기의 흐름이 물체에 미치는 힘 또는 흐름 속에 있는 물체의 운동 등을 조사하기 위해 인공적으로 공기가 흐르도록 만든 장치를 무엇이라 하는가?

① 무게 중심 ② 풍동 장치
③ 통풍 장치 ④ 환기 장치
⑤ 압력 장치

12 비행기에서 무게 중심이 변화될 경우 전반적인 항공기의 특성에 영향을 주는 것을 모두 고르시오.

> ㉠ 조종성 ㉡ 심미성 ㉢ 비행성
> ㉣ 내구성 ㉤ 안정성

① ㉠, ㉡, ㉢, ㉤ ② ㉠, ㉢, ㉤
③ ㉠, ㉡, ㉢, ㉣, ㉤ ④ ㉡, ㉢, ㉣, ㉤
⑤ ㉢, ㉣, ㉤

주관식 문제

※ [13~14] 비행기가 수평 비행을 하기 위해서는 무게 중심뿐만 아니라 공력 중심도 같이 생각해야 한다. 다음 글을 읽고 물음에 답하시오.

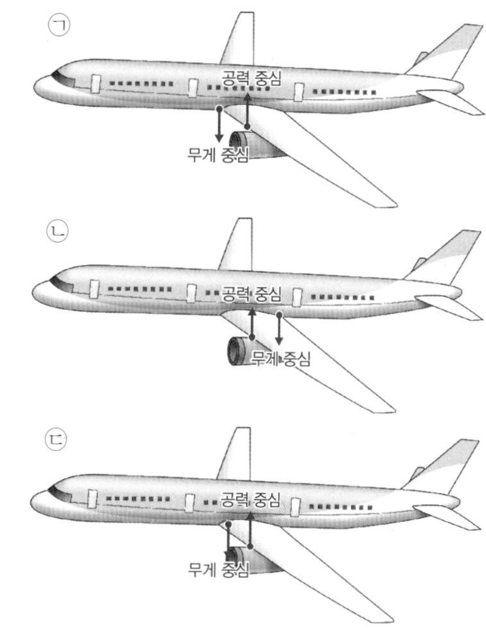

13 비행기의 머리 부분이 아래쪽으로 내려가는 현상이 생겨 계속 승강키를 올리면서 비행하게 되는 무게 중심과 공력 중심의 위치에 해당하는 것은?

14 비행기의 머리 부분이 조금 아래쪽으로 내려가는 현상이 생기지만 승강키를 조금만 올려도 수평 비행을 할 수 있어 공기 저항을 줄여 연료가 절감되는 무게 중심과 공력 중심의 위치에 해당하는 것은?

15 비행기를 위로 뜨게 하는 힘은 날개에서 발생한다. 비행기 날개를 보면 윗면은 블록하고 아랫면은 평평하여 공기의 흐름 속도가 달라진다. 이와 같이 비행기에 양력이 작용하는 원리를 서술하시오.

04 신·재생 에너지 개발의 중요성과 활용 분야
05 에너지 문제, 창의적으로 해결하기

1 신·재생 에너지 개발이 중요한 이유는 뭘까

1 에너지

① 에너지란 일을 할 수 있는 능력으로, 즉 물체를 움직이거나 새 물질을 만들고 물체의 모양이나 상태를 바꿀 수 있는 것을 말한다.

② **에너지 자원:** 에너지를 제공해 주는 원료나 물질이나 자연 현상

③ 에너지의 분류

기계적 에너지(역학적 에너지)	물체의 위치에 따라 저장된 에너지와 움직이는 물체가 가진 운동 에너지를 통틀어 이르는 말
전기 에너지	전자가 이동하면서 발생하는 에너지로, 빛, 열, 전파, 기계적 에너지로 변환
화학 에너지	물질 내부에 축적된 에너지로 화학 반응을 일으켜 빛, 열, 전기 에너지로 이용
빛 에너지	빛 형태의 에너지로 사물을 비추거나 식물의 광합성, 태양력 발전 등에 이용
열 에너지	열 형태의 에너지로 난방에 이용되거나 동력 기관 발전용 터빈의 동력을 발생하는 데 이용
핵 에너지(원자력 에너지)	원자핵이 분열하거나 융합할 때 발생하는 에너지로, 원자력 발전이나 항공모함 동력원으로 사용

2 신·재생 에너지

① 신·재생 에너지란 신에너지와 재생 에너지를 합성한 용어로 기존의 화석 연료를 변환시켜 이용하거나 햇빛, 물, 지열, 강수, 바이오매스 등을 에너지로 변환시켜 이용하는 것을 말한다.

② **신·재생 에너지의 필요성:** 화석 연료의 무분별한 사용은 고갈 문제와 더불어 전 세계적으로 지구 온난화와 같은 심각한 환경오염 문제를 일으킨다. 이러한 문제를 해결하기 위해서는 친환경적이고 고갈의 염려가 없는 에너지 개발이 필요하다.

③ 신·재생 에너지의 분류

신에너지	수소, 연료 전지, 석탄 액화가스 등
재생 에너지	태양열, 태양광, 바이오, 풍력, 수력, 지열, 해양, 폐기물 등 거의 무한정으로 사용할 수 있는 자연적인 에너지

2 신·재생 에너지의 활용 분야를 알아볼까

1 신에너지 활용

종류	특징
연료 전지	• 공기 중의 산소를 수소와 화학 반응시켜 물을 만들 때 발생하는 화학 에너지를 직접 전기 에너지로 변환 • 연료 전지 발전소 및 무공해 자동차의 전원 등에 활용
수소 에너지	• 수소가 기체 상태에서 연소할 때 발생하는 폭발력을 기계적 운동 에너지로 변환하여 활용하거나 수소를 다시 분해하여 에너지원으로 활용 • 수소 자동차, 수소 비행기, 연료 전지 등에 활용
석탄 액화 및 가스화	• 석탄 등을 고온 및 고압에서 불완전 연소 및 가스화 반응을 시켜 일산화탄소와 수소가 주성분인 가스를 제조 • 가스터빈 및 증기터빈을 구동하여 전기를 생산하는 기술

2 재생 에너지 활용

종류	특징
바이오 에너지	• 바이오매스(Biomass)를 직접 또는 생·화학적, 물리적 변환 과정을 통해 메탄올, 에탄올, 메탄가스, 수소, 고체 연료나 전기 에너지 등으로 변환하여 사용하는 기술 • 자동차 연료, 지역 냉난방 및 열병합 발전용 연료로 활용
지열 에너지	• 땅속의 열로 뜨거워진 물이나 증기를 이용해 발전기 터빈을 돌려 전기를 생산하는 기술 • 전기 생산, 건물의 냉난방, 온실 재배 등에 활용
태양열 에너지	• 태양에서 오는 열에너지를 흡수·저장·열 변환을 통해 건물의 냉난방 및 급탕 등에 활용하는 기술 • 태양열 발전, 건물의 냉난방 시스템 등에 활용
태양광 에너지	• 태양광 발전 시스템을 이용해 태양광을 직접 전기 에너지로 바꾸는 기술 • 전자계산기, 탁상시계, 태양광 자동차, 인공위성, 항공기, 우주 정거장 등에 활용
폐기물 에너지	• 일상생활이나 산업 활동에서 발생하는 각종 폐기물을 태우거나 가공하여 연료를 만들어 사용하는 기술 • 폐기물 자원 회수 시설, 성형 고체 연료, 플라스틱 열분해 정제유 등을 만드는 데 활용
풍력 에너지	자연의 바람을 이용해서 풍력 발전 시스템을 작동시켜 전기를 만들어 내는 기술
해양 에너지	• 조력 발전: 바다의 밀물과 썰물의 차가 큰 지역에 설치 • 파력 발전: 파도의 상하 운동을 이용하는 것으로 해수면이 올라갈 때 공기를 밀어 올려 터빈을 돌리는 방식 • 조류(해류) 발전: 자연적으로 흐르는 바닷물의 빠른 조류를 이용하여 수차를 돌려 발전하는 방식 • 온도차 발전: 해면의 온수와 심해의 냉수의 온도차를 이용하여 발전하는 방식

하나 더 알기 수력 에너지의 발전 방식

- 댐식: 물의 양이 많고, 낮은 낙차를 이용
- 수로식: 물의 양이 적고, 높은 낙차를 이용
- 양수식: 높이가 차이 나는 저수지에서 위쪽 저수지 물을 아래쪽 저수지에 방류하여 발전하고, 다시 퍼 올려서 발전하는 방식

3 에너지와 관련된 문제, 어떤 것이 있을까

1 에너지 이용과 관련된 문제점

❶ 화석 연료는 이산화탄소 같은 온실 기체가 배출되어 지구 온난화를 일으킨다.

❷ 지구 온난화의 영향으로 극지방의 빙하가 녹아 해수면이 상승하여 이상 기후가 발생한다.

❸ 화석 연료를 태운 자동차 배기가스나 공장 매연에 포함된 황산이나 질산 가스가 빗물에 녹으면 산성비가 내린다.

❹ 산성비는 나무의 생장을 억제하고, 호수나 강의 물고기를 폐사시키는 등 생태계에 큰 피해를 준다.

❺ 석유를 비롯한 화석 연료는 매장량이 한정되어 있고, 가격도 불안정하다.

❻ 국제적인 자원 수급 불균형으로 인해 에너지 가격이 폭등하고, 자원 민족주의 경향이 뚜렷해진다.

2 대체 에너지 개발의 중요성

❶ 화석 연료는 무한히 존재하는 것이 아니라 언젠가는 고갈되기 때문에(석유 40년, 천연가스 60년 후 고갈 문제 발생 예상) 대체 에너지 개발을 서둘러야 한다.

❷ **에너지 시스템 전환:** 우리가 사용하는 대부분의 에너지를 재생 가능 에너지로부터 얻어, 앞으로 닥칠 에너지 부족 사태에 대비하고, 지구 온난화 문제를 해결하는 것

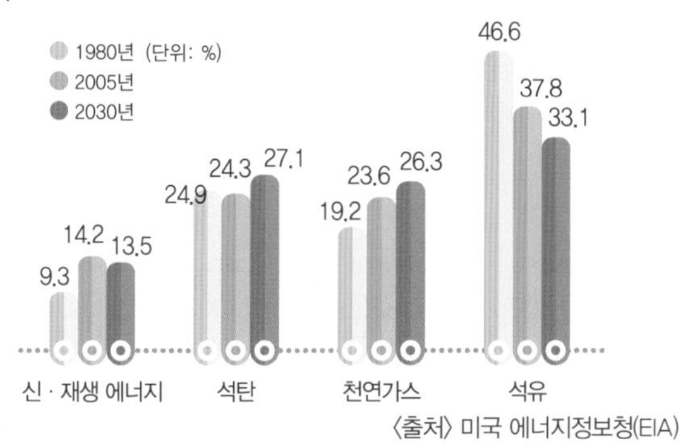

〈출처〉 미국 에너지정보청(EIA)

▲ 세계 에너지 소비 구조 변화 전망

하나 더 알기 에너지 하베스팅을 통해 버려지는 에너지 활용

에너지 하베스팅 기술은 일상생활에서 버려지거나 소모되는 에너지를 모아 전력으로 재활용하는 기술이다. 에너지 하베스팅을 이용하면 바람, 물, 진동, 온도, 태양광선 등의 자연 에너지를 전기 에너지로 변환하는 것뿐만 아니라 사람이나 교량의 진동, 실내 조명광 등과 같이 주변에 버려지는 에너지도 전기 에너지로 변환하여 사용할 수 있게 된다.

신체 에너지 하베스팅

사람이 신체를 움직일 때 발생하는 에너지를 전력으로 변환하는 기술

중력 에너지 하베스팅

물체의 무게로 힘을 가했을 때 발생하는 중력 에너지를 전력으로 변환하는 기술

진동 에너지 하베스팅

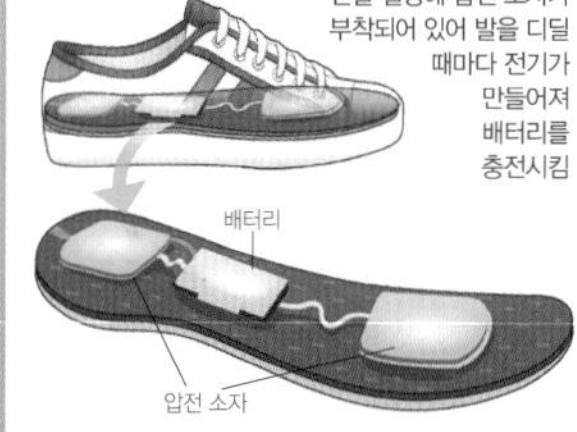

물체에서 발생한 진동 에너지를 전력으로 변환하는 기술

열에너지 하베스팅

온도 차에 의해 발생하는 전기 에너지를 모아 사용하는 기술

위치 에너지 하베스팅

물질이 위에서 아래로 떨어지며 발생하는 위치 에너지를 전력으로 변환하는 기술

전자파 에너지 하베스팅

가전제품, 휴대 전화 등에서 발생하는 전자파 에너지를 전력으로 변환하는 기술

중단원 핵심 문제

04 신 · 재생 에너지 개발의 중요성과 활용 분야
05 에너지 문제, 창의적으로 해결하기

01 물체를 움직이거나 새 물질을 만들고 물체의 모양이나 상태를 바꿀 수 있는 것을 무엇이라 하는가?

① 에너지 ② 자원
③ 기술 ④ 가공
⑤ 재료

02 다음에서 설명하는 에너지의 형태는 무엇인가?

> 물체의 위치에 따라 저장된 에너지와 움직이는 물체가 가진 운동 에너지를 통틀어 이르는 것을 말한다.

① 열 에너지 ② 빛 에너지
③ 화학 에너지 ④ 전기 에너지
⑤ 기계적 에너지

03 전자가 이동하면서 발생하는 에너지로 빛, 열, 전파, 기계적 에너지로 변환하기 쉬운 에너지는 무엇인가?

① 운동 에너지 ② 전기 에너지
③ 화학 에너지 ④ 빛 에너지
⑤ 열 에너지

04 에너지의 생산 흐름에 따른 1차 에너지에 속하지 않는 것은?

① 수력 ② 천연가스
③ 석유 ④ 도시가스
⑤ 해양 에너지

05 화석 에너지에 대한 설명으로 바르지 못한 것은?

① 화석 에너지는 생물이 죽어 땅속에 묻힌 후 오랜 시간 동안 높은 압력과 열, 지형 변화 등의 요인에 의해 만들어진 것을 말한다.
② 화석 에너지 폐기물은 심각한 환경오염 문제를 일으키는 원인이 된다.
③ 한 번 사용 후 재생이 불가능하고, 고갈의 염려가 없다.
④ 자연 에너지에 비해 에너지 밀도가 높아 이용하는 데 편리하다.
⑤ 오늘날 우리가 사용하는 대부분 에너지는 화석 에너지 자원을 얻어 사용하고 있다.

06 다음에서 설명하는 화석 에너지의 종류에 해당하는 것은 무엇인가?

> • 지구상의 화석 에너지 중 매장량이 가장 많다.
> • 고체 형태에서 다르기가 불편하며 공해의 물질을 많이 함유하고 있다.
> • 화력 발전의 연료와 공업용 연료 등으로 많이 쓰인다.

① 석유 ② 천연가스
③ 나프타 ④ 석탄
⑤ 우라늄

07 땅속에서 만들어진 불에 타기 쉬운 기체로, 매연이나 환경오염 물질이 거의 발생하지 않는 청정에너지 자원으로서 열병합 발전용으로 사용되는 에너지는?

① 석탄 ② 원자력
③ 석유 ④ 천연가스
⑤ 우라늄

08 우라늄의 원자핵에 중성자를 충돌시키면 원자핵 둘로 쪼개지는 핵분열이 일어난다. 이 과정에서 방출된 2~3개 중성자가 다시 주위의 다른 원자핵과 연쇄적으로 충돌할 때 이용하는 에너지는 무엇인가?

① 지열 에너지 ② 풍력 에너지
③ 태양광 에너지 ④ 조류 에너지
⑤ 원자력 에너지

09 다음 중 에너지의 종류가 다른 것은 무엇인가?

① 바이오 에너지
② 석탄 액화 및 가스화
③ 태양광 에너지
④ 수력 에너지
⑤ 해양 에너지

10 공기 중의 산소를 수소와 화학 반응시켜 물을 만들 때 발생하는 화학 에너지를 직접 전기 에너지로 변환하는 기술로, 무공해 자동차의 전원 등에 활용되는 에너지는?

① 수소 에너지
② 지열 에너지
③ 연료 전지
④ 폐기물 에너지
⑤ 석탄 액화 및 가스화

11 전자계산기, 탁상시계, 태양광 자동차, 인공위성, 항공기, 우주 정거장 등에 이용되는 에너지는 무엇인가?

① 태양열 에너지
② 석탄 액화 및 가스화
③ 수소 에너지
④ 태양광 에너지
⑤ 해양 에너지

12 높은 곳에 있는 저수지나 하천의 물이 떨어지는 힘으로 수차를 회전시키고(물의 양이 많고, 낙차가 낮은 방식), 수차에 연결된 발전기에 의하여 전기를 생산하는 방식은?

① 양수식 발전 ② 수로식 발전
③ 댐식 발전 ④ 소수력 발전
⑤ 자가 발전

13 밀물과 썰물의 차가 큰 지역에 설치하고, 현재 우리나라 경기도 시화호에서 운영중인 발전소의 발전 방식은 무엇인가?

① 조류 발전 ② 파력 발전
③ 온도차 발전 ④ 염도차 발전
⑤ 조력 발전

14 화학적 에너지로 사용 가능한 식물, 동물, 미생물 등의 생물체로, 바이오 에너지의 에너지원을 의미하는 것은?

① 바이오 매스
② 바이오 디젤
③ 바이오 휘발유
④ 바이오 에탄올
⑤ 바이오 플라스틱

15 다음과 같은 과정을 거치면서 만들어지는 에너지는 무엇인가?

① 바이오 매스 ② 바이오 에너지
③ 바이오 디젤 ④ 바이오 휘발유
⑤ 바이오 에탄올

16 땅속의 열로 뜨거워진 물이나 증기를 이용해 발전기 터빈을 돌려 전기를 생산하는 방식으로, 전기 생산, 건물의 냉난방, 온실 재배 등에 활용되는 에너지는 무엇인가?

① 폐기물 에너지 ② 바이오 에너지
③ 풍력 에너지 ④ 지열 에너지
⑤ 태양광 에너지

17 섭씨 20도 이상의 바다 표층수와 차가운 심층수와의 온도 차를 열 에너지로 이용하는 발전 방식은 무엇인가?

① 태양광 발전 ② 풍력 발전
③ 온도차 발전 ④ 지열 발전
⑤ 폐기물 발전

18 현재 우리가 에너지를 이용하는 데 있어서 잘못 알고 있는 학생은 누구인가?

① 재석: 화석 연료는 이산화탄소 같은 온실 기체가 배출되어 지구 온난화를 일으킨다.
② 명수: 지구 온난화의 영향으로 극지방의 빙하가 녹아 해수면이 상승하고 있다.
③ 준하: 화석 연료를 태운 자동차 배기가스, 공장 매연에 포함된 황산, 질산 가스가 빗물에 녹으면 산성비가 내리게 된다.
④ 하하: 산성비는 나무의 생장을 촉진하고 호수나 강의 물고기가 잘 살 수 있는 환경을 제공하여 생태계에 큰 영향을 준다.
⑤ 세호: 석유를 비롯한 화석 연료는 매장량이 한정되어 있어 있기 때문에 가격도 불안정하다.

19 다음 그림에서 설명하고 있는 에너지 하베스팅 기술은 무엇인가?

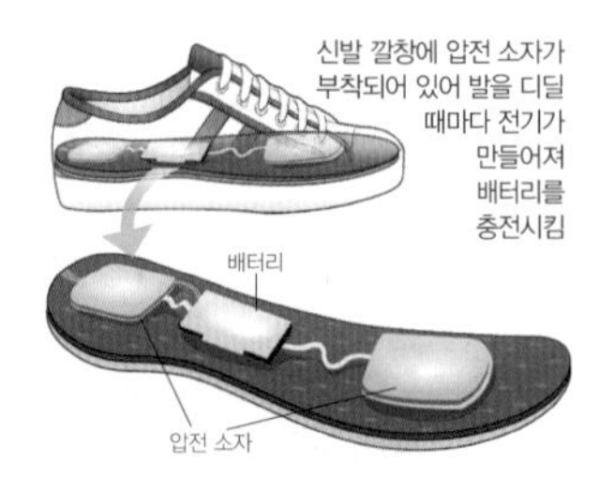

① 진동 에너지 하베스팅 ② 중력 에너지 하베스팅
③ 신체 에너지 하베스팅 ④ 전자파 에너지 하베스팅
⑤ 열 에너지 하베스팅

20 다음 글을 읽고, 일상생활에서 에너지 효율 이용 방법이 적절하지 않은 것을 고르시오.

> 에너지가 전환되는 과정에서 손실되는 에너지의 양이 어느 정도인지를 나타내는 것을 에너지 효율이라고 한다. 일상생활에서 에너지를 낭비하지 않고 효율적으로 이용하는 것은 에너지 문제를 해결하는 데 필수 요소이다.

① 냉방 온도 설정은 26~28도로 한다.
② 전자 제품을 구입할 때는 에너지 효율 등급이 높은 제품을 구입한다.
③ 3층 이하는 승강기를 이용하지 않고 되도록 걸어서 올라간다.
④ 저탄소 상품 인증 마크 제품이나 에너지 소비 효율 등급 표시가 붙어 있는 제품을 구입한다.
⑤ 외출 시 안 쓰는 전자 제품은 플러그를 뽑지 않는다.

주관식 문제

21 신·재생 에너지 개발과 이용이 필요한 이유를 간단하게 설명하시오.

22 에너지를 효율적으로 이용하는 것과 관련하여 관심을 끌고 있는 에너지 하베스팅 기술에 대하여 서술하시오.

대단원 정리 문제

01 다음 글을 읽고, (　　　) 안에 공통으로 들어갈 용어를 고르시오.

> 사람이나 물건 등을 한 장소에서 다른 장소로 이동시킬 수 있는 수단이나 활동을 (　　　)이라고 한다. 이처럼 (　　　)에 이용되는 자동차, 비행기, 선박 등 안전하고 신속하게 수송하기 위한 수단, 방법, 지식 등을 통틀어 (　　　) 기술이라고 한다.

① 생명　　② 수송
③ 제조　　④ 통신
⑤ 건설

02 태경이는 방학을 맞이하여 제주도로 가족 여행을 다녀왔다. 태경이가 가족 여행에서 이용한 수송 기술 시스템(투입–과정–산출) 중 단계가 다른 것은 무엇인가?

① 제주도에 가기 위한 수송 수단 이용
② 태경이 가족과 여행에 필요한 물건 등을 이동시키는 데 필요한 자본과 시간
③ 공항 등 수송에 필요한 각종 지원 시설
④ 제주 공항에 도착
⑤ 제주도로 가기 위해서 수송 기관이 작동하는 데 필요한 에너지

03 자동차 발달 과정의 순서로 맞는 것은?

① 수레바퀴 발명 → 가솔린 자동차 → 퀴뇨의 증기 자동차 → 포드 자동차 → 하이브리드 자동차
② 수레바퀴 발명 → 가솔린 자동차 → 퀴뇨의 증기 자동차 → 하이브리드 자동차 → 포드 자동차
③ 수레바퀴 발명 → 퀴뇨의 증기 자동차 → 하이브리드 자동차 → 가솔린 자동차 → 포드 자동차
④ 수레바퀴 발명 → 퀴뇨의 증기 자동차 → 가솔린 자동차 → 포드 자동차 → 하이브리드 자동차
⑤ 수레바퀴 발명 → 포드 자동차 → 퀴뇨의 증기 자동차 → 가솔린 자동차 → 하이브리드 자동차

04 수송 기술의 특성이 아닌 것은 무엇인가?

① 동력원의 발달에 밀접한 영향을 받지 않는다.
② 사회, 경제, 문화, 외교, 환경 등 인간의 삶에 전반적으로 영향을 준다.
③ 다양한 영역의 기술과의 융합으로 더욱 발전한다.
④ 수송의 영역에 따라 발달 속도가 다르다.
⑤ 에너지 자원에 영향을 받는다.

05 20세기 초 미국의 포드가 자동차를 대량 생산하고 자동차의 대중화 시대를 가져오게 한 방법 중 하나는 무엇인가?

① 공장 자동화　　② 개별 생산 방식
③ 컨베이어 벨트 방식　　④ 가내 수공업
⑤ 로트 생산 방식

06 다음에서 설명하고 있는 수송 기관은 무엇인가?

> • 자석의 힘을 이용하여 차량을 일정한 높이의 선로 위로 띄워 움직인다.
> • 선로와 기계적 접촉이 없어, 소음 및 진동이 적고, 속도가 빠르다.
> • 승차감이 좋고, 곡선 주행 시 안전하다.

① 디젤 기관차　　② 전동차
③ 자기 부상 열차　　④ 초고속 열차
⑤ 증기 기관차

07 다음에서 설명하고 있는 우리나라 전통 육상 수송 기술은 무엇인가?

> • 곡물, 나무 등의 짐을 사람의 등에 지어 나르는 데 이용되었다.
> • 도로가 없는 곳에서도 사용이 가능하다.
> • 오늘날 등산용 배낭에 응용되었다.

① 손수레　　② 가마
③ 유형거　　④ 짐수레
⑤ 지게

08 배 아래로 압축 공기를 불어넣어 몸체를 띄워서 운항하는 배로, 수륙양용 및 쾌속선으로 이용하는 수송 기관은?

① 위그선　② 공기 부양선
③ 원자력선　④ 수중익선
⑤ 잠수함

09 고려 시대에 대량으로 곡물을 운반한 배는 무엇인가?

① 거북선　② 외선
③ 조운선　④ 황포돛배
⑤ 판옥선

10 다음과 같은 내용에 해당하는 사람은 누구인가?

- 15세기에 새의 비행을 관찰하여 날개 장치의 상상도를 그렸다.
- 르네상스 시대의 이탈리아를 대표하는 천재적 미술가, 과학자, 기술자, 사상가이기도 하다.
- 1482년 태엽으로 달리는 자동차를 설계해 요즘의 장난감 같은 네 바퀴 태엽 자동차를 만들기도 했다.

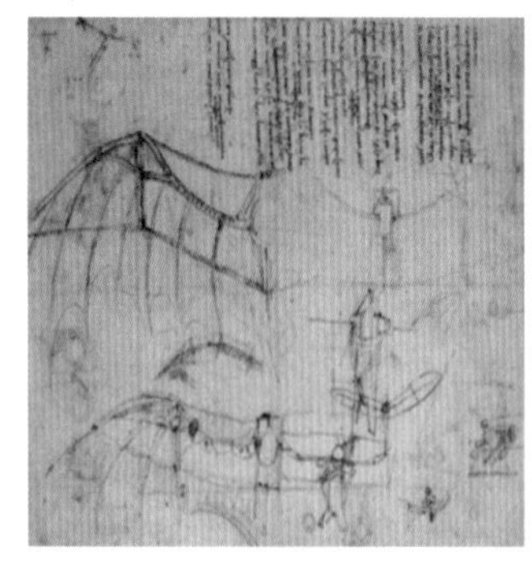

① 제임스 와트
② 몽골피
③ 트레비식
④ 폴턴
⑤ 레오나르도 다빈치

11 라이트 형제가 발명한 동력 비행기에 사용된 기관은 무엇인가?

① 디젤 기관　② 가스 터빈 기관
③ 증기 기관　④ 가솔린 기관
⑤ 증기 터빈 기관

12 열기구를 타고 최초에 비행에 성공한 사람은 누구인가?

① 라이트 형제
② 몽골피
③ 트레비딕
④ 닐 암스트롱
⑤ 릴리엔탈

13 다음에서 설명하고 있는 것은 무엇인가?

- 대한민국 최초의 우주 발사체
- 2013년 1월 30일, 나로 우주 센터
- 세계 11번째 스페이스 클럽 가입

① 나로 3호
② 무궁화 5호
③ 나로 2호
④ 아리랑 2호
⑤ 나로 1호

14 연료통과 내연 기관 대신 전지와 전동기 엔진으로 달리는 자동차로, 가정이나 충전소에서 충전할 수 있는 자동차는 무엇인가?

① 연료 전지 자동차
② 하이브리드 자동차
③ 수소 자동차
④ 전기 자동차
⑤ 태양광 자동차

15 다음 중 도로, 차량, 신호 시스템 등 기존 교통 체계의 구성 요소에 전자, 제어, 통신 등 첨단 기술을 접목시켜 교통 시설의 효율을 높이고 안전을 증진하기 위한 시스템은?

① 위성 항법 장치
② 지능형 교통 시스템
③ 유비쿼터스
④ 미래형 교통 시스템
⑤ 내비게이션

16 다음 〈보기〉에서 수송 수단의 사고 원인 중 환경적 원인에 속하는 것은?

〈 보기 〉

㉠ 도로 신호 체계 등 지원 시설 미비
㉡ 건강상의 장애
㉢ 안전 의식 결핍
㉣ 눈, 비 등 자연 재해 발생
㉤ 수송 수단의 자체 결함
㉥ 보행자, 운전자의 주의 부족
㉦ 불량 부품 사용 및 사용 기간 불이행
㉧ 도로 설계 및 수송 과정 오류

① ㉠, ㉢,㉣, ㉤　② ㉡, ㉥, ㉦
③ ㉠, ㉣, ㉧　④ ㉡, ㉣, ㉤, ㉧
⑤ ㉢, ㉤, ㉦, ㉧

17 버스, 지하철, 택시 등 대중교통 이용 방법 중 바르지 않은 것은?

① 지하철 선로에 내려가거나 물건을 떨어뜨리지 않도록 주의하며, 알루미늄 풍선이나 긴 막대 등이 고압선에 닿지 않도록 한다.
② 택시에서 출발하기 전에 안전띠를 반드시 착용하고, 출발 후에는 안전띠를 풀고 있는다.
③ 지하철을 기다릴 때는 노란색 안전선 밖에서 기다린다.
④ 지하철을 타고 내릴 때는 긴 치마나 끈 달린 옷, 가방 등이 출입문에 끼일 수 있으므로 주의한다.
⑤ 버스는 인도에서 기다리고, 버스가 도착한 다음 차례로 승차한다.

18 다음의 교통안전 표지판 중 지시 표지에 속하는 것은?

③

⑤

19 다음은 엘런 머스크가 고안한 하이퍼 루프에 대한 내용이다. (　　　) 안에 들어갈 내용으로 맞는 것은?

하이퍼 루프는 출발지에서 목적지를 진공관으로 연결한 후 (㉠) 상태에서 교통수단인 (㉡)을 이동시키는 방식이다. 물체는 저항을 받으면 마찰이 발생해 속력이 느려지고 열이 발생하는데, 하이퍼 루프는 터널을 거의 진공으로 만들어 저항을 없애 여객기보다 최고 7배 빠른 초음속 열차로서 꿈의 차세대 교통수단이라 불린다.

	㉠	㉡		㉠	㉡
①	캡슐	열차	②	진공	열차
③	진공	캡슐	④	열차	캡슐
⑤	캡슐	진공			

20 하늘을 나는 비행기의 ㉠ ~ ㉣에 작용하는 힘이 바르게 나열된 것은?

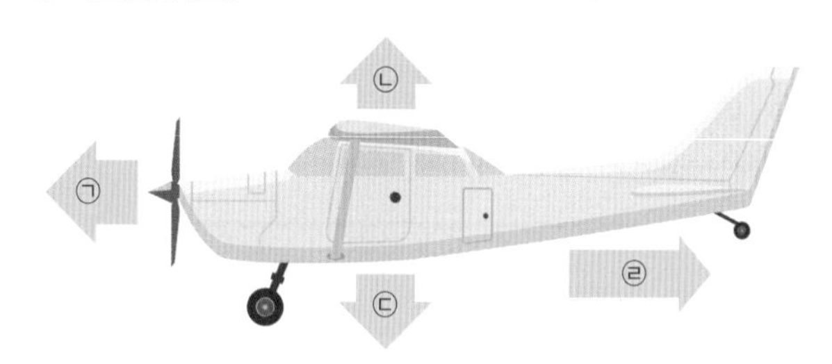

	㉠	㉡	㉢	㉣
①	추력	중력	양력	항력
②	양력	추력	중력	항력
③	항력	중력	양력	추력
④	추력	양력	중력	항력
⑤	항력	추력	양력	중력

21 비행기에서 무게 중심이 변화될 경우 전반적인 항공기의 특성에 영향을 주는 것을 고르시오.

㉠ 조종성　㉡ 심미성　㉢ 비행성
㉣ 내구성　㉤ 안정성

① ㉠, ㉡, ㉢, ㉤　② ㉠, ㉢, ㉤
③ ㉠, ㉡, ㉢, ㉣, ㉤　④ ㉡, ㉢, ㉣, ㉤
⑤ ㉢, ㉣, ㉤

22 비행기가 수평 비행을 할 때 시위선과 불어오는 바람과의 방향이 이루는 각을 무엇이라 하는가?

① 직각 ② 반사각
③ 받음각 ④ 시위각
⑤ 예각

23 다음에서 설명하고 있는 에너지 자원은 무엇인가?

- 인류가 가장 먼저 사용한 화석 에너지
- 근대 산업 사회를 발전시킨 중요한 에너지 자원
- 취급이나 수송이 어렵고, 환경오염의 주요 원인이 되면서 사용 감소

① 가솔린 ② 석탄
③ 나프타 ④ 석유
⑤ 천연가스

24 에너지를 생산 흐름에 따라 분류할 때 2차 에너지에 해당하는 것은?

㉠ 석유 ㉡ 전기 ㉢ 태양 ㉣ 석유 제품
㉤ 지열 ㉥ 도시가스 ㉦ 천연가스

① ㉡, ㉣, ㉥ ② ㉠, ㉢, ㉤, ㉦
③ ㉡, ㉣, ㉥, ㉦ ④ ㉠, ㉡, ㉢, ㉣
⑤ ㉣, ㉥, ㉦

25 다음 중 신에너지에 해당하는 것은 무엇인가?

① 바이오 에너지 ② 태양광 에너지
③ 수소 에너지 ④ 풍력 에너지
⑤ 폐기물 에너지

26 우리나라 전라남도 진도 울돌목에 설치된 발전소는 바닷물이 흘러가는 힘으로 수차를 돌려 전기를 만들어 내는데, 이러한 발전 방식을 무엇이라고 하는가?

① 파력 발전 ② 해류 발전
③ 소수력 발전 ④ 조력 발전
⑤ 온도차 발전

주관식 문제

27 다음과 같은 특징을 갖는 에너지는 무엇인가?

- 석탄 등을 고온 및 고압에서 불완전 연소 및 가스화 반응을 시켜 일산화탄소와 수소가 주성분인 가스 제조
- 가스터빈 및 증기터빈을 구동하여 전기 생산
- 환경오염 물질을 줄일 수 환경 친화 기술 사용

28 비행기를 위로 뜨게 하는 힘은 날개에서 발생한다. 비행기 날개를 보면 윗면은 볼록하고 아랫면은 평평하여 공기의 흐름 속도가 달라진다. 이와 같이 비행기에 양력이 작용하는 원리를 서술하시오.

MEMO

수행활동

수행 활동지 1 나의 미래 직업 체험_모형 비행기 설계사

단원	Ⅳ. 수송 기술과 에너지 활용 03. 수송 기술 문제, 창의적으로 해결하기
활동 목표	수송 기술과 관련된 문제의 해결책을 창의적으로 탐색하고, 콘덴서 모형 비행기를 효율적으로 제작할 수 있다.

나의 미래 직업은 모형 비행기 설계사이다. 콘덴서 모형 비행기 설계 시 날개 부분과 동체를 효율적으로 설계하여 모형 비행기가 오래 날 수 있도록 제작해 보자.

이슬이는 광주 국립과학관에 방문을 하였는데 한 전시실에서 레오나르도 다빈치가 발명한 발명품과 과학 기술의 원리를 이용한 여러 디자인을 볼 수가 있었다. 그 중에서 15세기에 레오나르도 다빈치는 새의 비행을 관찰하여 날개 장치의 상상도를 그렸다고 한다. 그래서 이슬이는 기술·가정 교과의 단원 중 수송 기술과 관련된 콘덴서 모형 비행기를 창의적으로 설계하여 비행의 원리를 이해하는 데 도움을 얻고자 한다.

1 콘덴서 비행기 날개를 제작할 때 각 부분별 유의 사항과 해결 방법을 알아보자.

구분	유의 사항	해결 방법
주 날개		
수평 꼬리 날개		
수직 꼬리 날개		

2 콘덴서 비행 동체를 제작할 때 유의 사항과 해결 방법을 알아보자.

구분	유의 사항	해결 방법
동체		

수행 활동지 ② 효율적인 에너지 이용을 위한 표어 만들기

단원	Ⅳ. 수송 기술과 에너지 활용 05. 에너지 문제, 창의적으로 해결하기
활동 목표	에너지와 관련된 문제를 이해하고, 효율적인 에너지 이용 방안을 설명할 수 있다.

● 다음의 에너지 나눔 기술에 대한 글을 읽고, 효율적인 에너지의 이용과 관련된 자료를 탐색하여 표어를 만들어 보자.

오늘날 다양한 종류의 태양열 조리기가 개발되었지만 그중 가장 많이 사용되는 제품은 볼프강 쉐플러(Wolfgang Scheffler)가 만든 '쉐플러 태양열 조리기'다. "기술은 사람을 돕기 위해 만들어지는 것이므로 모두에게 자유롭게 쓰여야 한다."는 볼프강 쉐플러의 말처럼 '쉐플러 태양열 조리기'는 에너지 절약은 물론 에너지 부족 국가에 에너지를 공급할 수 있는 길을 여는 데 크게 기여했다.

쉐플러 조리기

인도의 JNV 학교에 설치된 쉐플러 태양열 조리기

① 효율적인 에너지 이용과 관련된 주제를 선정해 보자.

② 위의 ①에서 선정한 주제에 맞는 효율적인 에너지 이용 방안에 대해 조사해 보고, 수집한 자료의 내용을 써 보자.

③ 효율적인 에너지 이용 방안을 바탕으로 표어를 만들어 보자.

MEMO

V

정보 통신 기술 시스템

01 정보 기술 시스템과 정보 통신 과정

02 정보 통신 기술의 특성과 발달 과정

03 다양한 통신 매체의 이해와 활용

04 정보 통신 기술 문제, 창의적으로 해결하기

01 정보 기술 시스템과 정보 통신 과정

1 정보 기술 시스템이란 무엇일까

1 정보 기술

정보 기술(Information Technology)이란 컴퓨터 하드웨어, 소프트웨어, 멀티미디어, 방송, 통신망 등 사회 전반의 정보화 시스템 구축에 필요한 유·무형의 모든 기술을 통틀어 말한다.

2 정보 기술 시스템

정보 기술을 실현하는 데 이용되는 모든 활동을 체계화한 것을 말하며, 투입, 과정, 산출 및 되먹임의 단계로 이루어진다.

투입	정보를 처리하는데 필요한 사람, 컴퓨터, 자본과 같은 모든 자원을 이용하는 단계
과정	투입된 요소를 활용하여 정보를 전달하는 단계
산출	전달된 정보(음성, 이미지, 영상, 데이터 등)를 얻는 단계
되먹임	정보가 제대로 전달되었는지 확인하고 수정하는 단계

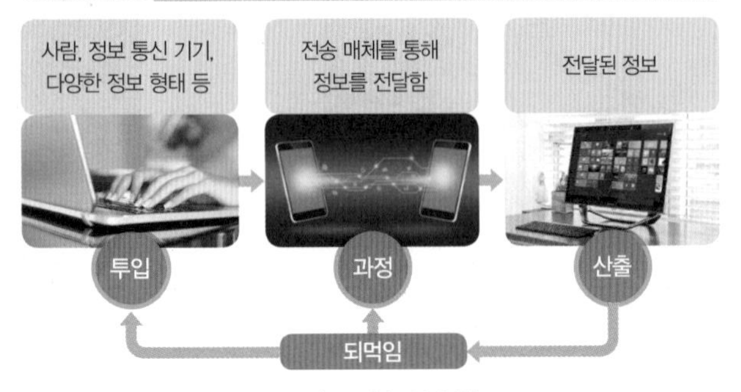

▲ 정보 기술 시스템

2 정보 통신 과정은 어떻게 이루어질까

1 정보 통신

정보의 검색, 수집, 가공, 저장, 송신, 수신 등을 하는 것을 말하며, 정보를 보내는 송신측, 정보를 전달하는 전송 매체, 정보를 받아들이는 수신측으로 구성된다.

2 정보 통신 과정

❶ 문자, 음성, 이미지, 영상 등의 형태로 된 정보를 효과적으로 수집, 가공, 저장, 검색 및 송수신하는 정보의 교환 과정을 말하며, 다음과 같은 순서로 이루어진다.

설계	필요한 정보를 글, 그림, 영상 등으로 작성
부호화	작성한 정보를 컴퓨터가 인식할 수 있는 디지털 정보로 변환
저장 및 검색	정보를 디지털 정보로 저장한 후 해당 파일을 검색
송신	디지털화된 정보를 전화선이나 위성으로 전송
수신	디지털화된 정보를 전화선이나 위성으로 수신
복호화	수신된 디지털 정보를 읽고 볼 수 있게 문자, 그림, 영상 등으로 복원
출력	문자, 그림, 영상 등을 모니터, 프린터 등을 통해 출력

단말기

단말기는 입출력 장치로서 정보를 주고받는 역할을 함
예 PC, 노트북, 휴대 전화 기기 등

전송 매체

신호를 전달해 주는 통로로서 유선과 무선으로 구분됨
예 유선: 유선 케이블
무선: 3G, LTE, 와이파이, 블루투스 등

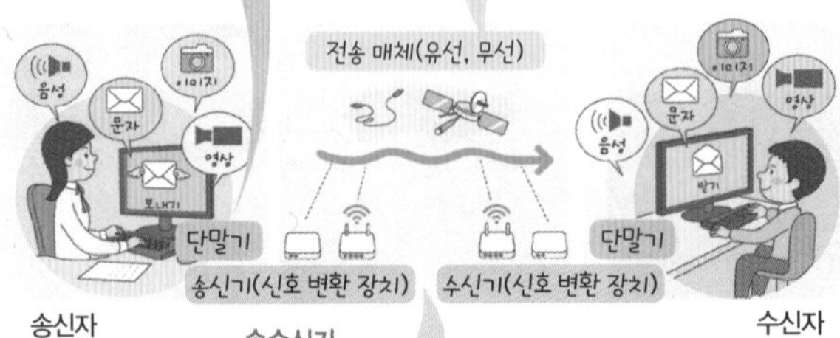

송신자

수신자

송수신기

단말기에서 정보를 송수신할 때 사용되는 장치로서 신호 변환 장치라고도 함
예 모뎀, 디지털 서비스 유닛 등

▲ 정보 통신 과정

❷ 정보 통신 시스템의 구성

- 정보 처리 시스템: 중앙 처리 장치와 주변 장치로 나뉘며, 정보를 입력받아 가공 및 저장
- 중앙 처리 장치: 주기억 장치, 제어 장치, 연산 장치
- 주변 장치: 입력 장치, 출력 장치, 보조 기억 장치
- 정보 전송 시스템: 음성, 영상 등의 정보를 원본의 손상 없이 목적지에 정확하고 빠르게 전달

  예 단말 장치, 전송 회선, 신호 변환 장치, 통신 제어 장치 등

하나 더 알기 신호의 분류

- 아날로그 신호: 시간에 따라 연속적으로 변화하는 수치의 양의 크기로 표현한 것
  예 바늘로 나타내는 시계, 체중계, 온도계 등
- 디지털 신호: 시간에 따라 연속적으로 변화하는 수치를 0과 1로 끊어서 표현한 것
  예 숫자로 보여주는 시계, 온도계, 컴퓨터 통신 등

중단원 핵심 문제

01 컴퓨터와 통신 기술을 이용하여 생활 속의 아날로그 정보를 컴퓨터 디지털 정보로 변환한 후, 이들 정보들의 송수신 및 되먹임 과정이 이루어지는 시스템을 무엇이라 하는가?

① 투입 과정 시스템 ② 순환 과정 시스템
③ 정보 기술 시스템 ④ 산출 과정 시스템
⑤ 되먹임 과정 시스템

02 다음은 정보 기술 시스템에서 어느 단계에서 이루어지는 내용인가?

> 음성 통신, 이미지 통신, 영상 통신, 데이터 통신 등의 형태로 전달된 정보를 얻는 단계

① 되먹임 ② 산출
③ 투입 ④ 과정
⑤ 조정

03 정보 통신에서 송신측에서 수신측으로 정보가 전달되는 통로를 무엇이라 하는가?

① 송신자 ② 부호화
③ 수신자 ④ 전송 매체
⑤ 복호화

04 다음은 정보 전송 시스템 구성에 속하지 않는 것은?

① 신호 변환 장치 ② 통신 제어 장치
③ 중앙 처리 장치 ④ 단말 장치
⑤ 전송 회선

05 시간에 따라 연속적으로 변화하는 수치의 양의 크기로 표현한 신호이며, 바늘로 나타내는 시계 및 전화기 등에 사용되는 신호는?

① 디지털 신호 ② 통신 제어 신호
③ 주파수 신호 ④ 아날로그 신호
⑤ 모뎀 신호

06 다음과 같은 내용이 설명하고 있는 것은?

> 아날로그 신호를 통신 회선으로 전송할 수 있는 신호인 디지털 신호로, 디지털 신호를 아날로그 신호로 변환해 주는 장치

① 단말 장치
② 통신 제어 장치
③ 주변 장치
④ 음성 장치
⑤ 모뎀

07 정보 통신 과정의 순서로 옳은 것은?

① 송신자 → 단말기(입력) → 전송 매체 → 송신기 → 수신기 → 단말기(출력) → 수신자
② 수신자 → 단말기(입력) → 송신기 → 전송 매체 → 수신기 → 단말기(출력) → 송신자
③ 송신자 → 단말기(출력) → 송신기 → 전송 매체 → 수신기 → 단말기(입력) → 수신자
④ 송신자 → 단말기(입력) → 송신기 → 전송 매체 → 수신기 → 단말기(출력) → 수신자
⑤ 수신자 → 단말기(입력) → 송신기 → 수신기 → 전송 매체 → 단말기(출력) → 송신자

주관식 문제

08 다음에서 설명하는 기술은 무엇인가?

> 컴퓨터 하드웨어, 소프트웨어, 멀티미디어, 방송, 통신망 등 사회 전반의 정보화 시스템 구축에 필요한 유 · 무형의 모든 기술과 수단

02 정보 통신 기술의 특성과 발달 과정

① 정보 통신 기술의 특성을 알아볼까

1 정보 통신 기술의 이해

❶ **자료**: 단순히 관찰하거나 측정해서 얻은 사실이나 값

❷ **정보**: 문자, 소리, 이미지, 영상 등 다양한 자료를 유용한 형태로 가공한 것

❸ **통신**: 적절한 매체를 통해 의사소통하거나 정보를 전달하는 것

❹ **정보 통신**: 컴퓨터에 의한 통신 등 정보가 송수신자 간에 효율적으로 이동되는 과정

2 정보 통신 기술의 특성

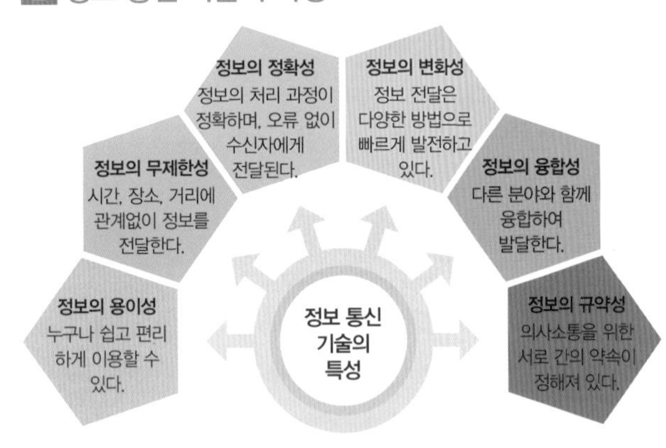

3 통신 방법에 따른 정보 통신 기술

구분		설명
단방향 통신		하나의 통신 회선을 사용하여 접속된 두 장치 사이에서 데이터가 한 방향으로만 전송되는 방식 예 라디오 방송, 감시 카메라 등
양방향 통신	반이중 통신	하나의 통신 회선을 사용하여 접속된 두 장치 사이에서 데이터를 양방향으로 모두 전송할 수는 있으나, 동시에 양방향으로는 전송할 수 없는 방식 예 무전기, 무선 송수신기 등
	전이중 통신	두 개의 통신 회선을 사용하여 접속된 두 장치 사이에서 동시에 양방향으로 데이터를 전송하는 통신 방식 예 휴대 전화, 인터넷, IPTV 등

4 유·무선 전송 매체에 따른 정보 통신 기술

❶ **유선 전송 매체**: 케이블을 이용하는 방식

매체	설명
UTP 케이블	비용이 저렴하고, 배선이 쉬워 근거리 통신에 주로 사용
동축 케이블	주파수 범위가 넓어 장거리 통신망이나 케이블 TV 등에 사용
광 케이블	신호의 간섭이 없고 전송 속도가 빨라 초고속 통신망에 사용

❷ **무선 전송 매체**: 전파를 이용하는 방식

매체	설명
라디오파	전방향성을 가지며, 라디오, TV 방송, 무선 전화 등에 사용
마이크로파	단방향성을 가지며, 이동 통신, 위성 통신에 사용
적외선	전파의 방해가 적어 리모컨 등에 사용

5 정보 통신 기술의 융합

- 최근의 정보 통신 기술은 생성된 정보를 전달하는 것을 넘어 정보 기술과 통신 기술이 접목·응용된 디지털 기반의 새로운 형태의 제품이나 서비스를 제공하고 있다.
- 정보 통신 기술의 융합화, 지능화, 소형화, 네트워크화 등이 더욱 가속화되고, 다양한 분야에 활용되어 우리 삶의 질을 높이고 있다.

② 과거부터 현대까지, 정보 통신 기술의 발달을 알아볼까

1 전기 통신 사용 이전 시대(19세기 이전)

❶ **언어 사용 전**: 소리, 표정, 몸짓, 바위나 벽의 그림 등으로 의사소통

❷ **문자의 등장**: 정확한 정보 전달과 정보의 축적 및 보존 가능

❸ **인쇄술의 발전**: 목판 인쇄술, 금속 활자, 종이 등의 발명으로 대량 인쇄가 가능해져 정보 전달 및 지식 보급에 크게 기여

2 전기 통신 사용 이후 시대(19세기 이후)

연도	기술	설명
1876년	전화기	미국의 벨이 전화기를 이용하여 음성을 전기 신호로 바꾸어 직접 전달
1896년	무선 전신기	이탈리아의 마르코니가 배와 비행기의 교신에 성공
1946년	컴퓨터	미국의 에니악이 기억 장치에 진공관 회로를 응용하여 최초의 컴퓨터 제작
1962년	위성 방송	미국의 AT&T사가 제작한 통신 위성인 텔스타 1호를 이용하여 최초의 위성 방송 시작

1977년	개인용 컴퓨터	미국의 애플사가 제작한 애플Ⅱ로 개인용 컴퓨터 대중화
2010년대	스마트폰	휴대 전화에 개인용 컴퓨터 기능이 합쳐진 스마트폰 대중화

3 현대

사물 인터넷(IoT; Internet of Things)	인터넷을 기반으로 모든 사물을 연결하여 사람과 사물, 사물과 사물 간의 정보를 상호 소통하는 지능형 기술 및 서비스
빅데이터 (big data)	문서, 동영상, 사진, 음성 등의 방대한 데이터를 목적에 맞게 가공하여 의미 있는 결과를 이끌어 내는 기술
증강 현실 (augmented reality)	현실의 이미지나 배경에 3차원 가상 이미지를 겹쳐서 하나의 영상으로 보여주는 기술
가상 현실 (virtual reality)	어떤 특정한 환경이나 상황을 컴퓨터로 만들어서, 그것을 사용하는 사람이 마치 실제 주변 상황·환경과 상호작용을 하고 있는 것처럼 만들어 주는 인간과 컴퓨터 사이의 인터페이스

4 우리나라의 정보 통신 기술

❶ 인쇄술과 한글

8세기	무구정광대다라니경	세계에서 가장 오래된 목판 인쇄물
13세기	상정고금예문	독일 구텐베르크의 금속 활자보다 200여년 앞섰으나, 현재 남아있지 않음
1377년	직지심체요절	현존하는 가장 오래된 금속 활자로, 세계 유네스코 문화유산 등재
1446년	훈민정음	한글은 원리가 간단하지만, 세계적으로 우수하고 독창적인 문자로 인정받고 있음

❷ 전기 통신

1885년	전신기	한성과 제물포 간의 전신 개통으로 시작
1924년	라디오 방송	국내 최초로 종로에 위치한 우미관(영화관)에서 스피커를 통해 방송
1896년	전화기	궁중에서 자석식 교환기로 최초 전화 통화
1961년	텔레비전	국내 최초 텔레비전 방송 시작
1986년	PC 통신	우리나라 최초의 PC 통신 서비스인 '천리안' 시작

5 정보 통신 기술의 제공

❶ **과거:** 효율성 및 생산성 향상, 편의 제공 측면에서 주로 활용

❷ **현재:** 가치 창출, 범죄·재난·재해 예방, 에너지·자원 절감 등과 같은 문제 해결을 위해 활용

6 현대 정보 기술의 특징

❶ 사물 인터넷으로 새로운 애플리케이션과 서비스를 창출한다.

❷ 인문학적 지식을 바탕으로 인간 관점을 반영한 새로운 융합 기술이 발달한다.

❸ 빅데이터를 이용하여 정보를 의미 있는 지식으로 추출한다.

❹ 네트워크로 정보를 공유하여 사회 구성원 간의 의사소통이 원활하도록 도와준다.

❺ 사용자의 삶의 질을 향상시키며 계속적인 변화를 거듭한다.

하나 더 알기 다양한 근거리 무선 통신 기술

블루투스 (bluetooth)	10m 정도의 거리에서 통신 가능한 기술. 휴대폰과 휴대폰, 휴대폰과 PC 간에 사진이나 음악 등의 파일을 전송하는 데 주로 사용되며, 페어링 단계를 거쳐야 통신이 가능
비컨(iBeacon)	블루투스 4.0 기반의 근거리 무선 통신 장치. 최대 70m 이내의 장치들과 교신할 수 있으며 5~10cm 단위의 구별이 가능할 정도로 정확성이 높고 전력 소모가 적어 모든 기기가 항상 연결되는 사물 인터넷 구현에 적합
지그비(ZigBee)	저속, 저비용, 저전력의 무선망을 위한 기술. 주로 양방향 무선 개인 영역 통신망(WPAN) 기반의 홈 네트워크 및 무선 센서망에서 사용되는 기술
와이파이(Wi-Fi)	무선 접속 장치(AP; Access Point)가 설치된 곳에서 전파나 적외선 전송 방식을 이용하여 일정 거리 안에서 무선 인터넷을 할 수 있는 근거리 통신망
라이파이(Li-Fi)	발광다이오드(LED) 전구에서 나오는 가시광선의 파장을 이용하여 데이터를 전송하는 기술이며, 기존의 와이파이보다 100배 빠름
NFC(Near Field Communication)	두 대 이상의 단말기를 10cm 이내로 접근시켜 양방향 데이터를 송수신하는 기술

하나 더 알기 RFID(Radio-Frequency Identification)

RFID는 주파수를 이용해 ID를 식별하는 시스템으로 일명 전자 태그로 불리며, 전파를 이용해 먼 거리에서 정보를 인식하는 기술을 말한다. 예를 들어 RFID 기술을 이용하면 애완동물의 몸속에 고유 번호가 내장된 초소형 전자 칩을 넣어 건강이나 혈통 정보, 소유자의 기본 정보 등을 쉽게 관리할 수 있다.

중단원 핵심 문제

01 '적절한 매체를 통해 의사소통하거나 정보를 전달하는 것'을 무엇이라고 하는가?

① 정보
② 자료
③ 통신
④ 기술
⑤ 정보 통신

02 다음과 같은 정보 통신 기술의 특성은 무엇인가?

> 정보의 처리 과정이 정확하며, 오류 없이 수신자에게 전달된다.

① 정보의 용이성
② 정보의 무제한성
③ 정보의 규약성
④ 정보의 융합성
⑤ 정보의 정확성

03 두 개의 통신 회선을 사용하여 접속된 두 장치 사이에서 동시에 데이터를 전송하는 통신 방식은?

① 반이중 통신
② 단방향 통신
③ 무제한 통신
④ 전이중 통신
⑤ 전반이중 통신

04 신호의 간섭이 없고 전송 속도가 빨라 초고속 통신망에 사용되는 유선 전송 매체는 무엇인가?

① 동축 케이블
② 알루미늄 케이블
③ 광 케이블
④ 구리 케이블
⑤ UTP 케이블

05 전파의 방해가 적어 리모컨 등에 사용되는 전송 매체는 무엇인가?

① UTP 케이블
② 적외선
③ 광 케이블
④ 마이크로파
⑤ 동축 케이블

06 자신만의 온라인 공간에서 콘텐츠를 만들고, 타인과의 연결을 통해 서비스와 소통을 공유하는 것을 무엇이라 하는가?

① 스마트 폰
② 클라우드 서비스
③ 인공 지능
④ 빅데이터
⑤ 소셜 네트워크 서비스

07 인간의 학습 능력과 추론 능력, 지각 능력, 자연 언어의 이해 능력 등을 컴퓨터 프로그램으로 실현한 기술을 무엇이라 하는가?

① 빅데이터
② 스마트폰
③ 네트워크 서비스
④ 인공 지능
⑤ 스마트 머신

08 전기 통신 이전 시대의 통신 기술 발달 과정이 아닌 것은?

① 소리나 문자
② 상형 문자
③ 전화기
④ 목판 인쇄술
⑤ 금속 활자

09 정보 통신 발달 과정의 순서가 바른 것은?

㉠ 이집트 상형 문자	㉡ 에니악	㉢ 휴대 전화
㉣ 무선 전신기	㉤ 라디오 방송	㉥ 벨 전화기
㉦ 위성 방송		

① ㉠ - ㉣ - ㉥ - ㉤ - ㉡ - ㉦ - ㉢
② ㉠ - ㉥ - ㉣ - ㉤ - ㉡ - ㉢ - ㉦
③ ㉠ - ㉣ - ㉥ - ㉤ - ㉦ - ㉡ - ㉢
④ ㉠ - ㉣ - ㉥ - ㉦ - ㉤ - ㉡ - ㉢
⑤ ㉠ - ㉥ - ㉣ - ㉤ - ㉡ - ㉦ - ㉢

10 애완동물의 몸속에 고유 번호가 내장된 초소형 전자 칩을 넣어 건강이나 혈통 정보를 알 수 있는 기술 시스템은?

① ITS
② Wi-Fi
③ GPS
④ LTE
⑤ RFID

11 현실의 이미지나 배경에 3차원 가상 이미지를 겹쳐서 하나의 영상으로 보여주는 기술을 무엇이라고 하는가?

① 가상 현실
② 사물 인터넷
③ 월드 와이드 웹
④ 증강 현실
⑤ 빅데이터

12 1377년에 만들어진 현존하는 가장 오래된 금속 활자로, 세계 유네스코 문화유산에 등재되어있는 것은 무엇인가?

① 상정고금예문
② 훈민정음
③ 팔만대장경
④ 직지심체요절
⑤ 무구정광대다라니경

주관식 문제

13 다음 내용은 무엇을 설명하고 있는가?

> 문자와 화상, 음성, 애니메이션 등 각기 다른 시청각 미디어를 한 대의 컴퓨터로 통합하는 시스템

14 근거리 통신 기술 중 NFC(Near Field Communication)에 대해 설명하시오.

03 다양한 통신 매체의 이해와 활용
04 정보 통신 기술 문제, 창의적으로 해결하기

1 통신 매체의 종류와 특징을 알아볼까

1 통신 매체

❶ 의사소통 과정에서 송신자와 수신자 간의 정보를 전달하는 모든 수단으로, 정보 전달을 위해 사용되는 모든 형태의 경로

❷ **통신 매체의 종류**: 활자 매체, 영상 매체, 음성 매체 등의 전통 매체와 뉴미디어 등

❸ **뉴미디어**: 정보 통신망을 통해 활자, 소리, 영상 등 복합적인 정보를 전달하는 매체

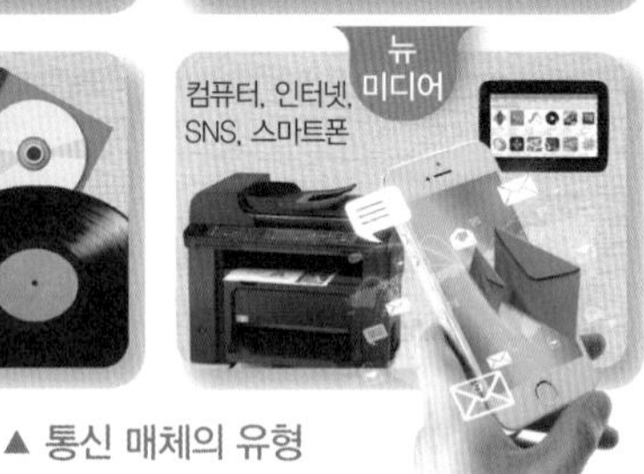

▲ 통신 매체의 유형

❹ **통신 매체의 특징**: 연결성, 영구 보전성, 신속성, 대량화, 대중성, 융합화

❺ 정보 통신 기술의 발전으로 모바일 기기가 다기능화, 지능화되면서 통신 매체의 패턴이 시공간을 자유롭게 이동할 수 있게 됨에 따라 통신 매체도 이동화, 개인화하고 있다.

2 통신 매체는 어떻게 활용되고 있을까

1 통신 매체의 발전

컴퓨터 기술과 초고속 통신망의 발달로 유 · 무선이 통합되고 다양한 네트워크 서비스 제공 → 사회 구조와 소비 패턴, 정치, 경제, 문화 등 사회 전반의 변화

2 다양한 통신 매체의 활용

스마트폰, 태블릿 PC, 내비게이션 등의 이동 통신 기기 보급 → 언제, 어디서나 실생활에서 통신 매체 활용 증가

소셜 네트워크

Social Networking Service

▲ 다양한 통신 매체의 활용 분야

3 정보 통신 기술이 가져온 문제, 어떻게 해결할까

1 정보 통신 기술의 발달이 가져 온 우리 삶의 긍정적 변화

❶ 오랫동안 축적해 온 우리의 삶과 사고방식의 변화를 가져왔다.

❷ 이동 중에 실시간으로 보이는 장소에 대한 정보를 손쉽게 얻고 증강 현실과 GPS를 이용한 길 안내와 실시간 교통 정보 서비스를 받을 수 있다.

❸ 무선 통신 및 원격 제어를 통해 각종 장비를 보다 편리하게 사용할 수 있다.

❹ 로봇, 드론 등이 인간이 접근할 수 없는 사고 현장에 투입되어 재난 구조 활동에 이용된다.

❺ 사물 인터넷 기술로 각종 사물에 부착된 센서, 통신 장비 등의 제어 시스템은 사용자의 편리함과 각종 사고 알림 및 예방 등에 사용되고 있다.

2 정보 통신 기술로 인한 문제

1) 인터넷 사용으로 인한 각종 문제

① 인터넷이나 스마트폰 중독으로 일상생활에 문제가 생길 수 있다.

② 인터넷 사이트나 SNS 등에 올린 각종 개인 정보 유출은 사생활 침해와 각종 범죄에 악용될 우려가 있다.

③ 스마트폰, 노트북 등에 활용되고 있는 생체 정보 인식 장애 문제로 인한 불편함 및 증강 현실 기술로 인해 각종 사고 등 사회 문제를 유발시킬 수 있다.

2) 생체 인식 기술

① 생체 인식 기술은 신체 특성 또는 행위 특성을 자동적으로 측정하여 신원을 파악하며, 생체 인식 시스템을 구현하는 데는 음성, 망막, 홍채, 얼굴, 지문, 체취 등의 개인 특성을 사용한다.

② 문제점

- 생체 인식 기술은 편리성과 사생활의 침해의 가능성이라는 문제점을 지니고 있다.
- 국가나 사회가 개인을 끊임없이 감시하는 일이 벌어질 수도 있다.
- 개인의 사생활을 침해하는 점과 개인의 생체 정보가 집중되어 데이터베이스화된 경우의 문제도 발생한다.

③ 해결 방안

- 시스템에 대한 충분한 검증과 다중 인증이 필요하다.
- 신체 인식 정보는 특징적인 값만이 추출되어야 한다.
- 시스템에 대한 개인의 인식과 명시적인 동의가 있어야 하며, 계속적인 견제와 감시도 이루어져야 한다.

3) 증강 현실

① 증강 현실은 가상 현실의 여러 분야 중에서 파생된 기술이며, 현실 세계와 가상의 체험을 결합하는 기술을 의미한다. 즉, 실제 환경에 가상 사물을 합성하여 원래의 환경에 존재하는 사물처럼 보이도록 하는 컴퓨터 그래픽 기법이다.

② 문제점

- 다양한 정보를 편리하게 취득한다는 장점이 있지만 정보의 홍수나 무분별한 광고, 악의적인 정보 유포 등의 부작용이 우려된다.
- 증강 현실 콘텐츠에 매혹되어 현실과 가상을 구분하지 못하는 상황이 발생할 수도 있고, 그로 인해 실제 사물에 대한 인지 혼란이 올 수도 있다.
- 지나치게 강한 빛을 망막에 오랫동안 비추게 될 때 나타날 수 있는 시력 저하나 이상한 것들이 보이는 현상 등이 나타날 가능성이 있다.

③ 해결 방안

- 사회 관계망 서비스를 비롯해 증강 현실의 응용 분야는 매우 다양하기 때문에, 발생될 수 있는 문제점에 대한 전문 인력, 특허 등에 대비해야 한다.
- 정부 주도하에 의료계, 공학계, 콘텐츠 업계가 협업해 임상 실험을 진행하고 가이드라인을 하루빨리 만들어야 한다.

하나 더 알기 사물 인터넷(IoT)

사물 인터넷(IoT; Internet of Things)이란 사람, 주변 사물, 데이터 등 모든 것이 유·무선 네트워크로 연결되어 정보를 생성, 상호 수집, 공유, 활용하는 인터넷 기술과 환경을 의미한다. 최근 초고속 무선 통신 기술의 발달과 스마트폰과 태블릿 PC 등 네트워크를 기반으로 한 이동형 단말기의 보급이 가속화되고, 일상생활 속 사물의 통신 기능 구현이 가능해짐에 따라 사물 인터넷 시장의 규모가 급격히 증대되고 있다.

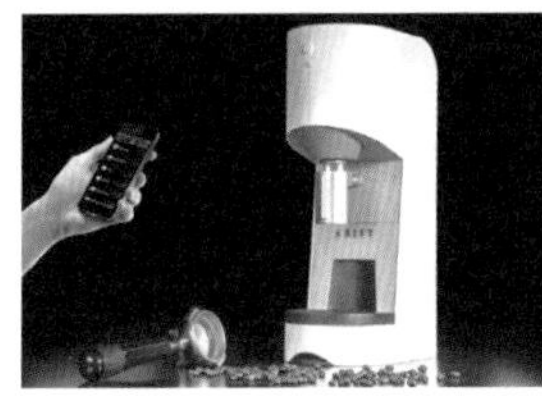

스마트 커피 바리스타: 커피 유형에 맞는 제조법을 인터넷에서 내려받아 레시피대로 커피를 만들어주고 취향에 따라 레시피를 조정

스마트 화장대: 얼굴을 비추면 모공, 주름, 피부 결, 잡티 등 피부 상태를 측정해 피부과 전문의의 조언과 스킨케어 방법, 추천 화장품 등의 정보를 제공

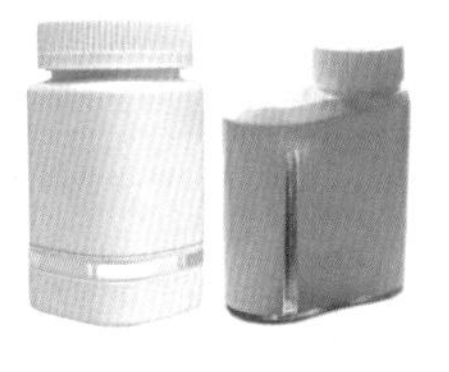

인텔리전트 약병: 미리 설정해 놓으면 약병 뚜껑에서 약을 먹을 시간을 알려주는 불이 들어오고 먹는 횟수도 알려줌

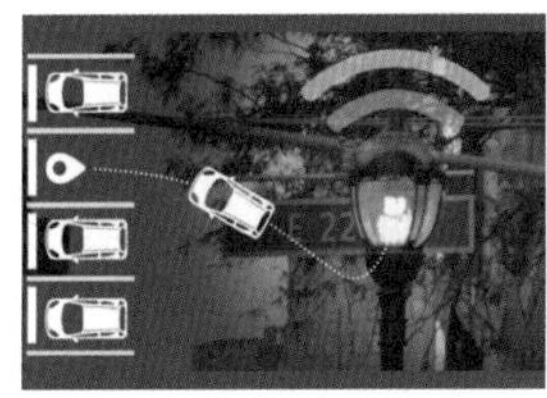

스마트 가로등: 신기술이 적용된 스마트 가로등은 데이터를 수집하고 분석하여, 시민들에게 주차 가능 공간, 대기 오염 수준, 교통 상황 등을 안내

▲ 사물 인터넷의 활용 예

중단원 핵심 문제

03 다양한 통신 매체의 이해와 활용
04 정보 통신 기술 문제, 창의적으로 해결하기

01 다음과 같은 통신 매체의 종류는 무엇인가?

> 신문, 잡지, 서적, 포스터, 전단 등

① 음성 매체　② 활자 매체
③ 동영상 매체　④ 모바일
⑤ 뉴미디어

02 정보 통신망을 통해 활자, 소리, 영상 등 복합적인 정보를 전달하는 통신 매체는 무엇인가?

① 뉴미디어　② 활자
③ 음성　④ 그림
⑤ 동영상

03 다음에서 설명하는 것은 무엇인가?

> 전화와 문자는 물론, 음악, 인터넷, 게임, 채팅, 사진, 영상, 메일, 날씨, 지도 서비스, 내비게이션, 일정표, 파일 공유 등 수많은 기능을 사용할 수 있으며, 지금도 다양한 기능을 가진 앱이 계속 개발되어 활용되고 있다.

① 클라우드 컴퓨팅　② 블루투스
③ 와이파이　④ 스마트폰
⑤ 해킹

04 다음 중 생체 인식 기술에 대한 설명으로 옳지 않은 것은?

① 국가나 사회가 개인을 끊임없이 감시하는 일이 벌어질 수도 있다.
② 생체 인식 기술은 신체 특성 또는 행위 특성을 자동적으로 측정하여 신원을 파악한다.
③ 신체 인식 정보는 최대한 많은 값이 추출되어야 한다.
④ 생체 인식 기술 시스템에 대한 충분한 검증과 다중 인증이 필요하다.
⑤ 개인의 생체 정보가 집중되어 데이터베이스화된 경우 문제가 발생할 수 있다.

05 스마트폰, 태블릿 PC 등 사람이 들고 다닐 수 있는 크기의 기기를 무엇이라고 하는가?

① 와이파이　② 블루투스
③ 모바일 기기　④ 지그비
⑤ RFID

06 다음 중 정보 통신 기술과 관련된 문제에 대한 설명으로 옳은 것은?

① 우리 생활의 패러다임을 변화시키는 최신 정보 통신 기술로 인해 발생하는 문제점은 없다.
② 정보 통신 기술과 관련된 문제는 개인적인 노력만으로도 충분히 해결될 수 있다.
③ 정보 통신 기술과 관련된 사회국가적 대책이 올바르게 확립된다면 정보 통신 기술 문제는 완벽히 해결된다.
④ 증강 현실과 같은 최신 기술은 문제점까지도 보완하였기 때문에 이로 인해 발생되는 문제점은 없다.
⑤ 다른 여러 기술이 정보 통신 기술과 융합되었을 때 발생하는 문제점도 고려하여 해결해야 한다.

주관식 문제

07 다음에서 설명하는 것은 무엇인가?

> 가상 현실의 여러 분야 중에서 파생된 기술이며, 현실 세계와 가상의 체험을 결합하는 기술을 의미한다. 즉, 실제 환경에 가상 사물을 합성하여 원래의 환경에 존재하는 사물처럼 보이도록 하는 컴퓨터 그래픽 기법

08 통신 매체의 의미와 종류에 대해 서술하시오.

대단원 정리 문제

01 다음에서 설명하는 것은 무엇인가?

> 차량과 차량, 차량과 도로, 컨트롤 타워가 실시간으로 데이터를 주고받으며 능동적으로 대응함으로써 교통안전에서 효과적일 뿐 아니라 불의의 상황에서도 즉각적인 대처가 가능하도록 하였다.

① RFID ② GPS
③ AI ④ Wi-Fi
⑤ ITS

02 고속 대용량 통신망의 발달로 문자, 음성, 이미지, 영상 등의 정보를 통합하여 디지털 방식으로 전달하는 것을 무엇이라 하는가?

① 증강 현실 ② 소셜 미디어
③ 가상 현실 ④ 클라우드 컴퓨팅
⑤ 멀티미디어

03 다음은 정보 기술 시스템 중 어느 단계에서 이루어지는 내용인가?

> 정보를 생산하기 위해 자료, 자본, 인력, 소프트웨어 등을 활용한다.

① 과정 ② 평가
③ 되먹임 ④ 투입
⑤ 산출

04 데이터 전송 시스템에서 자료를 만들거나 보기 위한 기능과 자료를 보내거나 받기 위한 기능을 수행하는 기기를 무엇이라 하는가?

① 송신기 ② 단말기
③ 케이블 ④ 수신기
⑤ 전송 매체

05 초소형 전자 태그에 상품이나 사물의 정보를 저장하고 전파를 이용하여 태그 안의 정보를 인식하는 기술로, 유통 관리 분야뿐만 아니라 대중교통 요금 징수, 동물 추적 장치 등에 활용되는 기술은?

① ITS ② GPS
③ RFID ④ NFC
⑤ AI

06 정보 통신 시스템에서 다음과 같은 기능을 하는 것은?

> • 통신 상태 검사
> • 전송 속도와 처리 속도의 변환 담당
> • 전송 과정에서의 오류 검출

① 단말 장치 ② 통신 제어 장치
③ 정보 처리 장치 ④ 신호 변환 장치
⑤ 중앙 처리 장치

07 다음 중 전송 매체의 종류가 아닌 것은?

① 노트북 ② 와이파이
③ 유선 케이블 ④ 블루투스
⑤ LTE

08 아날로그 신호를 통신 회선으로 전송할 수 있는 디지털 신호로 바꾸는 신호 변환 장치에 해당하는 것은?

① 광 케이블 ② LTE
③ 동축 케이블 ④ 블루투스
⑤ 모뎀

09 다음 중 컴퓨터의 입력 장치에 해당하는 것은?

① 영상 표시 장치 ② 프린터
③ 마우스 ④ 스피커
⑤ 플로터

10 정보 통신 기술의 특성 중 다음에서 설명하는 것은?

> 의사소통을 위한 서로 간의 약속이 정해져 있음

① 정보의 용이성 ② 정보의 융합성
③ 정보의 변화성 ④ 정보의 규약성
⑤ 정보의 정확성

11 휴대 전화, 인터넷과 같이 두 개의 통신 회선을 사용하여 접속된 두 장치 사이에서 동시에 양방향으로 데이터를 전송하는 통신 방식은 무엇인가?

① 단방향 통신 ② 유선 통신
③ 전이중 통신 ④ 무선 통신
⑤ 반이중 통신

12 주파수 범위가 넓어 장거리 통신망이나 케이블 텔레비전 등에 사용되는 유선 전송 매체는 무엇인가?

① UTP 케이블 ② 적외선
③ 마이크로파 ④ 동축 케이블
⑤ 광 케이블

13 다음에서 설명하는 것은 무엇인가?

> • 인간처럼 학습, 분석, 판단하는 능력을 갖춘 컴퓨터
> • 알파고와 이세돌 9단의 바둑 대결

① 네트워크 서비스 ② 빅데이터
③ 인공 지능 ④ 소셜 네트워크 서비스
⑤ 사물 인터넷

14 다음에서 설명하는 통신 매체는?

> • 모든 정보(문자, 그림, 영상 등)를 숫자, 문자의 디지털 형태로 전송
> • 디지털 파일 형태로 전송을 공유하며, e-mail 전송 시 적용

① 멀티미디어 통신 매체 ② 음성 통신 매체
③ 이미지 통신 매체 ④ 데이터 통신 매체
⑤ 영상 통신 매체

15 전기 통신 이전의 시대의 내용으로 맞지 않는 것은?

① 독일의 구텐베르크는 금속 활자를 이용하여 인쇄하였다.
② 이집트에서는 그림으로 표현한 상형 문자를 사용하였다.
③ 소리나 몸짓을 사용하여 통신을 하였다.
④ 메소포타미아를 중심으로 설형 문자를 고대 오리엔트에서 사용하였다.
⑤ 진공관을 이용한 최초의 컴퓨터 에니악을 발명하였다.

16 다음과 같은 것을 발명한 사람은 누구인가?

> • 글자를 단음과 장음으로 표현하는 간단한 부호이다.
> • 전신 부호이며, 발신 전류로 선과 점의 조합을 통해 알파벳을 표현한다.

① 마르코니 ② 벨
③ 모스 ④ 에커트와 모클리
⑤ 마틴 쿠퍼

17 우리나라 국보 제32호로, 목판에 글을 새기고 먹을 칠해 종이에 인쇄를 하였으며, 유네스코 세계 문화유산으로 등재되어 있는 것은?

① 팔만대장경
② 상정고금예문
③ 훈민정음
④ 무구정광대다라니경
⑤ 직지심체요절

18 우리나라 전기 통신 발전에 대한 내용으로 맞지 않는 것은?

① 최초의 전신기는 한성과 제물포 사이에 전신을 개통하여 사용하였다.
② 최초의 전화기는 궁중에서 자석식 교환기로 전화 통화가 이루어졌다.
③ 최초의 인터넷은 1982년에 시작되었다.
④ 최초의 컬러 텔레비전은 방송은 1961년에 시작되었다.
⑤ 최초의 라디오 방송은 1924년 종로에 위치한 우미관이라는 영화관에서 스피커를 통해 시작되었다.

19 다음과 같이 사용되는 정보 통신 기술은 무엇인가?

수거 용기에 전자 태그를 부착한 뒤, 배출원별 정보를 수집하여 수거 요금을 정확히 부과하는 시스템

① RFID
② ITS
③ GPS
④ 와이파이
⑤ 블루투스

20 다음과 같이 활용되는 통신 기술은 무엇인가?

이 기술이 스마트폰과 결합하면서 대중교통 요금, 티켓 요금, 슈퍼마켓이나 일반 상점 등에서의 요금 지불뿐만 아니라 여행 정보 전송이나 출입 통제 잠금 장치 등 일상생활의 여러 서비스에 사용할 수 있어 적용 범위가 광범위하다는 것 역시 장점이다.

① GPS
② 와이파이
③ ITS
④ AI
⑤ NFC

21 시계, 안경, 신발, 옷 등과 같이 사람의 몸에 착용할 수 있는 형태로, 사용자가 신체의 일부처럼 항상 작용하여 사용할 수 있는 것은?

① 증강 현실
② 유비쿼터스
③ 웨어러블 기기
④ 인식 기술
⑤ 가상 현실

22 사용자가 현실 세계를 그대로 경험하는 가운데 컴퓨터가 나타내는 가상의 사물을 융합하여 현실 세계에서 얻기 어려운 정보를 보충해 보여 주는 기술은?

① 홀로그램
② 증강 현실
③ 감정 인식 기술
④ 인식 기술
⑤ 가상 현실

주관식 문제

23 다음에서 설명하는 것은 무엇인가?

무선 접속 장치(AP; Access Point)가 설치된 곳에서 전파나 적외선 전송 방식을 이용하여 일정 거리 안에서 무선 인터넷을 할 수 있는 근거리 통신망

24 다음에서 설명하는 것은 무엇인가?

10m 정도의 거리까지 통신 가능한 기술. 휴대폰과 휴대폰, 휴대폰과 PC 간에 사진이나 음악 등의 파일을 전송하는 데 주로 사용되며, 페어링 단계를 거쳐야 통신이 가능하다.

25 다음에서 설명하는 것은 무엇인가?

자신만의 온라인 사이트를 구축하여 콘텐츠 서비스를 만들고, 친구들과의 연결을 통해 서비스와 커뮤니케이션을 공유하는 것

26 다음에서 설명하는 것은 무엇인가?

컴퓨터, 스마트폰 등을 사용하여 실제가 아닌 특정한 환경이나 상황을 실제 존재하는 것처럼 만들어 주는 것

27 사물 인터넷(IoT)을 설명하고, 활용 사례를 2가지만 서술하시오.

수행 활동지 1 학교 폭력은 이제 그만! 동영상 콘텐츠 만들기

단원	V. 정보 통신 기술 시스템 03. 다양한 통신 매체의 이해와 활용
활동 목표	다양한 통신 매체의 특징을 이해하고, 통신 매체를 활용하여 직접 콘텐츠를 제작할 수 있다.

학교 폭력 관련 주제에 맞는 동영상 콘텐츠를 만들기 위해 창의적으로 스토리보드를 작성해 보자.

통신 매체의 발달로 인하여 누구나 다양한 매체와 자료를 활용하여 자신의 관심 분야에서 활동하는 사람들이 많다. 특히 청소년들은 다양하고 사실적인 동영상을 만들어 학교 폭력의 심각성을 알리고 있다. 또한, 한 대학생이 국내 과자류의 과대 포장을 고발하는 다큐멘터리 동영상을 만들어 많은 사람들의 공감을 얻기도 하였다. 〈과자 과대 포장 고발 영상〉이란 제목의 6분짜리 영상은 조회 수 약 27만 7천 건을 기록했고, 각종 SNS를 통해 퍼진 그의 영상은 많은 언론에서 기사화되기도 하였다.

1 동영상 콘텐츠 제작 과정

① 동영상 콘텐츠 제작에 대한 전반적인 과정에 대해 알아본다.
② 사진 콘텐츠 제작을 위한 기획을 한다.
③ 스토리보드를 작성한다.
④ 스토리보드에 맞게 사진을 촬영한다.
⑤ 사진을 컴퓨터에 옮긴다.
⑥ 편집 프로그램을 활용하여 사진을 꾸미고, 영상을 만든다.
⑦ 친구들에게 작품을 소개하고, 다른 친구의 작품을 평가한다.
⑨ 마지막으로 점검을 하고 인터넷에 올린다.

2 학교 폭력과 관련된 주제로 동영상 콘텐츠 만들기

1) 기획서 작성하기

① 기획: 기획은 '어떤 영상을 만들 것인가?'에 대한 계획을 세우는 단계이며, 기획 단계에서는 '기획 배경'과 '기획 내용'이 필요하다.
② 주제 설정: 전체 줄거리와 등장 인물을 고려하여 주제를 작성한다.
③ 대상 및 목적 설정: 누구에게 어떤 메시지를 전달할 것인지를 명확하게 설정한 후 영상을 제작하는 것이 좋다.

항목	내용
주제	
대상	
제작 이유	
어떤 내용으로?	
어떤 방법으로?	

2) 스토리보드 작성하기

스토리보드란 제작하고자 하는 영상을 정확히 제시하기 위해 만화처럼 그림으로 영상 장면을 정리한 것을 말한다.

스토리보드 작성 시 유의 사항

- 영상의 제목 및 신(scene) 별로 시간대를 확인 후 작성한다.
- 사운드, 의상, 소품은 신 별로 필요한 요소들을 확인하여 기록한다.
- 시나리오의 기획 및 연출 의도가 충분히 반영되었는지 점검한다.
- 각각의 컷과 신 사이의 연결이 자연스러운지 확인한다.

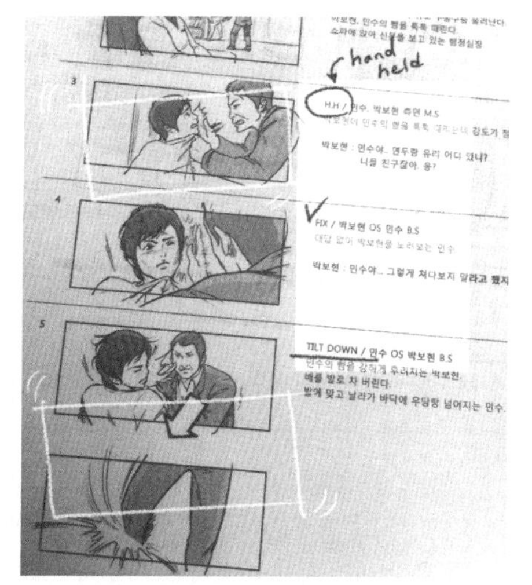

▲ 스토리보드 작성 예

위의 예를 참고하여 학교 폭력을 주제로 스토리보드를 작성해 보자.

수행 활동지 ② 정보 통신 기술 매체의 안전에 대한 픽토그램 만들기

단원	V. 정보 통신 기술 시스템 03. 다양한 통신 매체의 이해와 활용
활동 목표	다양한 통신 매체의 특징을 이해하고, 통신 매체를 활용하여 직접 콘텐츠를 제작할 수 있다.

정보 통신 기술 매체에 대한 안전 픽토그램을 만들어 보자.

정보 통신 기술의 발달로 형성된 사이버 공간은 국경, 인종, 언어를 초월하여 다양한 사람들이 모여 정보를 교환하고 의사소통을 하는 공간으로 정보 통신 매체를 사용하면 사이버 범죄나 유해 사이트에 노출되기 쉽고, 인터넷 중독이나 모방 범죄 등에 빠질 우려가 있다. 그러므로 미디어 및 이동 통신 기기를 올바르게 활용하고 사이버 윤리를 지키는 것이 매우 중요하며 올바른 윤리적 판단이 필요하다.

제목(주제)	정보 통신 매체에 대한 안전 픽토그램
픽토그램 표현	
설명	이미지에 대한 설명 및 전달하고자 하는 메시지
느낀 점	픽토그램 적용을 통해 정보 통신 매체 사용에서 발생하는 문제에 대해 예방하고 실천할 수 있는 방법 제시 및 활동 후 느낀 점

※ **픽토그램(pictogram)**: 사물, 시설, 행태, 개념 등을 사람들이 쉽게 알아볼 수 있도록 상징적인 그림으로 나타낸 일종의 그림 문자

수행 활동지 ③ 증강 현실 기술의 긍정적 · 부정적 영향에 대해 토론하기

단원	V. 정보 통신 기술 시스템 04. 정보 통신 기술 문제, 창의적으로 해결하기
활동 목표	정보 통신 기술과 관련된 문제를 이해하고, 토론을 통해 문제점을 해결할 수 있다.

● 증강 현실 기술 등 다양한 정보 통신 매체 이용에 대해 모둠을 구성하여 토론해 보자.

2016년 6월 강원도 속초에서 시작하여 전국적으로 인기를 모았던 포켓○○ 게임, 자동차 자율 주행, 2018년 평창 올림픽 개회식 등에서 증강 현실 기술은 많은 사람들로부터 관심과 찬사를 받았다. 하지만 기술은 동전의 양면처럼 스마트폰이나 증강 현실 기기를 사용하다가 예기치 못한 사고를 당하고, 범죄의 표적이 될 수 있다는 부정적인 측면이 있다. 그러므로 일부에서는 증강 현실 기기를 특수 분야, 교육 분야, 게임 분야, 농기계 안전사고 대비 등에만 적용하자는 주장도 있다.

① 증강 현실 기술 등 다양한 정보 통신 매체 이용의 긍정적인 영향과 부정적인 영향을 조사해 보자.

긍정적인 영향	부정적인 영향

② 위의 조사 내용을 바탕으로 토론 활동지를 작성해 보자.

모둠 이름		모둠원 이름	
수행 과제			
증강 현실을 한마디로 표현하기			
내가 알고 있는 증강 현실이란?			

증강 현실의 긍정적인 영향	증강 현실의 부정적인 영향

증강 현실이 현실보다 좋은 점	증강 현실이 현실보다 나쁜 점

MEMO

Ⅵ

생명 기술과 지속 가능한 발전

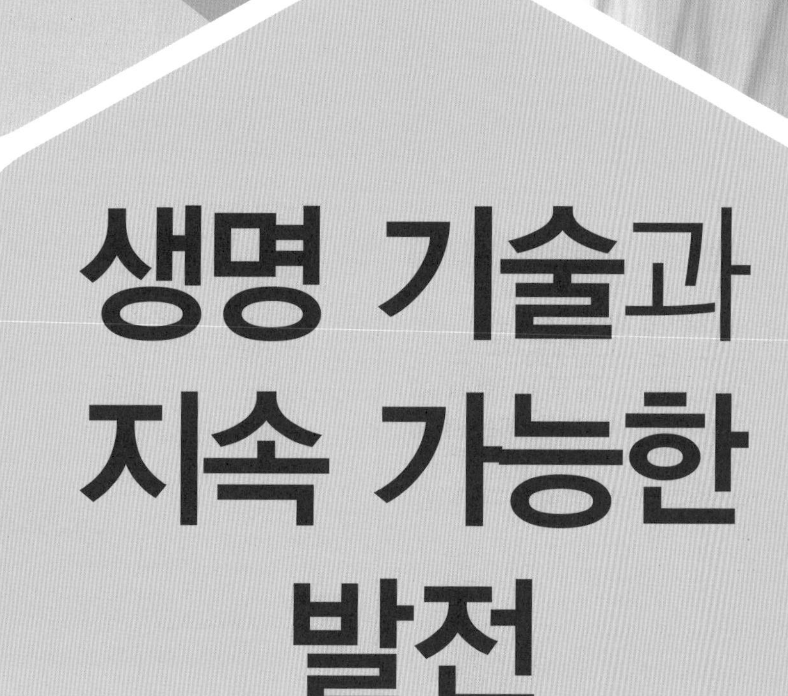

01 생명 기술 시스템과 활용, 그리고 발달 전망

① 생명 기술 시스템이란 무엇일까

1 생명 기술

생명체가 가진 구성 성분이나 생명체가 가지고 있는 다양한 특성·기능을 이용하여 인간에게 유용한 제품을 만들어 내는 기술을 말한다.

2 생명 기술 시스템

새로운 생명체를 개발하거나 변화시키기 위해 활용되는 일련의 과정을 생명 기술 시스템이라고 하며, '투입 → 과정 → 산출'의 단계로 이루어진다.

단계	내용
투입	인적 자원과 물적 자원, 생물학적 이론과 법칙 등
과정	유전자를 조작하거나 세포를 융합하는 등 새로운 생명체를 만들거나 기존의 생명체의 기능을 변화시키는 활동
산출	포마토(새로운 생명체), 병충해에 잘 견디는 작물(변화된 생명체), 바이오 에너지(생명체의 기능을 활용한 제품)와 같은 기술적 결과물 완성
되먹임	• 결과물에 대한 분석과 평가를 통해 각 단계의 활동에 반영되어 수정하거나 반영 • 다른 분야와는 달리 윤리적인 문제에 대한 면밀한 검토 및 평가 후 되먹임 과정 필요

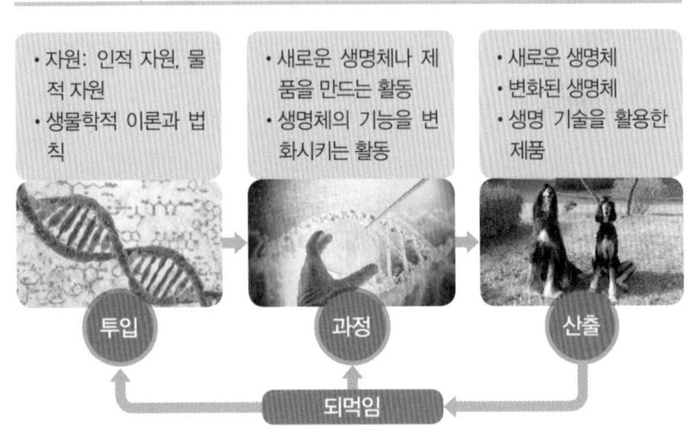

▲ 생명 기술 시스템

TIP 바이오 산업

유전자의 재조합이나 세포 융합, 핵 이식 등의 생명 공학을 이용하여 새로운 생물종을 개발하는 산업

② 생명 기술은 어떻게 활용되고 있을까

1 농·축·수산업 및 식품 분야

❶ 식량 고갈 문제 해결
❷ 품종을 개량함으로써 작물, 가축, 수산물의 품질과 생산량 향상
❸ 생명체의 우수한 기능을 활용하여 각종 기능성 식품을 개발
❹ 활용의 예
- 무르지 않는 토마토: 병충해, 냉해 등 환경 저항에 강하여 수확량 증대
- DHA 기능성 식품: 등푸른 생선의 DHA를 활용하여 건강에 좋은 식품 생산
- 형질 전환 소: 우수한 형질을 물려받은 복제소를 통해 고품질의 육류 섭취 가능
- 식물 공장: 자연환경을 인공적으로 조절하여 기후 변화에 상관없이 고품질의 작물을 대량으로 재배·수확 가능
- 빌딩 양식장: 바다나 강이 아닌 육지의 건물 안에서 대규모 수산물 양식

2 의료 분야

❶ 건강하게 오래 살고자 하는 인류의 꿈 실현
❷ 개인의 유전적 특성을 고려한 맞춤 의약 개발
❸ 줄기세포를 이용하여 손상된 신체 조직을 재생
❹ 유전자 재조합 기술의 발달로 의약품 대량 생산 가능
❺ 활용의 예
- 바이오 장기: 각종 질환이나 사고로 손상된 장기를 복원, 재생, 대체하기 위해 생명 기술을 이용하여 개발한 대체 장기
- 유전자 가위: 유전자 가위로 특정 염기 서열을 선택적으로 절단함으로써 유전자를 교정하는 데 사용되는 기술
- 바이오칩(biochip): 사람의 유전 정보 전체를 알아낼 수 있어 질병의 조기 진단과 예방 활용

3 환경 분야

❶ 생명체의 다양한 기능을 활용하여 오염 물질을 흡수·분해하여 환경 정화
❷ 식물·미생물을 이용하여 쉽게 분해되는 생분해성 소

재 개발로 폐기물 문제 해결

③ 유전자 조작 기술을 통해 폐기물을 분해하고 오염된 수질이나 토양을 정화하는 새로운 생명체 개발

④ **활용의 예**

- 생분해성 플라스틱: 일반 플라스틱과 달리 자연 분해되는 차세대 친환경 소재
- EM(Effective Microorganisms): 유용한 복합 미생물로, 오염된 하천이나 강물 정화, 가정에서도 세제 및 식물 정화 등에 적용 가능

4 에너지 분야

① **바이오 에너지**: 식물이나 가축의 분뇨, 음식물 쓰레기 등에서 발생되는 미생물을 에너지원으로 이용하여 에너지 추출

② **바이오 에너지의 장점**

- 에너지원이 고갈될 염려가 없음
- 생물체를 활용하기 때문에 비용 절감 효과 증대
- 에너지를 생산하고 이용하는 과정에서 환경오염이 적음
- 화석 연료 대체 가능

▲ 바이오 에너지의 생산과 이용

3 생명 기술의 미래, 어떻게 발전할까

1 농 · 축 · 수산업 및 식품 분야

① 농어촌 지역이 아닌 곳에서도 작물이 재배되고 축·수산업 확대

② 유전자 조작 식품의 안전성이 확보되어 소비자 불안 해소

③ **합성 생물학 기술**: 새로운 기능을 가진 생명체를 인공적으로 합성하는 분야의 기술 발달로 새롭고 다양한 안전한 먹거리 증가

> **TIP 유전자 조작 식품(GMO, Genetically Modified Organism)**
> 유전자 재조합 기술을 통해 생산된 농작물을 원료로 만든 식품

2 의료 분야

① 정확한 유전 정보를 바탕으로 맞춤형 유전자 치료 보편화

② 뇌의 일부분이 인공 뇌로 대체되면서 기억 · 전송 및 공유 활발

③ 화학 · 고분자 공학과 제조 기술의 융합을 통한 인공 장기의 생산 가속화

④ 3D 프린팅을 통한 바이오 장기의 생산, 신체 장기의 복제 및 치료 가능

⑤ 정보 통신 기술, 생체 모방 기술, 나노 기술 등의 융합 제품을 통해 장애 극복

⑥ 컬러, 향기, 그림, 소리 등 다양한 예술 분야와 융합한 치료 영역 확대 및 다양화

⑦ 로봇의 활용이 보편화되면서, 진단, 치료, 수술 등에 활용되어 많은 질병 치료 가능

⑧ 개인의 유전 정보를 완벽하게 분석하는 기술을 통해 유전적 결함의 정확한 발견 가능

⑨ 실시간 진단이 가능한 바이오마커, 증강 현실, 가상 현실, 3D 디스플레이 등 첨단 장치의 보급을 통해 원격 진료 시대 도래

> **TIP 생명 기술 관련 용어**
> - **바이오마커(bio-marker)**: DNA, 대사 물질 등을 이용해 몸 안의 변화를 알아낼 수 있는 지표로서, 난치병을 진단하기 위해 효과적으로 활용된다.
> - **게놈(genome)**: 유전자(gene)와 염색체(chromosome)에서 유래한 말로, 한 생물이 가지는 모든 유전 정보인 유전체를 말한다. 게놈 분석으로 질병의 정확한 초기 진단과 개인별 맞춤 치료가 가능해진다.

3 환경 및 에너지 분야

① 생명 기술을 활용한 환경 정화 기법 발달

② 다양한 기술이 융합되면서 환경 문제가 해결되어 깨끗한 환경 유지 가능

③ 자원 고갈에 대비하여 개발된 청정에너지 보급으로서 에너지 부족에 대한 불안 감소

④ 친환경 바이오 소재 활용으로 폐기물 자연 분해를 통한 쓰레기 문제 해결

중단원 핵심 문제

01 다음 중 생명 기술 시스템의 투입 단계에 해당하는 것은?

① 제품을 만드는 활동
② 평가 후 수정과 보완
③ 생물학적 이론과 법칙
④ 생명체의 기능을 변화시키는 활동
⑤ 생명 기술을 활용한 제품 개발 완성

02 다음 설명에 해당하는 것은?

- 인간 유전자 지도
- 질병의 초기 진단이 가능
- 유전자(gene)와 염색체(chromosome)에서 유래
- 한 생물이 가지는 모든 유전 정보 유전체

① 게놈 ② 효모
③ DNA ④ 바이러스
⑤ 페니실린

03 다음 중 의료 분야에 활용되고 있는 생명 기술은?

① 빌딩 양식장
② 유전자 가위
③ 유전자 조작 식품
④ 생분해성 플라스틱
⑤ 미생물 활용을 통한 에너지 생산

04 다음에 해당하는 환경 분야의 생물 기술은?

- 유용한 복합 미생물
- 오염된 하천이나 강물 정화
- 가정에서도 세제 및 식물 정화 등에 적용 가능

① EM ② 바이오칩
③ 식물 공장 ④ 바이오 장기
⑤ 생분해성 플라스틱

05 바이오 에너지에 대한 설명으로 옳지 않은 것은?

① 화석 연료 대체 가능
② 에너지원이 고갈될 염려가 없음
③ 생물체를 활용하기 때문에 비용 절감 효과 증대
④ 석탄이나 석유 등의 화석 에너지에서 원료를 얻음
⑤ 에너지를 생산하고 이용하는 과정에서 환경오염이 적음

06 미래의 생명 기술 발달에 대한 설명으로 틀린 것은?

① 정확한 유전 정보를 바탕으로 맞춤형 유전자 치료가 보편화될 것이다.
② 새롭고 다양한 식량 생산 방법이 발달하면서 식량문제가 해결될 것이다.
③ 유전자 조작 식품(GMO)의 안전성이 확보되어 소비자의 불안이 해소될 것이다.
④ 자원 고갈이 심하여 청정에너지의 보급이 줄어들면서 에너지 부족 현상이 심해질 것이다.
⑤ 3D 프린팅을 통한 바이오 장기의 생산, 신체 장기의 복제 등을 통해 치료의 새로운 길이 열릴 것이다.

07 식량 문제를 해결한 생명 기술을 모두 고른 것은?

㉠ 품종을 개량하여 작물, 가축, 수산물의 생산량을 증가시켰다.
㉡ 생명체의 우수한 기능을 활용하여 각종 기능성 식품을 개발하였다.
㉢ 식물 공장이나 오션 빌딩이 보편화되면서 식량 증산에 기여하였다.
㉣ GMO 식품의 증가를 통해 소비자의 불안이 증가되어 사용을 꺼리게 되었다.

① ㉠, ㉢ ② ㉡, ㉣
③ ㉠, ㉡, ㉢ ④ ㉡, ㉢, ㉣
⑤ ㉠, ㉡, ㉢, ㉣

08 다음에 해당하는 의료 분야 기술은?

- DNA, 대사 물질 등 이용
- 몸 안의 변화를 알아낼 수 있는 지표
- 난치병을 진단하기 위해 효과적으로 활용 가능

① 로봇 치료 ② 바이오 칩
③ 바이오마커 ④ 3D 장기 생산
⑤ 유전자 재조합

09 다음 중 합성 생물학 기술과 관련 있는 것만을 〈보기〉에서 있는 대로 고른 것은?

〈 보기 〉
㉠ 로봇 치료 ㉡ 인공 고기 ㉢ 3D 인공 장기
㉣ 바이오마커 ㉤ 바이오 에너지

① ㉠ ② ㉡
③ ㉡, ㉢ ④ ㉢, ㉤
⑤ ㉣, ㉤

주관식 문제

10 다음의 (　　　) 안에 알맞은 말은?

생명체가 가진 구성 성분이나 생명체가 가지고 있는 다양한 특성이나 기능을 이용하여 생명체의 기능을 변화시키거나 인간에게 유용한 제품 또는 생명체를 만들어 내는 것을 (　　　)이라고 한다.

11 싱싱하고 맛있는 토마토를 생산하는 과정을 생명 기술 시스템에 따라 설명하시오.

12 다음 글은 읽고, 농지 부족 문제를 해결하기 위한 대안 시설 조성에 대해 한 가지만 서술하시오.

- 우리의 농토가 급속도로 사라지고 있다. 그린벨트를 설정하여 삼림 녹지가 훼손되지 못하게 지켰던 것처럼 농토에도 일종의 그린벨트를 설치해서 농토를 더는 잃지 않도록 하는 정책이 수립되어야 할 것이다.
- 곧 식량 부족 사태가 우리에게 닥칠지도 모른다. 먹거리를 생산해내는 농토는 불안한 현대인의 삶에 안정감을 가져다주는 매우 중요한 요소이다. 농토가 줄어든다는 것은 곧 국내에서 생산하는 식량이 부족해지고 식량의 수입이 여의치 않을 경우 식비가 폭등하게 되어 우리 삶에 큰 위협이 될 수 있다.

13 생명 기술의 의료 분야와 관련하여 미래 첨단 기술을 활용할 수 있는 사례를 세 가지 이상 서술하시오.

02 생명 기술의 특징과 영향

1 생명 기술의 특징을 알아볼까

1 생명 기술의 특징

- 부가가치가 높다.
- 친환경 기술이다.
- 활용 범위가 넓다.
- 기초 과학에 의존한다.
- 오랜 연구 기간이 필요하다.
- 연구 결과가 산업화로 직결된다.
- 다른 학문과 기술이 융합되어 있다.
- 살아 있는 생명체를 대상으로 한다.
- 이익이 돌아오는 기간이 오래 걸린다.

2 생명 기술의 종류

❶ 조직 배양 기술
- 생장점 분리 → 조직 배양(인공 배지) → 새로운 개체 육성
- 채소류, 화초류의 모종 생산이나 품종 육성에 이용(씨감자, 마늘 등)
- 천연 색소의 생산, 작물 세포로 작물 개체 획득

❷ 유전자 재조합 기술
- 한 생물의 유전자(DNA) 일부 분리 → 다른 세포의 유전자 조직에 삽입
- 인터페론, 인슐린 등의 의약품 생산
- 병충해에 강하거나 특정 영양 성분 포함 작물 생산

❸ 핵이식 기술
- 세포의 핵 제거 → 우수 성질의 핵 이식, 복제
- 우량 가축 및 반려 동물의 복제 가능

❹ 세포 융합 기술
- 세포막 제거(서로 다른 형질) → 세포 융합
- 양쪽 형질, 형태 등을 포함한 토감(토마토+감자), 무추(무+배추) 등 생산

2 생명 기술이 개인과 사회에 어떤 영향을 미칠까

1 개인에 미치는 긍정적 영향

❶ 다양한 질병의 치료 및 예방과 장애 극복으로 인간의 수명 연장

❷ 우수한 품질의 다양한 품종 개발로 풍요로운 먹거리

❸ 청정에너지의 개발과 환경 정화 기법의 발달로 안전하고 깨끗한 삶 보장

2 사회에 미치는 긍정적 영향

❶ 다양한 분야에 걸친 고부가 가치 산업과 일자리 창출로 국가 성장 동력으로 인식되면서 사회 발전에 이바지

❷ 식량, 에너지, 환경 등 다양한 문제를 해결함으로써 사회적 불안 감소

3 생명 기술의 부정적 영향

구분	내용
환경 안전 문제	• 유전자 조작 생물체의 자연 생태계 균형 및 다양성 파괴 • 유전자 조작 과정의 사고로 인한 질병 확산 가능성
식품 안전성과 건강 문제	• 유전자 조작 식품의 안전성과 영양 가치에 대한 논란
사회 · 경제적인 문제	• 소수 국가의 생명 공학 기술의 독점 • 국가 간 유전자 자원 확보 분쟁
윤리 · 도덕적인 문제	• 유전 정보에 활용 치료법으로 개인 유전 정보 유출 불안 • 새로운 기술의 등장으로 생명 경시 풍조, 인간 존엄성 문제, 복제 인간의 인권 문제 등 생명 윤리와 관련된 문제 발생

▲ 생산품으로 전락한 생명의 가치 문제

▲ 생명의 존엄성 훼손

▲ 유전자 조작으로 인한 상대적 차별

4 생명 윤리를 바라보는 우리의 자세

❶ 인간 및 생명의 존엄성에 대한 가치 인식 갖기

❷ 다른 사람을 생각하는 바람직한 윤리 의식 갖기

❸ 생명 윤리에 대한 법과 같은 정부 규제 인식 갖추기

❹ 경제적 이익에만 치중한 무분별한 연구 진행 자제하기

❺ 사회에 미치는 영향에 대하여 책임감 있는 윤리 의식 갖기

❻ 생명 윤리 문제를 합리적으로 해결할 수 있는 능력 기르기

중단원 핵심 문제

01 다음 중 생명 기술의 특징을 잘못 설명한 것은?

① 친환경 기술이다.
② 부가 가치가 높다.
③ 활용 범위가 좁다
④ 다른 학문과 기술이 융합되어 있다.
⑤ 살아 있는 생명체를 대상으로 한다.

02 다음 설명에 해당하는 생명 기술은?

- 유전자를 인위적으로 조작하는 기술
- 특정 유전자 추출 후 다른 유전자에 주입
- 증식 후 새로운 유전자 생산

① 발효 ② 핵치환 기술
③ 세포 융합 기술 ④ 조직 배양 기술
⑤ 유전자 재조합 기술

03 생명 기술이 개인과 사회에 미치는 영향을 잘못 설명한 것은?

① 다수확 품종 개발
② 신체적 장애 극복
③ 청정에너지의 개발 불가능
④ 다양한 질병의 치료 및 예방
⑤ 우수한 품질의 다양한 품종 개발

04 생명 윤리 문제를 바라보는 인간의 올바른 자세가 아닌 것은?

① 생명 윤리에 대한 법과 같은 정부 규제가 있어야 한다.
② 인간 및 생명의 존엄성에 대한 가치를 인식해야 한다.
③ 다른 사람을 생각하는 바람직한 윤리 의식을 가져야 한다.
④ 경제적 이익에 치중하여 무분별한 연구가 진행되어야 한다.
⑤ 사회에 미치는 영향에 대하여 책임감 있는 윤리 의식을 가져야 한다.

주관식 문제

※ [05~08] 다음 〈보기〉는 생명 기술의 종류이다. 〈보기〉에서 문제의 답을 찾아 쓰시오.

〈 보기 〉

㉠ 조직 배양 기술 ㉡ 세포 융합 기술
㉢ 핵이식 기술 ㉣ 수정란 이식 기술
㉤ 유전자 재조합 기술

05 조직의 일부나 세포를 분리하여 인공적인 환경에서 적당한 양분을 공급하면서 증식시키는 기술 ( )

06 줄기세포를 추출하여 우량 가축이나 복제 동물을 생산할 때 가장 많이 이용되는 기술 ( )

07 '토감(토마토+감자)'이나 '무추(무+배추)' 등을 생산하는 기술 ( )

08 병충해에 강하거나 특정 영양 성분이 포함된 작물을 생산하는 기술 ( )

09 생명 기술의 특징을 3가지 이상 서술하시오.

03 적정 기술과 지속 가능한 발전

① 적정 기술이란 무엇일까

1 적정 기술

❶ **적정 기술의 의미:** 인간과 자연이 함께 조화를 이루며 인류 전체가 함께 행복해지기 위한 발전에 관심을 가지고 노력하고, 인간이 살고 있는 지역의 환경이나 경제, 사회 여건에 맞게 만들어 낸 기술

❷ **적정 기술의 목적**
- 기술에 의한 최소한의 혜택조차 받지 못하는 곳을 지원한다.
- 선진국에서 개발된 첨단 기술이 개발도상국이나 낙후된 지역에서 오히려 해를 끼치지 않도록 문제를 해결한다.

2 적정 기술의 요건

❶ **지역성:** 지역에 대한 관심과 이해를 먼저 고려하는 것이 중요하다.

❷ **경제성:** 해당 지역의 사용자가 재료를 쉽게 구하고 가격이 저렴하여야 한다.

❸ **기술 접근성:** 누구나 쉽게 배워서 쓸 수 있어야 한다.

❹ **지속 가능성:** 지속적으로 만들어 사용할 수 있어야 한다.

3 적정 기술 활용의 예

라이프 스트로	휴대가 가능한 개인용 정수기로, 수질이 나쁜 물을 바로 정화하여 마실 수 있음
대나무 페달 펌프	주변에서 구하기 쉬운 재료로 만들어져 물을 쉽게 끌어올릴 수 있음
XO-1 컴퓨터	저렴하게 제작되어 대규모로 보급하는 컴퓨터로, 정보화 교육의 기회를 제공
사운드 스프레이	소리로 모기를 쫓는 자체 충전식 모기 퇴치제로, 말라리아 퇴치에 기여

하나 더 알기 적정 기술의 유래

1960년대 경제학자 슈마허(E. F. Schumacher, 1911~1977)가 만들어 낸 '중간 기술(intermediate technology)'에서 유래하였으며, 기술 사용 과정에서 인간이 소외되지 않고 노동을 통해 기쁨과 보람을 느낄 수 있는 '인간의 얼굴을 한 기술'로 불리기도 한다.

② 지속 가능한 발전이란 무엇일까

1 지속 가능한 발전의 의미

❶ 현재 세대와 미래 세대가 함께 필요를 충족시키면서 삶의 질을 높일 수 있게 발전하는 것

❷ 환경 보호와 경제 발전뿐만 아니라 사회의 안정과 통합이 균형을 이루는 발전

▲ 지속 가능한 발전의 의미

2 지속 가능한 발전을 위한 우리의 노력

유엔(UN)은 인류가 지속 가능한 발전을 위해 나아가야 할 우리의 노력 17가지를 제시하고 이를 2030년까지 달성하는 것으로 목표로 하고 있다.

중단원 핵심 문제

01 인간이 적정 기술에 관심을 갖게 된 이유는 무엇인지 〈보기〉에서 고른 것은?

〈보기〉
ㄱ 대도시의 발전을 위한 지원 필요
ㄴ 첨단 기술이 해를 끼치는 상황 발생
ㄷ 기술의 혜택을 받지 못하는 곳 지원 필요
ㄹ 인간과 자연의 조화 분리 필요

① ㄱ, ㄴ ② ㄱ, ㄷ
③ ㄴ, ㄷ ④ ㄴ, ㄹ
⑤ ㄷ, ㄹ

02 적정 기술의 요건에 해당하지 않는 것은?

① 재료의 가격이 비싸야 한다.
② 누구나 쉽게 배워서 쓸 수 있어야 한다.
③ 지속적으로 만들어 사용할 수 있어야 한다.
④ 지역에 대한 관심과 이해가 우선시 되어야 한다.
⑤ 해당 지역의 사용자가 재료를 쉽게 구할 수 있어야 한다.

03 다음 설명에 해당하는 적정 기술 제품은?

- 빨대 형태의 정수기
- 휴대가 가능한 개인 정수기
- 수질이 나쁜 물 바로 정화 가능

① 플레이 펌프 ② 라이프스트로
③ XO-1 컴퓨터 ④ 사운드 스프레이
⑤ 대나무 페달 펌프

04 지속 가능한 발전의 의미에 속하지 않는 것은?

① 환경 보호와 경제 발전
② 삶의 질을 높일 수 있는 발전
③ 사회의 안정과 통합이 균형을 이루는 발전
④ 에너지 소모가 필요하지 않은 기계의 발전
⑤ 현재 세대와 미래 세대가 함께 필요한 발전

05 지속 가능한 발전을 위하여 일상생활에서 실천해야 할 일로 옳은 것만을 〈보기〉에서 있는 대로 고른 것은?

〈보기〉
ㄱ 이면지 활용하기
ㄴ 냉장고 문 자주 열지 않기
ㄷ 양치는 흐르는 물 사용하기
ㄹ 형광등 보다 LED 전등 사용하기

① ㄱ ② ㄱ, ㄴ
③ ㄴ, ㄹ ④ ㄱ, ㄴ, ㄹ
⑤ ㄱ, ㄴ, ㄷ, ㄹ

06 다음 중 지속 가능한 발전에 대한 설명으로 옳지 않은 것은?

① 지속 가능한 발전은 사회 전반의 모든 것과 연관되어 있다.
② 적정 기술은 지속 가능한 발전을 위한 우리의 노력 중 하나이다.
③ 과거에서 현재까지 지속 가능한 발전은 동일한 개념으로 발전하고 있다.
④ 환경 보호와 경제 발전, 사회의 안정과 통합이 균형을 이루는 발전을 포함하고 있다.
⑤ 우리나라를 비롯한 세계 각국에서는 지속 가능한 발전을 위해 다양한 노력을 기울이고 있다.

07 UN이 정한 '지속 가능한 발전을 위한 우리의 노력 17가지'를 통해 알 수 있는 것으로 옳은 것은?

① 경제 성장, 환경 보호, 사회 정의를 균형 있게 고려해야 한다.
② 제3세계나 아프리카와 같은 빈곤한 국가들을 위해 발전하고 있다.
③ 지속 가능한 발전은 사회 문제 중 특정 분야만을 집중적으로 다룬다.
④ 지속 가능한 발전은 현재가 아닌 우리의 미래를 위한 발전 과제이다.
⑤ 세계 각국은 지속 가능한 발전을 UN에게 위임하였고 다양한 노력을 하고 있다.

주관식 문제

※ [08~09] 다음의 (   ) 안에 알맞은 말을 쓰시오.

08 지금 전 세계는 기술의 무한한 발전에만 집중하지 않고 인간과 자연이 함께 조화를 이루며 인류 전체가 함께 행복해지기 위한 발전에 관심을 가지고 노력하고 있다. 따라서 전 세계는 인간이 살고 있는 지역의 환경이나 경제, 사회 여건에 맞게 만들어 낸 기술에 주목하고 있는데, 이러한 기술을 (   )(이)라고 한다.

09 오늘날 인류는 인구의 급격한 증가, 지속적인 빈곤의 확대, 기후 변화에 따른 자연환경 파괴 등으로 인해 밝은 미래를 보장받지 못하고 있다. 그럼에도 불구하고 우리가 현재 누리고 있는 편리하고 윤택한 삶이 미래에도 지속적으로 발전되기를 꿈꾸고 있다. 이와 같이 현재 세대와 미래 세대가 함께 필요를 충족시키면서 삶의 질을 높일 수 있게 발전하는 것을 (   )한 발전이라고 한다.

10 다음 문제를 해결할 수 있는 방안을 생명 기술의 활용 분야와 관련해 서술하시오.

> 인류는 화석 연료 고갈로 인한 에너지 부족 문제와 에너지의 생산과 이용으로 발생되는 환경 오염 문제에 직면하고 있다.

11 적정 기술의 요건 4가지를 기술하시오.

12 다음 그림은 적정 기술을 활용한 사례 중 하나이다. (1) 이 제품의 이름을 쓰고, (2) 어디에 사용되는 것인지 간략히 설명하시오.

13 유엔(UN)에서 인류가 지속 가능한 발전을 위해 나아가야 할 우리의 노력 17가지를 제시하고 이를 2030년까지 달성하는 것으로 목표를 설정하였다. 그 중 3가지만 열거하시오.

14 지속 가능한 발전을 위하여 일상생활에서 실천해야 할 일을 3가지 이상 열거하시오.

대단원 정리 문제

01 다음 설명에 해당하는 기술의 영역은?

> 생명체가 가진 구성 성분이나, 생명체가 가지고 있는 다양한 특성이나 기능을 이용하여 인간에게 유용한 제품을 만들어 내는 기술

① 건설 기술
② 생명 기술
③ 수송 기술
④ 제조 기술
⑤ 정보 통신 기술

02 다음에 해당하는 생명 기술 시스템의 단계는?

> • 유전자를 조작하거나 세포를 융합하는 등 새로운 생명체 생산 활동
> • 기존의 생명체의 기능을 변화시키는 활동

① 과정
② 모방
③ 산출
④ 투입
⑤ 되먹임

03 유전자의 재조합이나 세포 융합, 핵 이식 등의 생명 공학을 이용하여 새로운 생물종을 개발하는 산업은?

① 로봇 산업
② 창조 산업
③ ICT 산업
④ 바이오 산업
⑤ 신 · 재생 산업

04 다음에 해당되는 생명 기술의 활용 분야는?

> • 건강하게 오래 살고자 하는 인류의 꿈 실현
> • 유전적 질병이나 장애 등의 진단 및 치료 가능

① 식품 분야
② 의료 분야
③ 환경 분야
④ 에너지 분야
⑤ 농 · 축 · 수산업 분야

05 다음 설명에 해당하는 생명 기술은?

> 특정 염기 서열을 선택적으로 절단하여 유전자를 교정하는 데 사용되는 기술

① 게놈
② 발효
③ 식물 공장
④ 바이오 칩
⑤ 유전자 가위

06 생명 기술의 이용 분야에 대한 설명이 잘못된 것은?

① 농업: 식물 공장 건설
② 환경: 생분해성 소재 개발
③ 에너지: 화석 에너지 개발
④ 식품: 각종 기능성 식품 개발
⑤ 의료: 손상된 신체 조직 재생

07 다음에 해당하는 에너지 종류는?

> • 생물체를 활용하기 때문에 비용 절감
> • 식물이나 가축의 분뇨, 음식물 쓰레기 등에서 발생되는 미생물을 에너지원으로 이용

① 융합 에너지
② 화석 에너지
③ 바이오 에너지
④ 원자력 에너지
⑤ 원자핵 에너지

08 미래 의료 분야에서의 생명 기술에 관한 설명으로 옳지 않은 것은?

① 맞춤 유전자 치료 보편화
② 인공 장기의 생산 가속화
③ 의료 로봇의 활용 보편화
④ 3D 프린팅을 통한 바이오 장기의 생산
⑤ 실시간 진단이 가능하여 원격 진료 시대 마감

09 미래 환경 및 에너지 분야에서의 생명 기술에 관한 설명으로 옳지 않은 것은?

① 생명 기술을 활용한 환경 정화 기법 발달
② 다양한 기술이 융합되면서 환경 문제 해결
③ 폐기물 자연 분해를 통한 쓰레기 문제 해결
④ 석탄이나 석유 등의 화석 에너지에서 원료를 얻음
⑤ 청정에너지 보급으로서 에너지 부족에 대한 불안 감소

10 생명 기술의 특징으로 옳은 것만을 〈보기〉에서 있는 대로 고른 것은?

〈 보기 〉
ㄱ 부가가치가 높다.
ㄴ 친환경 기술이다.
ㄷ 활용 범위가 좁다.
ㄹ 연구 기간이 짧다.
ㅁ 살아 있는 생명체를 대상으로 한다.

① ㄱ　② ㄱ, ㄷ
③ ㄴ, ㅁ　④ ㄱ, ㄴ, ㅁ
⑤ ㄴ, ㄷ, ㄹ, ㅁ

11 다음에 해당하는 기술은?

- 인간과 자연이 함께 조화를 이루며 인류 전체가 함께 행복해지기 위한 발전에 관심을 가지고 노력
- 인간이 살고 있는 지역의 환경이나 경제 · 사회 여건에 맞게 만들어 낸 기술

① 적용 기술　② 적정 기술
③ 현장 기술　④ 바이오 기술
⑤ 친환경 기술

12 다음 중 적정 기술이 갖추어야 할 요건에 해당하는 것만을 〈보기〉에서 있는 대로 고른 것은?

〈 보기 〉
ㄱ 지역성　ㄴ 경제성
ㄷ 기술 접근성　ㄹ 재료의 희귀성
ㅁ 지속 가능성

① ㄱ　② ㄱ, ㄷ
③ ㄴ, ㅁ　④ ㄱ, ㄴ, ㅁ
⑤ ㄱ, ㄴ, ㄷ, ㅁ

13 다음의 적정 기술 체험 활동에서 '평가하기' 과정에 해당하는 것은?

① 불편한 점을 찾아내고, 문제가 무엇인지 파악
② 자신만의 벌레 퇴치 방법을 제시하고 토론하기
③ 벌레를 퇴치할 수 있는 문제가 해결되었는지 확인
④ 집에서나 여행 시 벌레에 물려 불편했던 상황 생각
⑤ 재활용품으로 외형을 만들고, 벌레를 퇴치하는 부분 제작

주관식 문제

14 작물에 특정 영양 성분을 포함하도록 하는 생명 기술에 대해 간략하게 설명하시오.

15 생명 기술의 발달이 가져올 윤리 문제를 해결할 수 있는 인간의 자세를 2가지만 서술하시오.

MEMO

수행 활동지 1 미래 바이오 분야의 신문 만들기

단원	Ⅵ. 생명 기술과 지속 가능한 발전 01. 생명 기술 시스템과 활용, 그리고 발달 전망
활동 목표	생명 기술의 활용 분야를 이해하고, 생명 기술의 발달 전망을 예측할 수 있다.

우리가 BIO TIMES의 기자가 되어 신문의 한 면을 구성해 보자.

1 문제 이해하기

BIO TIMES는 과거의 종이 신문이 아닌 디지털 콘텐츠로 제공되고 있는 신문으로, 생명 기술과 관련한 다양한 기사와 재미있는 읽을거리, 생명 기술에 관련된 특화된 광고로 큰 인기를 누리고 있다.

2050년 12월 1일, 오늘은 BIO TIMES에 어떤 기사와 광고가 실려 있을까? 몇 가지 기사로 구성해도 좋고, 기사와 광고, 연재만화, 사설 등이 실려도 상관없다. 모둠원이 상의하여 미래의 BIO TIMES에 실릴 기사 내용을 상상해 보자.

[준비물]
- A2 용지 1~2매, 가위, 풀, 색연필이나 사인펜 등의 필기구
- 오려 붙일 잡지 및 신문지 또는 사진 등

2 해결책 탐색하기

① 모둠을 구성하고 모둠원의 역할을 정한다.
② 기사, 광고, 연재만화, 사설 등 신문에 어떤 형식들을 실을 것인지 토의한다.
③ 각 형식에 농·축·수산업, 식품, 의료, 환경, 에너지 등의 바이오 산업 중 어떤 영역을 다룰 것인지 토의한다.

신문 형식		
신문 형식별 주제	형식	주제
	기사 1	
	기사 2	
	사설	
	취업	

❸ 아이디어 실현하기

① 역할과 형식이 정해지면 본인이 맡은 부분을 어떤 내용으로 구성할지 함께 아이디어 회의를 한다. 미래의 기사이므로 다양한 분야에 대해 예측하고 함께 논의하여 기사, 광고, 연재만화, 사설, 취업 등과 관련된 내용을 정한다.
② 내용을 정한 후 역할에 따라 분담하고 자료를 수집한다.
③ 구성원들이 준비한 자료를 조합하여 신문을 제작한다.

❹ 평가하기

① 신문의 구성이 적절한지 토의한다.
② 구성 오류나 오탈자가 있으면 수정하여 신문을 완성한다.
③ 신문 제작이 끝나면 활동 과정에서 느낀 점을 적어 본다.

수행 활동지 ② 생명 기술의 종류와 특징 알아보기

단원	VI. 생명 기술과 지속 가능한 발전 02. 생명 기술의 특징과 영향
활동 목표	생명 기술의 특징을 이해하고, 각 기술의 원리 및 과정을 설명할 수 있다.

● 생명 기술의 특징과 영역을 이해하고, 다음 질문에 답해 보자.

① 다음은 생명 기술의 특징을 설명한 것이다. 괄호 안의 내용 중 맞는 항목에 ○를 하시오.

① 부가 가치가 (낮은, 높은) 산업이다.
② (친환경, 환경오염) 기술이다.
③ 활용 범위가 (좁다, 넓다).
④ (오랜, 짧은) 연구 기간이 필요하다.
⑤ 다른 학문과 기술이 (독립, 융합)되어 있다.
⑥ (살아, 죽어) 있는 생명체를 대상으로 한다.
⑦ 이익이 돌아오는 기간이 (짧게, 오래) 걸린다.

② 다음 그림의 내용이나 과정이 어떤 생명 기술에 대한 설명인지와 각 기술의 특징을 알아보자.

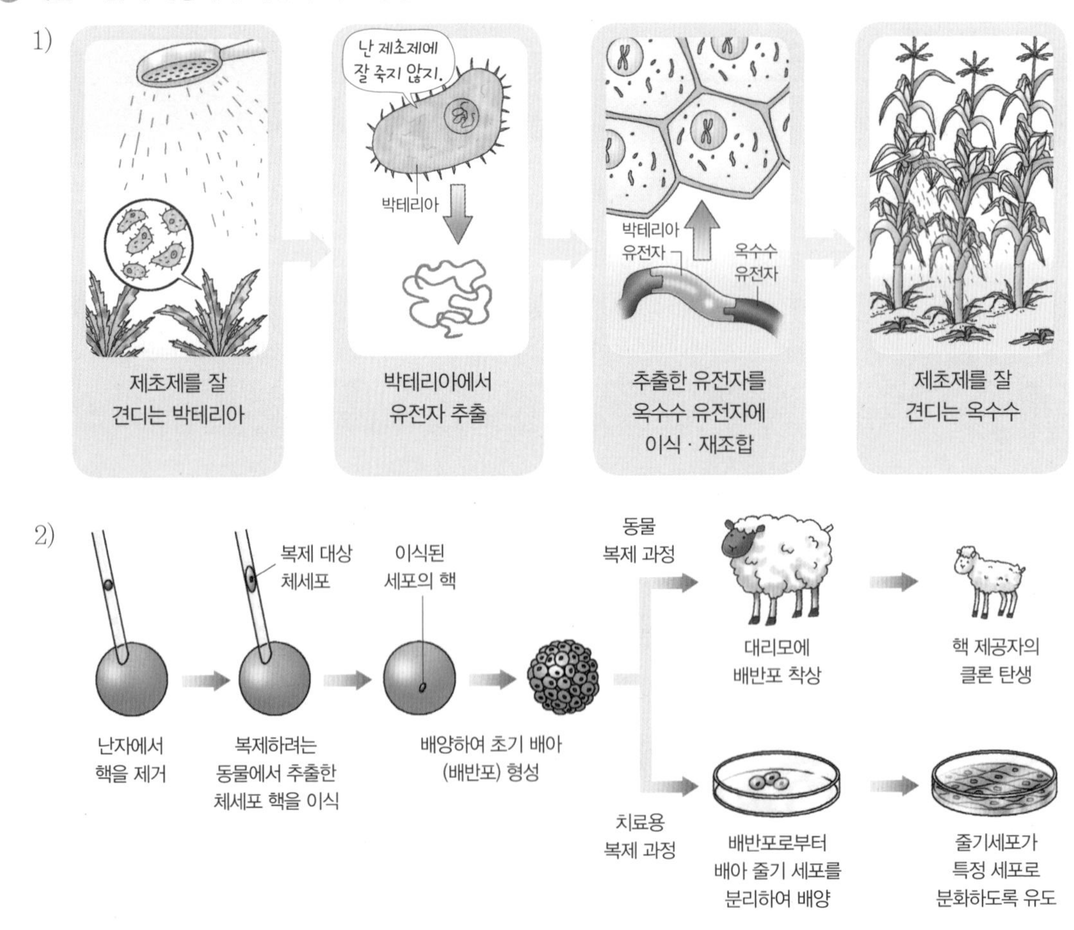

3)

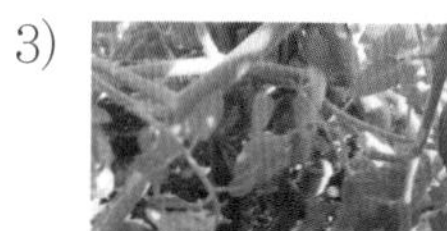

▲ 토감(감자+토마토), 무추(무+배추)

4)

생명 기술	특징

정답과 해설

건강한 가족 관계

01 변화하는 가족과 건강 가정 → 8쪽

01 ⑤ 02 ④ 03 ⑤ 04 ⑤ 05 ④

06 ⑤ 07 ③ 08 ⑤ 09 ① 10 ④

11 ㉠ 무자녀 ㉡ 입양 12 직계 가족

13 • 가족원 수: 가족원 수는 독신 가구나 4인 이하의 가족이 대부분으로 과거에 비해 많이 줄어들고 있다.
• 가족 형태: 가족의 형태는 3세대가 같은 집에 거주하는 확대가족은 거의 사라지고 부부 중심의 핵가족과 독신 가구, 노인 가구 수가 증가하는 추세이다.

14 아래 내용과 유사하거나 그 의미를 담고 있는 서술이면 정답으로 간주함
• 항상 감사하는 마음을 갖도록 하자.
• 가족 구성원이 서로 사랑하며 친밀감을 갖고 정서적 유대감을 갖도록 하자. 항상 애정을 표시하며, 서로가 하는 일에 대해 긍정적인 감정을 표출하고 지지해 줌으로써 서로의 자긍심을 높여줄 수 있다.
• 상호 존중과 지지를 바탕으로 평등한 관계를 유지하고 각자가 맡은 역할은 책임감을 갖고 수행하자.
• 가족 간의 대화의 시간을 갖자. 원활한 의사소통을 통해 가족의 문제를 해결하고 갈등과 위기를 극복한다.
• 가족원 개개인의 개별성을 존중하고 신뢰하자. 가족원의 개성 및 사생활을 존중하고 가족원들의 욕구 충족을 위해 노력한다.
• 가족원이 함께하는 시간을 갖도록 하자. 함께 있다는 것 자체가 인간의 기본 욕구인 소속감을 확인하는 것이다. 적어도 하루에 한 번쯤은 식사시간을 같이 갖도록 하자. 일주일에 한 번쯤 가족회의를 해 보자.
• 인생의 목표를 세우고 도덕적 가치관을 세우자. 질서 있는 도덕적 사회가 되도록 올바른 도덕관을 형성하도록 하자.
• 가족의 일을 결정할 때는 모든 가족원의 합의하에 결정하자. 가족 성원 간의 신뢰를 바탕으로 문제 해결에 대한 확신을 갖고 서로의 의견을 존중하도록 한다.
• 가정에 문제가 발생했다거나 위기에 처했을 때 긍정적 사고로 협동하며 대처하도록 하자. 어려운 일일수록 가족원의 단합으로 해결해 나갈 수 있다.
• 주변 사회와 긴밀한 유대를 갖도록 하자.

01 과거 혈연으로만 이루어진 가족 외에 다양한 가족 형태가 나타나고 있다.

02 가계의 이력을 중요시하는 유교적 사상은 많이 약화되어가고 있다.

03 귀농, 귀촌 현상과 가족 형태 변화는 직접적인 관련이 없다.

04 과거와 달리 정서적 지지의 기능은 오히려 더욱 강조되고 있다.

06 애정 및 정서적 지지의 기능은 오늘날 가정에서 수행되는 중요 기능에 해당한다.

07 각박한 현대 기계 문명 속에서 가정 내 정서적 안정의 기능은 과거보다 오히려 강조되고 있다.

09 가족은 혈연으로 구성된 애정 집단이며, 공동생활을 하고 공동의 재산을 가지는 집단이다. 때때로 갈등이 생기기도 하지만 그것이 목적은 아니다.

10 건강한 가족일수록 가족이 함께 공유하는 시간이 많다. 예를 들면 같이 취미생활이나 여행, 봉사 활동 등 가족이 함께하는 시간을 많이 확보하는 것이다.

11 자녀 없이 두 부부만 살아가는 경우를 무자녀 가족이라고 한다. 또한 직접 자녀를 낳지 않고 외부에서 자녀를 입양하여 가족을 구성하는 경우 입양 가족이라 칭한다.

12 전통적인 가족 유형으로 장남인 아들이 부모와 동거하면서 가계를 계승하는 경우를 직계 가족이라고 한다.

02 양성평등하고 민주적인 가족 관계 → 11쪽

01 ④ 02 ③ 03 ① 04 ① 05 ②

06 ④ 07 ② 08 ① 09 ⑤

10 조부모–손자녀 관계 11 ㉠, ㉣

12 가족 간 상호 친밀감과 유대감이 있으며 무엇보다 배려하는 마음으로 상대를 존중할 줄 아는 가족, 신뢰를 바탕으로 약속을 지키고 자신의 일에 최선을 다하는 모습을 보이는 가족이다.

13 가벼운 운동, 배드민턴, 탁구 등을 같이 해도 좋겠고, 장기나 바둑을 할아버지에게 배워도 좋을 것이다. 휴대폰을 이용하여 문자 메시지 보내기나 간단한 앱 작동 방법 등을 알려드려도 좋아하실 것이다. 할머니로부터는 우리 집의 전통 음식 만들기와 부모님의 어릴 적 미담 등을 들어보는 것도 가족애를 돈독히 하는 데 도움이 될 것이다.

01 비슷한 생활 경험을 하며 성장해 나가는 가족 관계는 형제자매 관계이다.

03 가족 관계 중 혼인에 의해 이루어지는 관계는 부부 관계이다.

04 살아온 생활의 지혜와 전통을 배울 수 있는 관계는 조부모-손자녀 관계이다.

05 가족 내 다양한 인간관계 중에서 형제자매 관계는 상호 사회화에 영향을 끼치며 때로는 부모님과의 갈등 상황에서 중재 역할도 하고, 선의의 경쟁을 하기도 한다.

06 부모 세대와 차이가 나는 것은 당연하지만 미리 편견을 가지면 원활한 의사소통이나 바람직한 관계 형성이 이루어지지 않으므로 편견을 갖지 않으려는 노력을 해야 한다.

07 어머니의 오빠는 외삼촌이고 그 아들이므로 나와는 외사촌 관계이다.

08 오늘날 맞벌이 부부가 대부분을 차지하고 바쁘게 돌아가는 현대생활 속에서는 과거 가부장적인 가치관을 가지고서는 원만한 가정생활을 영위하기가 어렵다. 따라서 부부 관계에서는 각자 양성평등한 가치관을 가지고 역할을 분담해야 할 것이다.

09 자녀는 독립된 인격체로 대우해야 하며 성인이 되면 경제적 독립도 할 수 있도록 해야 한다.

10 조부모는 그 집의 역사와 전통을 고스란히 간직한 존재로서 삶의 지혜와 경험을 전달해줄 수 있다. 하지만 최근 도시화, 핵가족화의 영향으로 손자녀와의 교류가 많이 줄고 있는 편이다.

11 현대 사회에서는 핵가족의 증가로 조부모와의 친밀한 관계 형성이 어려운 경향이 있으므로 전화나 편지, 방문 등으로 친밀감을 조성할 수 있도록 해야 한다.

03 효과적인 의사소통과 갈등 관리 → 14쪽

01 ⑤ 02 ③ 03 ⑤ 04 ⑤ 05 ③
06 ③ 07 ② 08 ④ 09 ② 10 ⑤
11 ⑤ 12 정보

13 • 개인과 가족의 목표를 정하고 서로 격려한다.
• 가족들과 어떻게 대처할 것인지 의논한다.
• 많은 대화를 통해 함께 가족 결속력을 키운다.

14 ○○아, 엄마는 네가 늦은 시간까지 연락도 없이 들어오지 않아 혹 네가 사고라도 당했나 하고 많이 걱정했단다.

01 원활한 소통을 위한 기본은 타인을 위해 배려이므로 자신의 생각만을 주장해서는 곤란하다.

02 나머지는 모두 언어적 의사소통의 예가 될 것이다. 비언어적 의사소통 방법은 몸짓이나 동작, 얼굴 표정, 자세, 행동, 옷차림 등으로 표현되는 것을 말한다.

03 '나 전달법'이란 '너'를 주어로 말하지 않고 '나'를 주어로 하여 자신의 생각과 감정을 솔직하게 표현함으로써 상대방이 나의 입장을 잘 이해할 수 있도록 하는 것이다.

04 문자 메시지는 언어적 의사소통 방법에 해당한다.

05 가족 간 바람직한 의사소통을 위해서는 자신의 생각이나 감정만 표현하기보다는 상대방의 말에 먼저 귀 기울여 주는 자세가 필요할 것이다.

06 '나 전달법'은 상대를 배려한 소통 방법이고, 각 문화권에 따라 표현 방법에도 차이가 있으므로 그를 고려한 소통을 하는 것이 바람직하다.

07 원활한 의사소통을 위해서는 상대방을 존중하는 '나 전달법'을 쓰도록 하고, 언어와 비언적 소통 방법을 적절하게 섞어서 사용하며 자신의 감정이나 생각도 솔직하게 표현하는 것이 좋다.

08 '나 전달법'은 반드시 긍정적인 상황에서만 사용하는 것은 아니다.

10 가족 간에 공유하는 시간이 많을수록 갈등이 생길 소지는 줄어든다.

11 자신의 감정을 솔직하게 전달하고자 할 때는 언어적 표현으로 해야 한다.

12 의사소통을 위한 네 가지 구성 요소는 송신자, 수신자, 정보, 반응이다.

14 '나 전달법'은 나를 주어로 하여 나의 입장이나 상황을 상대방의 기분을 상하지 않게 하면서 전달하는 방법이다.

1단원 _ 대단원 정리 문제 → 16쪽

01 ② 02 ③ 03 ③ 04 ① 05 ④
06 ③ 07 ② 08 ⑤ 09 ② 10 ①
11 ④ 12 ① 13 ② 14 ③ 15 ⑤
16 ④ 17 ④ 18 ④ 19 ① 20 ⑤
21 ⑤ 22 ⑤ 23 ⑤ 24 ③ 25 ⑤

26 ⑤　27 ④　28 ④　29 ④　30 ⑤
31 양성평등　32 가족생활 주기
33 공감적 경청
34 가정의 중심으로 서로에 대한 사랑과 신뢰를 바탕으로 평등한 관계를 형성하는 것이 중요하다.

01 최근 젊은 남녀는 결혼을 필수가 아닌 선택으로 생각하는 경향이 늘어가고 있으며, 또한 결혼을 하더라도 자녀를 갖지 않으려는 경향도 증가하는 추세이다.

02 노약자나 어린이 등 가족 안전에 대한 1차적 책임은 보호의 기능에 해당한다.

03 자녀는 학교의 학업에 충실하게 임하되, 가사 노동 중 자녀의 입장에서 할 수 있는 일은 적극적으로 동참하도록 하는 것이 바람직하다.

04 3세대가 모여 살게 되는 확대 가족은 오늘날 많이 줄어들고 있다.

05 외국인과 결혼하여 우리나라에 정착하여 사는 가족을 다문화 가족이라 칭한다.

06 조세 제도를 관할하는 기관은 정부이다.

08 오늘날 젊은이들은 결혼을 필수가 아닌 선택으로 인식하고 있다.

09 가족 구성원 간에 애정과 지지를 통해 정서적 안정감과 소속감을 제공하는 기능이다.

10 핵가족의 증가 등으로 가족의 규모는 점차 축소되고 있다.

11 자녀 출산의 기능은 가족 고유 기능이다.

12 역할 간 충돌이 일어날 때 어느 한쪽을 포기하게 되기도 한다.

13 성공적인 부부 생활을 위해 가능하면 두 사람의 새로운 규칙과 적응을 위한 습관 형성을 하는 것이 좋다.

14 오늘날 부모–자녀 관계는 수직적 관계가 아닌 수평적 관계에서 지원과 격려를 하는 관계로 변화하고 있다.

15 인간으로서 경험하는 가장 최초의 관계이자 자연적인 관계로, 이익을 목적으로 하지 않고 애정과 격려, 상호 협력하는 관계이다.

17 형제자매 관계는 세대 차이는 없으나 오히려 그로 인해 갈등을 겪기도 한다. 형제자매 관계가 상하관계를 형성하는 것은 아니다.

18 가능하면 긍정적 표현을 많이 사용하는 것이 바람직하다.

19 가족 간의 갈등을 해결하려면 과거의 얘기를 다 끄집어 들추기보다 현재의 갈등 요인이 무엇인지에 초점을 맞추어 대화를 해 나가야 한다. 그리고 이러한 과정은 갈등을 해결하여 원만한 가족 관계를 유지하는 것이 목적이지 상처를 주려는 것은 아니다.

20 바람직한 의사소통을 위한 방법 중 경청이란 편안한 상태로 상대방의 말을 평가하지 않고 있는 그대로 들어주면서 맞장구를 쳐주는 것이다. 말을 중간에 가로막는 것은 올바른 경청이 아니다.

22 자신의 의무보다 상대방에게 기대를 크게 가질수록 갈등 발생의 확률이 높아진다.

23 갈등 상황을 무조건 회피하는 것은 올바른 해결 방법이라고 보기 어렵다.

24 형제자매 간에 시기와 질투보다는 자신의 위치를 알고 선의의 경쟁을 하며 긍정적인 관계를 형성하는 것이 바람직하다.

25 가족 기능의 사회 이동과 가족 형태의 다양화로 가족 문제 역시 다양화되고 있다.

27 가족 간의 원만한 소통을 위해서는 자신과 의견이 다르더라도 끝까지 존중하는 태도로 듣고 자신의 의견을 말하는 것이 바람직하다.

29 가족 갈등이라도 해결이 어려울 경우 가족 상담소나 복지기관 등의 상담기관을 활용하는 것이 좋다.

30 '나 전달법'으로 표현하는 것이 상대방을 존중하면서도 자신의 감정을 분명하게 전달할 수 있는 방법이다.

31 현대 사회는 과거 전통 사회와는 달리 남녀 간 성 역할 구분을 하는 것이 아니라 자신의 적성이나 흥미에 맞춰 역할 분담을 하는 경향이 우세해지고 있다. 이는 양성평등한 가치관의 영향에서 기인한 것으로 볼 수 있다.

II 건강하고 안전한 가정생활

01 균형 잡힌 식사 계획

→ 29쪽

01 ① 02 ③ 03 ① 04 ① 05 ①
06 ⑤ 07 ③ 08 ③ 09 ③ 10 ②
11 ③ 12 ③ 13 ⑤ 14 ③ 15 채소류

16 • 식품군: 우유 및 유제품
• 예: 우유, 치즈, 요구르트, 아이스크림 등

17 • 값이 싸다. • 신선하다.
• 구하기 쉽다. • 영양소가 풍부하다.

01 • 권장 섭취량: 평균 필요량에 표준 편차의 2배를 더하여 정한 것으로, 건강한 다수(97~98%)의 사람들의 하루 영양 필요량을 충족시키는 양
• 평균 필요량: 건강한 사람들의 하루 영양 필요량의 중앙값
• 충분 섭취량: 평균 필요량에 대한 정보가 부족한 경우, 건강인의 영양 섭취량을 토대로 설정한 값
• 상한 섭취량: 인체 건강에 나쁜 영향이 나타나지 않을 정도의 최대 영양소 섭취 수준임

02 12~14세 청소년 남자의 에너지 평균 필요량은 2500kcal이고, 여자는 2000kcal이다.

03 칼슘은 청소년의 경우 1일 1000mg이, 성인은 1일 800mg이 필요하다. 청소년기에는 뼈의 성장이 이루어지기 때문이다.

04 식품 구성 자전거의 앞바퀴에는 물이 표시되어 있는데, 이는 매일 충분한 물을 섭취해야 함을 의미한다.

05 곡류의 주요 영양소는 탄수화물로 매일 2~4회 섭취하여 총 에너지의 55~65%를 차지하도록 하며, 주로 밥이나 빵, 국수 등의 주식으로 섭취한다.

06 채소류나 과일류에는 비타민, 무기질, 식이섬유소가 많이 들어 있다.

07 버터는 유지류에 속하는 것이고 우유, 치즈, 요구르트, 아이스크림은 우유 및 유제품에 속한다.

08 곡류에 포함된 버섯류는 채소류이고, 고기 · 생선 · 달걀 · 콩류에는 육류, 생선류, 어패류, 알류, 콩류, 견과류가 모두 포함된다. 해조류도 채소류에 포함된다. 유지 · 당류의 아이스크림은 우유 및 유제품류에 속한다.

09 가족들이 좋아하는 식품과 조리법을 선택해야 하지만, 지나치게 가족의 기호만을 고려하면 영양의 불균형을 이루거나 편식하는 습관을 갖게 되므로 다양한 식품과 조리법을 활용하도록 한다.

10 우유는 우유 및 유제품이고 마요네즈는 유지류로 식품군이 다르므로 주 영양소가 다르다. 우유를 대신할 수 있는 것은 유제품인 요구르트이다.

11 가족 구성원의 직업이나 학력은 가족의 식사량이나 종류에 큰 영향을 미치지 않는다.

12 식사 구성안을 계획할 때 경제면을 고려하면 예산을 줄이기 위해 대체 식품이나 제철 식품을 섭취하고 외식으로 인한 지출을 줄이도록 하는 것이 좋다.

13 식단을 작성할 때 가장 먼저 해야 할 일은 식품군별 1일 권장 섭취 횟수를 파악하여 가족에 필요한 양을 구하는 것이다.

14 • 토마토 등의 붉은색: 리코펜
• 당근, 오렌지 등의 주황색: 베타카로틴
• 상추, 시금치 등의 녹색: 클로로필
• 가지나 검은콩 등의 보라나 검은색: 안토시아닌과 이소플라본
• 더덕이나 도라지, 인삼, 양파 등의 흰색: 다양한 항산화 작용이나 면역력을 높여 주는 성분이 포함

15 12~18세 청소년의 1일 권장 섭취 횟수

	곡류	고기, 생선, 달걀, 콩류	채소류	과일류	우유 유제품	유지 당류
남	3.5	5.5	8	4	2	8
여	3	3.5	7	2	2	6

02 이웃과 더불어 사는 주생활 문화

→ 33쪽

01 ③ 02 ① 03 ③ 04 ③ 05 ②
06 ④ 07 ④ 08 ④ 09 ②

10 ㉠ 성별 ㉡ 연령 ㉢ 장애 유무

11 ㉠ 코하우징(코하우징 주거)
㉡ 공동생활 공간은 개인 주택의 안과 밖에서 잘 보이는 곳에 중앙으로 배치하며, 모든 개인 주택에서 비슷한 거리에 위치하게 배치한다. 공동 옥외 공간은 휴식이나 원예 등 개인 활동의 장소로도 쓰이며, 구성원들 간에 사회적인 접촉을 하는 장소로 균등하게 사용되도록 하는 것이 좋다.

01 • 주거의 조건: 가족의 안전을 위한 안전성, 쾌적한 일상생활을 위한 쾌적성, 미적 감각을 위한 심미성, 유지와 관리 비용을 고려한 경제성 등
• 주거의 조건 중 능률성은 가사 작업이나 일상생활을 편리하게 할 수 있어야 한다는 것이다.

02 주거를 선택할 때는 가족의 요구에 따라 위치나 주택의 형태 등에 차이가 많다. 그러나 사회적 지위나 신분은 주거 선택에 큰 영향을 미치지는 않는다.

03 1인 가구는 원룸에 살기에 적당하지만 자녀가 없는 무자녀 부부도 일실형의 원룸에서 거주하기에 큰 불편이 없다.

04 3세대 가족이 한 주택에 동거할 경우, 노부모 세대나 자녀 세대 모두의 만족을 위해 세대 간에 공간을 분리하고, 아울러 공동으로 이용하는 공간을 중앙에 배치함으로써 심리적 안정을 도모하고 마찰과 불편을 최소화하도록 한다.

05 물리적 근린 환경에는 학교, 관공서나 상업 시설 및 의료 시설, 교통 등이 있고, 사회적 근린 환경에는 이웃이 있다.

06 코하우징(co-housing): 공동체 주거 단지로 개인의 사생활과 자신의 욕구를 충족시키면서 이웃과 협동 생활을 할 수 있는 주거 형태다. 가사 노동을 분담하고 자원을 공유하여 공동체적인 체험을 하는 장소로 이용할 수 있다.

07 건전한 성인뿐 아니라 유아, 어린이, 임산부, 노인, 신체적 장애가 있는 모든 사람들이 편리하고 안전하게 생활할 수 있도록 주거 공간이나 가구 등을 구성하는 것을 유니버설 디자인이라고 한다.

08 자전거는 정해진 자전거 거치장에 두어야 하며, 아파트 계단에 두어 통행이나 비상시에 대피가 어렵도록 해서는 안 된다.

09 유니버설 주거는 모든 사람들이 편리하게 생활하기 위한 것으로 문턱을 없앤 공간, 출입구에 경사로, 욕실 미끄럼 방지판, 욕조 손잡이, 출입문의 레버형 손잡이, 높낮이가 낮은 전등 스위치나 창문 잠금 장치, 문턱을 제거한 출입구, 모서리의 각진 부분을 제거한 가구, 양문 냉장고 등의 예가 있다.

03 주거 공간의 효율적 활용

→ 38쪽

01 ④ 02 ⑤ 03 ④ 04 ① 05 ④
06 ⑤ 07 ⑤ 08 ① 09 ④

10 ㉠ 공동생활 공간에 속하는 공간은 거실, 식사실, 응접실 등이 있다.
㉡ 공동생활 공간은 모든 가족이 사용하는 공간으로 가족이 모이기 쉬운 장소에 배치하는데, 거실은 주택의 중심에 위치해야 각 실과 연결이 쉬우며, 햇빛이 잘 들고 통풍이 잘 되는 남향에 두는 것이 좋다. 식사실은 부엌이나 거실 가까이 배치하는 것이 좋으며 주거 공간이 넓은 집에서는 따로 마련하기도 한다.

11 공간을 다목적으로 활용할 수가 있다. 예를 들면 같은 공간에서 잠자고 식사하고 공부하고 손님을 맞고 가족과 모이는 등 다양한 활동을 할 수 있는데, 이는 침대 · 식탁 · 의자 등의 가구를 사용하지 않고 좌식 생활을 하기 때문이다.

12 • 가구가 창과 문, 콘센트, 스위치를 막지 않도록 한다.
• 가구는 동선의 흐름을 막지 않는 곳에 배치한다.
• 가능하면 벽면에 붙여 큰 가구부터 배치한다.
• 사용 순서 또는 작업 순서에 맞게 배치한다.
• 문을 여닫고 가구를 사용하는 데 필요한 여유 공간을 둔다.
• 가구의 폭과 높이를 맞춰 가능한 요철이 생기지 않도록 한다

13 ㉠ LD/K형(living dining)
㉡ 부엌과 식당 사이에 해치(hatch)를 설치하거나 바퀴 달린 웨건(wagon)을 이용하면 편리하다.

01 생리위생 공간은 목욕, 세면, 배변이 이루어지는 공간으로 욕실, 세면실, 화장실 등이 있고, 서재는 개인 생활 공간이고, 화장실은 생리위생 공간이며, 식사실은 공동생활 공간이고, 다용도실은 가사 작업 공간으로 구분된다.

02 가사 작업 공간은 부엌, 세탁실, 다용도실 등이 있으며 가족이 모두 사용하는 곳으로 공동생활 공간과 멀리 떨어지지 않아야 하며, 현관과 멀리 떨어지면 물건의 운반이나 쓰레기 분리수거에 불편하기 때문에 너무 외진 곳에 배치하지 않는 것이 좋다.

03 식사실은 식사와 가족 간의 대화, 손님 접대가 이루어지는 공간으로 부엌 가까운 곳에 배치하는 것이 좋으며, 주거 공간이 넓은 집에서는 따로 마련하기도 한다. 거실과 부엌의 중간에 위치하는 것이 좋다. 거실도 가족 간의 대화가 이루어지는 공동생활 공간이지만 작업을 주로 하는 공간은 아니기 때문에 작업의 능률성을 고려한 가구를 배치하지는 않는다.

04 공간을 입체적으로 활용하면 공간을 넓게 쓸 수 있는데, 그 예로는 바닥에서부터 천장까지 이용한 붙박이장, 소파 겸용 수납장, 침대 밑 서랍장, 계단 밑의 공간 활용 등이 있다.

05 부엌의 작업대 배치를 작업 순서에 따라 배치하고 입식의 작업대를 설치하는 것은 작업 능률의 향상성을 높인 것이다.

06 깨지기 쉬운 물건은 눈에 잘 보이는 곳에 둔다.

07 그림은 소파이며 이는 휴식을 위한 가구이다. 휴식용 가구에는 침대 · 소파 · 안락의자 등이 있고, 수납용 가구에는 선반 · 서랍장 · 식기장 · 책장 · 옷장 등, 작업용 가구에는 책상 · 의자 · 부엌의 작업대 · 다리미대 등의 가구가 있다.

08 조립식 가구는 운반이나 보관 시에는 해체시켜 두고 필요할 때 조립하여 사용하는 가구이다. 일정한 규격으로 제작되는 조립식 가구는 형태와 크기를 조절할 수 있어서 편리하며, 부피가 크고 구조가 간단한 침대 · 책상 · 책장은 조립식 가구로 디자인하는 경우가 많다. 일명 해체식 가구라고도 한다.

09 가구를 배치할 때는 가구가 창과 문, 콘센트, 스위치를 막지 않도록 하고, 동선의 흐름을 막지 않는 곳에 배치한다. 사용 순서 또는 작업 순서에 맞게 배치하며, 문을 여닫고 가구를 사용하는 데 필요한 여유 공간을 둔다.

04 성폭력의 예방과 대처

→ 42쪽

01 ③ 02 ④ 03 ③ 04 ③ 05 ④
06 ④ 07 ⑤ 08 ③ 09 나 전달법

10 ㉠ 성추행
㉡ "지금 뭐 하시는 거예요."하고 큰 소리로 말하여 주변의 시선을 끌고, 주위 사람들에게 도움을 요청하여 위기를 피하도록 한다.

11 ㉠ 성폭력은 나와는 무관한 일이라고 생각한다.
→ 성폭력은 누구에게도 발생할 수 있다.
㉡ 성폭력은 낯선 사람에 의해서만 발생한다.
→ 성폭력은 평소 안면이 있거나 잘 알고 있는(가까운 사이) 사람에게서 발생한다.
㉢ 성폭력은 여자들이 스스로 조심하면 발생하지 않는다.
→ 여자에게 달려 있는 것이 아니므로 여자들이 조심을 하는 경우에도 발생한다.
㉣ 성적인 접촉이 일어나지 않으면 성폭력이 아니라고 본다.
→ 성적인 접촉이 없이도 상대가 수치심을 느끼거나 불편한 마음이 들면 모두 성폭력이다. 동의하지 않은 모든 성적 접촉은 성폭력이다.
㉤ 성폭력을 일으키는 남자들은 성 충동을 억제할 수 없으므로 어쩔 수 없다.
→ 남자들도 성 충동을 억제할 수 있으며, 자신의 성 행동에 책임을 져야 한다.

01 성적 의사 결정에서 성 행동은 상대가 하자는 대로 모두 따라 해야 하는 것이 아니라 자신의 의지와 판단에 따라 스스로 선택하고 그 선택에 책임을 져야 한다.

02 상대방에게 내가 싫어하는 행동과 말이 무엇인지 자신의 감정과 생각을 '나 전달법'으로 솔직하게 말하고, 상대방과 의견이 다르거나 원하지 않는 행동을 강요당할 때는 언제든지 단호하게 "싫어/아니야"라고 말해야 한다.

03 넓은 의미에서 성폭력은 신체 접촉, 언어 희롱, 음란 전화, 몰래카메라, 신체 노출 등 신체적 · 언어적 · 정신적 폭력이 모두 포함된다. 성추행은 가슴, 엉덩이, 성기 부위 등을 접촉하거나 문지르는 행위이고, 성폭행(강간)은 상대방의 동의 없이 억지로 성교하는 행위로 가해자의 성기를 피해자의 생식기에 강제로 삽입하는 것이다.

04 성폭력은 주로 안면이 있고 가까운 주변의 사람에게 당하는 경우가 더 많으며, 성폭력의 판단 기준은 가해자가 아닌 피해자가 느끼는 것에 따라 달라지므로 피해자의 기준에 따라 판단해야 한다.

05 신고의 어려움과 신고 시 처리의 어려움 등으로 성폭력 피해자가 직접 피해를 신고하는 일은 적은 편이다.

06 성폭력의 피해자에게도 잘못이 있다는 잘못된 인식으로 성폭력의 피해자가 신고를 하지 않게 되는 경우가 많으며, 이로 인해 자존감이나 고통을 겪지 않아야 한다. 성폭력의 피해자에 대한 올바른 인식을 갖도록 하는 것도 중요하다.

07 성폭력 피해자는 자신의 잘못이 아니며, 피해를 당했을 경우 안전한 곳으로 대피하여 부모님 · 선생님 · 상담 기관에 적극 도움을 요청한다. 가해의 증거를 보존하기 위해 목욕이나 샤워, 양치질을 하지 않아야 하며 가해자의 정액이 묻은 옷이나 입었던 옷과 소지품 등은 종이봉투에 담아 경찰에 제출한다. 그리고 성폭력 피해 시 원스톱 센터가 있는 병원을 방문하여 임신이나 성병 감염 여부를 확인하도록 하는 것이 중요하다.

08 혼자 집에 있을 때 택배 등 낯선 사람이 문을 열어 달라고 할 경우에는 절대로 문을 열어 주지 말고, 택배 물품 등은 물품 보관소나 집 앞에 두고 가도록 하는 것이 안전하다.

05 가정 내 인권 문제, 가정 폭력

→ 45쪽

01 ② 02 ④ 03 ① 04 ④ 05 ④
06 ③ 07 ⑤

08 가정폭력범죄의 처벌 등에 관한 특례법

09 • 충분한 대화를 통한 가족 간 세대 갈등 해소 및 원활한 의사소통 유지
• 노인 세대는 지나친 가부장적 태도를 버리도록 함
• 부양자(대개 자녀)에게 지나친 의존성을 가지지 않도록 함
• 노인 보호 전문기관의 설치 확대 및 법률적 홍보 확대
• 노인에 대한 이해의 폭을 넓히고 희생에 대한 존경과 감사의 마음 가지기

01 65세 이상의 노인 인구가 전체 인구의 14%에 도달할 때를 고령 사회, 20%에 도달하면 초고령 사회라 명명한다.

02 가정 폭력이란 부모의 의도와는 관계없이 아동에게 심리적 · 신체적으로 상해를 줄 수 있는 부모의 모든 구타 행위, 방임, 언어적 폭력으로 정의하고 있다.

03 우리나라의 경우 가정 폭력 대부분(80% 이상)이 신체적 학대 유형으로 나타나고 있다.

04 아동 학대는 가정 내에서 주로 보호자에 의해 행해지므로 쉽게 발견되지 않을 수 있다.

05 정서적으로 상해를 입게 되어 공격적이며 반사회적인 성향을 보이게 된다.

06 가족의 생계나 안전을 책임지지 않는 행위는 가족의 경제적 학대에 해당하는 것으로 언어와 정신적 학대는 아니다.

07 아동 학대 신고 의무자는 주로 아동 청소년을 접하면서 직무상 아동 학대를 발견하기 쉬운 직업군들이 이에 속한다.

08 가정폭력범죄의 처벌 등에 관한 특례법은 법률 제 13426호로 2015년 7월 24일에 공포되었다.

06 안전한 식품 선택과 보관 · 관리 → 49쪽

07 가족을 위한 한 끼 식사 마련하기

01 ③	02 ⑤	03 ⑤	04 ④	05 ①
06 ③	07 ②	08 ①	09 ⑤	10 ①
11 ⑤	12 ⑤	13 ②	14 ④	15 ②
16 ④	17 ④	18 ③	19 ⑤	20 ②
21 ②	22 ②	23 ① – ㉡, ② – ㉠, ③ – ㉢		

24 ㉠ 끓이기(삶기) ㉡ 찌기 ㉢ 부치기

25 ㉢ – ㉠ – ㉡

26 식품 표시란 소비자에게 정보를 주기 위해 식품 포장지에 식품과 관련된 다양한 내용을 표시하는 것으로, 유통기한, 영양 성분, 원재료, 식품첨가물 등의 내용을 표시한다.

27 로컬 푸드 구매하기, 환경친화적 식품 선택하기, 제철 식품 선택하기

28
- 장보기 전에 식단을 계획하여 필요한 양과 재료만 구매하고 알맞은 양만큼 조리한다.
- 음식물 쓰레기는 물기를 짜고 되도록 말려서 버린다.

01 원재료명에 식품첨가물의 종류가 표기되기는 하지만 식품첨가물의 양이 제시되지는 않는다.

02 ⓐ 상품은 ⓑ 상품보다 나트륨 함량이 낮으며, ⓐ 상품은 원재료명에 원유 100%라고 되어 있으므로 설탕 등 다른 재료가 포함되어 있지 않다는 것을 알 수 있다.

03 L–글루타민산나트륨은 식품의 향과 맛을 증진시키기 위해 첨가하는 향미증진제(식품첨가물의 일종)이다.

04 유전자 재조합 여부를 확인할 수 없다면 '유전자 재조합 ○○ 포함 가능성 있음'으로 표시되어 있기도 하다. 즉석 제조 식품이나 위생 상자를 사용한 경우에는 진열 상자나 별도 표지판에 표시되는 경우도 있다.

05 농민들이 유전자 재조합(GM) 농산물 종자를 구매하게 되면서 토종 품종이 점점 줄어들게 든다. 토종 품종이 줄어들면 농민들이 계속해서 선진국의 유전자 재조합 농산물 종자를 구매해야 하므로 경제적인 부담이 커질 수 있다.

06 제철 식품은 비닐하우스에서 생산되는 식품에 비해 농약을 덜 사용하게 되어 환경 오염을 줄이는 데 큰 도움을 준다. 또한, 영양가가 풍부하고 맛이 우수하며, 신선하고 가격이 저렴하다는 장점이 있다.

07 이 제품의 1회 제공량은 23.5g으로 총 4회 분량인 94g을 제공하는 식품이다. 영양 성분은 1회 제공량을 섭취했을 때의 영양 성분으로, 총 4회 분량을 다 먹으면 520(130*4회)kcal를 섭취하게 된다. 3회 제공량을 먹었을 때 필요량을 충족하게 되는 영양소는 단백질이 아닌 포화지방(33%*3회)이다.

08 식품첨가물에는 다양한 종류가 있는데, 이중 단맛을 내기 위해 첨가하는 물질을 감미료라고 한다. 제품에 무설탕이라고 표시된 경우에도 과당, 솔비톨, 자일리톨 등의 감미료가 첨가되어 있는 경우가 많으며, 이들 감미료는 일반적으로 1g당 2kcal의 열량을 낸다.

09 농림축산식품부는 '국가인증 농식품 제도'를 통해 우수 농식품을 소비자가 믿고 구매할 수 있도록 국가가 인증하는 제도를 운영하고 있다. 유기가공식품 인증은 합성 농약, 화학 비료를 사용하지 않고 재배한 유기원료를 제조 · 가공한 식품에 부여된다. 무항생제 인증은 항생제와 항균제 등이 첨가되지 않은 사료를 먹이고, 축사와 사육 조건, 질병 관리 등의 엄격한 인증 기준을 지켜 생산한 축산물에 부여된다.

10 ② 채소는 씻어서 밀폐 용기에 보관(신문지로 싸면 수분을 빼앗기고, 잉크 등 이물질이 묻음)한다. 채소 · 과일은 흙과 이물질을 제거 후 보관한다.

③ 달걀은 둥근 부분이 위가 되도록 세워서 보관(3~5주)한다.
④ 마요네즈, 달걀, 요거트 등은 냉동 보관할 수 없다.
⑤ 생선이나 어패류는 씻어서 밀폐 용기에 보관한다.

11 냉동 보관 식품을 해동할 때에는 냉장실이나 전자레인지를 사용하는 것이 좋으며, 실온에 방치할 경우 미생물 증식이 빨라져 식품이 부패할 수 있으므로 좋지 않다.

12 식품 중 우유 및 유제품, 달걀, 육류 및 어패류 등 동물성 식품은 반드시 낮은 온도에서 보관해야 한다. 건조식품이나 일부 뿌리채소는 상온 보관이 적합하다.

13 장류(간장, 된장, 고추장, 청국장), 김치류, 젓갈류, 막걸리 등은 대표적인 발효식품이다.

14 가족이 함께 식사를 하는 것은 정서적 안정감과 가족 간 유대를 강화하는 데 도움을 준다. 자료의 주 3회 이상 가족 식사를 하는 학생이 성적이 높고 말을 빨리 배운다는 연구 결과는 가족이 함께 식사를 하면서 밥상머리 교육을 실천하는 것이 성적과 어휘력에 긍정적 영향을 준다는 것을 보여준다.

15 쌀과 잡곡 등 곡류를 주식으로 하고, 육류 · 생선류 · 채소류 · 해조류 등으로 다양한 반찬을 만들어 부식으로 제공하기 때문에 영양적으로 균형이 잡혀있다. 조리법이 다양하여 맛이 우수하고 가족의 여러 가지 기호를 충족시킬 수 있다.

16 유산균은 소장 · 대장에서 유해균을 없애는 역할을 한다.

17 식사를 만들 때는 가족 구성원의 수, 생활양식, 기호 등을 고려하여 음식의 종류와 양을 정하고 안전하고 위생적인 방법으로 식사를 준비해야 한다. 제철 식품과 로컬 푸드를 활용하여 안전하고 영양이 풍부한 것, 신선한 것을 골라 재료 선택을 한다. 음식에 따라 특징과 조리 시간을 예상해서 조리 순서를 정하고, 식사를 준비하는 과정은 재료 준비하기, 다듬기, 씻기, 썰기, 조리하기, 담기 순으로 이루어진다.

18 다양한 조리 방법 중 조리기를 활용한 요리에는 감자조림, 갈치조림 등이 있다. 된장국은 끓이기와 삶기, 김치전은 부치기, 감자볶음은 볶기, 삼겹살 구이는 굽기의 조리 방법을 이용한다.

19 ① 금속제 조리 기구는 전자레인지 안에 넣어 사용하면 안 되는데, 마이크로파가 투과하지 못해 가열되지 않고 집중되어 스파크가 일어나기 때문이다.
② 플라스틱은 오븐에서 고온으로 가열하면 녹기 때문에 사용할 수 없다.
③ 빈 냄비나 프라이팬을 오래 가열하면 조리 도구 자체가 타서 유해 물질이 만들어진다.
④ 불소 코팅 프라이팬은 코팅이 벗겨질 수 있어 음식 조리 시에는 나무 뒤집개 등의 부드러운 재질을 사용하는 것이 좋다.

20 식품이 밀봉된 용기나 포장에 들어있는 경우에는 뚜껑을 조금 열고 가열한다. 내열 용기와 금속 테두리가 없는 도자기를 사용하며, 내열성이 없는 그릇이나 알루미늄 포일 용기는 폭발 및 화재 위험이 있으니 사용하지 않는다.

21 생선은 근섬유가 짧아서 자주 뒤집으면 부서지므로 너무 자주 뒤집지 않는다. 육류와 생선류 등은 너무 높은 온도에서 조리하면 유해 물질이 발생하므로 200℃ 이하의 중간 불에서 조리하고, 튀김을 할때에도 너무 높은 온도에서 튀기면 기름이 산패되므로 적정 온도에서 조리한다. 삶기는 수용성 성분이 물속에 용출되어 버려지므로 수용성 영양소를 섭취하려면 찌기나 볶기 등의 조리 방법이 효과적이다.

22 다양한 식품군과 적절한 영양소 섭취 등에 관련된 항목이므로 영양에 대한 평가 내용이다.

23 우리가 자주 먹는 식품들 중 간단한 방법으로 식품첨가물을 줄일 수 있는 방법이 있다. 단무지는 개봉 후 찬물에 5분간 담가둔다. 햄은 조리 전 뜨거운 물에 한 번 데친다. 두부는 흐르는 찬물에 깨끗이 씻은 후 조리한다.

24 끓이기나 삶기는 가열 후 물을 버릴 경우 수용성 영양소의 손실이 생길 수 있고, 찌기는 수용성 영양소의 손실이 적다. 부치기는 한쪽을 완전히 익히고 뒤집는 것이 좋다.

25 ① 시금치는 다듬어서 끓는 물에 소금을 약간 넣고 1분 동안 데친 후 바로 찬물에 헹군다.
② 건져서 물기를 꼭 짜고, 길면 5cm 정도의 길이로 자른다.
③ 간장, 참기름, 소금, 깨소금을 모두 섞은 후 데친 시금치를 넣고 무친다.

26 식품 표시의 뜻과 유통 기한, 영양 성분 등 식품 표시에 포함되는 내용을 2가지 이상 적으면 된다.

27 식품의 생산에서 소비까지 모든 과정에서 사용되는 자원과 에너지의 사용을 줄이기 위해 노력해야 한다. 푸드 마일리지를 줄이고 환경에 부담을 적게 주는 방식으로 생산된 식품을 구입한다는 내용이 들어가면 된다.

28 음식물 쓰레기를 줄이기 위해서는 미리 계획을 세워서 정해진 양을 요리하는 것이 중요하다. 음식물 쓰레기를 분리수거할 때에는 조개껍데기, 생선 가시, 과일 씨앗 등은 일반 쓰레기로 분류한다. 계획에 없던 외식을 자제하는 것과 같이 생활에서 실천할 수 있는 음식물 쓰레기 줄이는 방안을 적으면 된다.

2단원 _ 대단원 정리 문제

→ 54쪽

01 ④	02 ③	03 ③	04 ②	05 ②
06 ④	07 ⑤	08 ②	09 ③	10 ①
11 ③	12 ⑤	13 ④	14 ③	15 ②
16 ②	17 ④	18 ④	19 ⑤	20 ⑤
21 ④	22 ②	23 ③	24 ④	25 ③
26 ①	27 ⑤	28 ②	29 ⑤	30 ⑤
31 ⑤	32 ③	33 ③	34 ③	35 ①

36 ⑤ 37 우유 및 유제품

38 ㉡ → ㉢ → ㉠ → ㉤ → ㉣

39 과일류가 부족하다. 40 침실

41 님비 현상 42 ㉠ 성적 의사 결정권 ㉡ 성추행

43 성희롱 44 건강가정지원센터

45 식품첨가물 46 L-글루타민산나트륨(MSG)

47 발효식품

48 • 식품군: 우유 및 유제품
• 예: 치즈, 우유, 요구르트, 아이스크림 등

49 합성 농약은 사용하지 않고 화학 비료는 최소화하여 생산한 농산물이다.

50 ㉠ 채소류는 160~180℃
㉡ 육류는 180~190℃
㉢ 산패란 기름과 같은 식품을 공기에 장기간 노출하거나 고온에서 가열하면 맛과 색이 나빠지고 불쾌한 냄새가 나는 현상이다.

01 권장 섭취량은 평균 필요량에 표준 편차의 2배를 더하여 정한 것으로, 건강한 다수(97~98%)의 사람들의 하루 영양 필요량을 충족시키는 양이다. 평균 필요량은 건강한 사람들의 하루 영양 필요량의 중앙값이고, 충분 섭취량은 평균 필요량에 대한 정보가 부족한 경우 건강인의 영양 섭취량을 토대로 설정한 값이며, 상한 섭취량은 인체 건강에 나쁜 영향이 나타나지 않을 정도의 최대 영양소 섭취 수준이다.

02 고기, 생선, 알류, 콩류에 속하지 않는 것은 해조류이다. 해조류는 채소류에 속한다.

03 필요한 영양소는 3끼 식사와 간식으로 구성하고, 식비는 예산을 고려해서 세우도록 한다. 식비가 전체 생활비에 차지하는 비율이 높을수록 가계 경제가 빈곤한 상태를 의미하게 되고, 잦은 외식은 건강에 이롭지 않다.

04 버터 · 식용유 · 참기름 · 마요네즈는 유지류에 속하는 것이고, 우유 · 치즈 · 요구르트 · 아이스크림은 우유 및 유제품에 속한다. 버터는 우유에서 지방을, 치즈는 우유에서 단백질을 추출한 것으로 성분이 다르다.

05 치즈는 우유 및 유제품이고 버터는 유지류로 식품군이 다르므로 주 영양소가 다르며, 치즈를 대신할 수 있는 것은 유제품인 요구르트이다.

06 주거 가치관에 영향을 미치는 요인은 거주자의 직업, 성별, 경제적 수준, 생활양식 등이 반영되어 개인이나 가족에 따라 차이가 있을 수 있다.

07 세대별로 독립성을 유지하면서도 공동생활 공간을 갖는 것은 3세대 확대 가족에게 적합하다.

08 유니버설 디자인의 4가지 기본 원칙(목표)
① 기능적 지원성: 모든 사람이 사용하기 쉬우며 필요한 기능을 지원한다. ㉠ 광센서가 달린 수도전이나 변기, 전등 또는 원격 조정기, 소리 인식 센서 등
② 수용성: 모든 사람의 요구 변화에 맞추어 다양한 방법으로 사용할 수 있다(적응성). ㉠ 필요에 따라 작업 공간을 보완할 수 있는 서랍형 작업대, 높이 조절이 가능한 수납장, 레버식 손잡이, 양손잡이 가위, 당겨쓰는 수도, 원터치 버튼 등
③ 접근 가능성: 모든 사람이 쉽게 접근할 수 있고 방해가 되는 장애물을 제거한다. ㉠ 문턱이 없는 넓은 출입구, 완만한 경사의 진입로, 적절한 높이의 초인종, 발판
④ 안전성: 모든 사람이 안전하게 이용하고 사고를 미리 방지할 수 있다. ㉠ 미끄럽지 않은 바닥, 욕조와 변기 주변의 손잡이, 화상을 입지 않도록 단열재로 감싼 욕실 파이프, 아파트 난간 콘센트 뚜껑 등

09 물리적 근린 생활환경에는 학교나 관공서 · 놀이터 · 급배수 시설 및 도로 · 주차공간 · 전기 · 통신 · 방송 등이 있고, 사회적 근린 생활환경에는 이웃 주민 등 사회적 환경이 있다.

10 침실은 생리위생 공간에 속하지 않고 개인 생활 공간으로 분류되며, 다용도실은 가사 작업 공간으로 분류할 수 있다.

11 침실은 출입이 잦은 현관 가까이 두면 독립성이 보장되지 않아서 좋지 않고, 부엌은 거실 가까이 두어야 거주자들의 이동이 쉬우므로 공동생활 공간과 너무 멀리 두지 않도록 한다.

12 아일랜드형 부엌은 조리대와 싱크대 외에 작업대가 하나 더 있는 주방으로, 작업대의 어느 한 면도 벽에 붙지 않은 '섬'처럼 놓여 있는 주방이다. 현재 우리나라에서는 식탁과 싱크대를 제외한 작업대가 하나 더 있는 주방을 통틀어 '아일랜드형' 부엌이라고 한다.

13 소파 겸용 수납장은 공간을 입체적으로 활용한 것이라면, 다른 것은 공간을 다목적화하여 사용한 것이다.

14 성 폭로는 성폭력을 당한 경우를 여러 사람에 알리는 것으로 성폭력의 직접적인 행위라고 보기는 어렵다.

15 상대방과 의견이 불일치할 때는 '아니요'라고 명확하게 의사를 밝히도록 하여, 자신이 싫어하는 행동에 대하여 정확한 표현을 하는 성적 의사 결정권을 갖도록 한다.

16 성폭력은 낯선 사람이 아니라 주로 아는 사람으로부터 발생하는 경우가 가장 많고(74%), 특히 가족 내에서 발생하는 경우도 있다(14%). 또한 여자들이 조심한다고 발생되지 않는 것이 아니므로 여자들이 몸과 마음이 자유롭게 살아갈 가정적, 사회적 환경이 조성되어야 한다.

17 성폭력을 당한 경우 긍정적인 영향을 찾기 어렵고, 정신적 · 신체적 · 대인관계에서 어려움을 겪게 된다.

18 가정 폭력은 방임이나 언어적이고 정서적인 폭력 등을 모두 포함한다.

19 부부 폭력의 유형 중 말로 상대방을 공격, 협박, 위협, 희롱하는 행위와 피해자의 의사 결정권을 무시하고 말로 모욕을 주거나 비난하는 행위 등은 언어적 학대이며, 무시하고 업신여기는 것은 정신적인 학대이다.

20 아동 학대 신고 의무자는 직무상 아동 학대를 발견하기 쉬운 교사, 의료진, 시설 종사자 및 공무원, 아이 돌보미 등의 직업군에 속하는 사람들로서 주로 유 · 초 · 중등교사 및 학원 교사를 비롯하여 구급대원, 복지시설 종사자 등이 있다.

21 노인 학대 신고 의무자는 의료업 종사자, 노인복지시설 종사자, 노인복지 상담원, 장애인복지시설의 장애 노인 담당 직원 · 종사자, 노숙인보호소 종사자, 장기요양기관 종사자, 119 구급 대원, 가정지원센터 종사자 등이다.

22 아동 학대에서 신체적 학대보다도 언어적 학대가 더 영향력이 크며, 언어 폭력에 의한 정서적 손상은 일생동안 지속되는 경우가 많다.

23 원재료명에 식품첨가물의 종류가 표기되기는 하나, 구체적인 양이 제시되지는 않는다.

24 영양 정보에는 나트륨, 탄수화물, 지방, 트랜스 지방, 콜레스테롤, 단백질 등을 표시한다.

25 밀가루 유전자 조작 식품은 아직 시판되지 않고 있다.

26 냉동고에 보관할 수 없는 것은 달걀, 통조림, 마요네즈, 상추나 양배추, 요거트 등이 있다.

27 식품의 가공 과정에서 식품의 손질이 이루어지기는 하지만 첨가물을 넣어서 무게를 줄이지는 않는다.

28 유전자 조작 식품을 유전자 개량 식품이라고 하지는 않고, 식품 이름을 쓰고 '(유전자 재조합)'이라고 표기한다.

29 농약에 대한 내성이 강해져 잡초나 해충이 생길 우려가 더 많아진다.

30 냉장고는 안쪽이 온도가 더 낮고, 문을 자주 여닫지 말아야 하며, 뜨거운 식품은 식혀서 보관한다. 냉장고는 순환을 위해 70% 정도만 채우는 것이 좋다.

31 유화제는 물과 기름처럼 본래 섞이지 않는 물질을 균질하게 혼합된 상태로 만들기 위해 사용하는 첨가물이다.

32 한식은 다양한 재료와 조리법으로 식사를 준비하는 재료 손질 및 준비하는 데 시간이 오래 걸리고, 또한 반찬 수가 많아 노력이 많이 드는 편이다.

33 식사 시간은 서로 공감과 칭찬을 통해 친화하는 시간으로 만드는 것이 중요하다.

34 조리기는 양념과 물을 넣고 국물이 없어질 때까지 가열하는 방법이다. 물이 줄어들고 양념이 스며들면 간이 짜질 수 있으므로 양념과 물의 양 조절이 중요하다. 감자조림, 장조림, 생선조림 등이 있다.

35 전자레인지에서 끓인 물은 화상 위험이 있으므로 반드시 20~30초 정도 후에 컵을 꺼낸다.

36 조리 시간이 길수록 유해 물질이 생성되므로 조리 시간을 가능한 짧게 한다.

37 잡곡밥은 곡류, 소고기미역국과 돼지고기 볶음은 고기 · 생선 · 알류 · 콩류이고, 상추쌈이나 미역 · 배추김치 등은 채소류이며, 바나나는 과일류이다. 그 외에 설탕 및 유지류가 음식에 포함되어 있다.

39 현미와 감자는 곡류, 조개와 달걀은 고기 · 생선 · 알류 · 콩류이고, 미역 · 버섯 · 배추김치는 채소류, 우유는 우유 및 유제품류이며 유지 · 당류는 조리 과정에 포함될 수 있으므로 과일류가 부족하다. 과일 종류를 계절에 맞게 선택해야 한다.

43 성희롱은 버스에서 모르는 사람이 가슴이나 엉덩이를 만지려고 하거나, 성적인 언어나 농담 또는 성적인 그림 · 사진 · 동영상 등의 유인물을 보여 주고 그로 인해 상대에게 성적인 불쾌감을 느끼게 하는 것을 의미한다.

44 건강가정지원센터의 주요 사업은 가족 교육 사업, 가정 상담 교육, 가족 친화 문화 조성 사업, 가족 돌봄 지원 사업 등이 있다.

45 식품첨가물은 식품을 제조 · 가공 · 보존하기 위해 식품에 첨가하는 물질로 식품의 외관을 좋게 하거나 풍미를 향상, 또는 변질과 부패를 막기 위해 사용된다. 식품에 들어 있는 식품첨가물의 양은 아주 미량이기 때문에 인체에는 무해하다. 하지만 식품첨가물은 우리 몸 안에서 모두 배출되지 않을 우려가 있고, 여러 식품을 통해 섭취된 식품첨가물로 인한 영향은 아직 과학적으로 증명되지 않았다. 따라서 식품 표시의 원재료명에서 식품첨가물을 확인하고 식품을 구매한다.

III 일 · 가정 양립과 생애 설계

01 저출산 · 고령 사회와 가족 친화 문화 → 76쪽

01 ③ 02 ③ 03 ① 04 ② 05 ⑤

06 일자리 공유제

07 65세 이상 노인 인구가 총인구 비율의 7% 이상이면 고령화 사회, 14% 이상이면 고령 사회, 초고령 사회는 65세 이상 노인 인구가 총인구 비율의 20% 이상으로 후기 고령 사회라고도 한다.

01 자녀 양육 및 가사 노동에 대한 부담이 증가하여 자녀 출산을 기피하고 있는 여성이 늘고 있다.

02 부모–자녀 간에는 자녀가 적어 자녀에 대한 관심도는 증가하는 반면 부모에 대한 효심은 약화된다. 부부는 부부 간 친밀도는 증가하나 자녀 중심의 부부 관계에서 보다 위기를 쉽게 겪을 수 있다. 노인 부양, 노인과의 세대 간 격차, 노인 소외, 경제 문제 등으로 가족 간 갈등 원인이 생긴다.

03 취업이나 주거 마련 등의 부담 경감으로 결혼에 부담을 느끼지 않도록 하며, 출산 지원과 보육 정책 마련으로 자녀 양육이나 교육으로 인한 부담이 되도록 하지 않도록 한다. 난임과 불임 부부를 위한 의료 복지 지원 제도를 확보하고, 자녀 출산으로 인한 여성의 경력 단절이나 신체적 · 정신적 부담을 해소할 수 있는 직장(사회) 분위기가 조성되어야 한다.

04 저출산 · 고령 사회에서 가족 친화 문화 조성을 위해서는 가정에서 부부가 자녀 양육과 가사 노동을 적절히 분담하는 것이 좋은데, 상황에 따라 변화될 수 있으며 꼭 명확하게 구분할 필요는 없다. 그리고 가족 친화 행사에는 부부뿐 아니라 자녀를 포함하여 모든 가족원이 함께 참여해야 한다.

05 유연 근무제와 관련된 것은 남녀 근로자 모두에게 근무 시간과 장소를 조절할 수 있게 한 제도로, 선택적 근로 시간제라고도 한다. 유연 출퇴근제, 재택근무제, 일자리 공유제, 집중 근무제, 한시적 시간 근무제 등이 있다.

02 일 · 가정 양립하기 → 78쪽

01 ⑤ 02 ③ 03 ② 04 ③ 05 ③

06 ④ 07 A

08 ㉠ 역할 갈등
㉡ • 가전 기기를 활용한다.
• 가사 도우미를 고용한다.
• 반조리 식품이나 배달 음식을 이용한다.
• 세탁소나 빨래방 등 외부 업체를 이용하여 가사 노동을 줄인다.

09 일 · 가정 양립을 위한 가족 친화 정책을 모범적으로 실천하는 회사이거나 그 회사가 만든 제품에 부착하는 마크이다.

10 ㉠ 자녀 양육 및 돌봄 문제
㉡ 육아 휴직 제도, 육아기 근로 시간 단축 제도, 직장 어린이집, 자녀 돌봄 교실

01 일 · 가정 양립 상황에서는 일과 가정의 두 가지 역할을 병행하는 과정에서 어느 가정이든 누구에게든 문제가 생길 수 있으므로 가정과 사회, 국가에서 같이 해결하도록 노력해야 한다.

02 주부가 취업 시 가정의 전체적인 소득은 늘지만 계속 일하기 위해 대신 지불해야 하는 경제적 비용이 발생하는 경제적 문제가 생길 수 있다.

03 일 · 가정 양립을 위해서는 시간 배분하기로 여가나 수면 시간을 조절하는 것도 좋고, 여러 가지 일을 처리해야 할 때는 시급성과 중요도에 따라 우선순위를 나누어 시급하고 중요한 일을 가장 먼저 처리한다.

04 가사 노동을 줄이기 위한 가정 관리 방법으로 가전 기기 활용, 가사 도우미 고용 등으로 역할 과중이나 갈등을 해소하는 것

도 좋고, 반조리 식품이나 배달음식 이용, 세탁소나 빨래방 등 외부 업체를 이용하여 가사 노동을 줄일 수도 있다.

05 유연 출퇴근제는 필수 근무 시간을 빼고 자신에게 편리한 시간을 직접 정해서 근무하는 것이고, 재택근무제는 집에서 근무할 수 있게 하는 것, 일자리 공유제는 한 개의 일자리를 두 사람 이상의 인원이 나눠 근무하는 것, 집중 근무제는 하루 근무 시간을 늘리는 대신 나중에 이를 보상하는 추가적인 휴일을 갖게 하는 것이다.

06 육아휴직 제도는 권장하나 부부가 공동으로 육아휴직을 할 경우 가정 경제에 문제가 생길 수도 있고, 임신과 출산으로 인하여 근무를 연장시켜서는 안 된다.

07 가장 시급하고 중요한 일(A)을 가장 먼저 처리하고, 그 다음 B처럼 중요하지는 않지만 시급한 일을 처리한 후, C의 중요하지만 긴급하지 않은 일을 처리하는 등 우선순위를 정하고 일을 처리하도록 한다.

03 내가 꿈꾸는 인생 설계하기 → 83쪽

04 나에게 맞는 진로 탐색과 설계

01 ④	02 ③	03 ④	04 ⑤	05 ④
06 ②	07 ①	08 ②	09 ①	10 ⑤
11 ⑤	12 ②	13 ①	14 ③	15 ④
16 ①				

17 ① – ㉡, ② – ㉤, ③ – ㉢, ④ – ㉣, ⑤ – ㉠

18 발달 과업　　19 ㉠ 가치관 ㉡ 직업 가치관

01 자신의 인생 방향을 끊임없이 변경하기보다는 인생 방향에 대한 지속적인 반성과 개선을 위해 생애 설계를 활용해야 한다.

02 청소년기의 발달 과업은 자아 정체감 형성으로 생애 설계를 해야 하는 시기이다.

03 자신의 인생 전체를 계획하는 것이므로 인생의 장기적인 목표를 중심으로 진로 및 직업, 건강, 결혼, 가족, 노후의 삶 등을 함께 고려해야 한다.

04 생애 설계의 내용에는 직업 설계, 결혼 및 가족 설계, 경제 설계, 건강 및 여가 설계 등이 있다.

05 ㉠ 시기는 유아기로 기본 생활 습관 형성하기, 언어로 의사소통하기 등의 발달 과업을 지닌다. 걷기, 말하기, 돌봐주는 사람에 대한 애착 형성하기는 영아기의 발달 과업이다. 적절한 성역할 학습하기, 도덕성의 기초 형성하기는 아동기의 발달 과업이다.

06 합리적인 소비 습관을 기르는 것은 청소년기부터 실행해야 할 경제적 준비이다.

07 ㉢ 시기는 가족 형성기로 가족 계획을 세우는 것이 중요한 발달 과업이 된다.

08 가족생활 주기는 학자마다 제시하는 단계가 조금씩 다르지만, 가족 규모와 가족생활에 큰 변화를 준 사건을 중심으로 가정 형성기, 자녀 양육기, 자녀 교육기, 자녀 독립기, 노후기로 구분할 수 있다. 문제의 내용은 자녀 양육기에 대한 것이다.

09 중년기에 대한 경제적 준비 단계이다. 진로 탐색하기는 청소년기의 발달 과업이다.

10 진로 설계란 인생을 행복하게 살아가기 위해 자신의 인생에 대한 장기적인 설계도를 그려보는 것이다. 따라서 진학, 교육, 결혼, 취업, 직업 전환, 여가 활동, 사회적 활동 등 개인이 겪게 되는 모든 일에 대한 설계가 포함된다고 볼 수 있다.

11 자신의 인생에서 나아가고자 하는 방향을 정하고 각 단계마다 하고자 하는 일을 실현하기 위한 장기적이고 구체적인 계획을 세우는 것이다.

12 자신의 평가, 주위 사람들의 의견 수렴, 표준화 검사 등의 다양한 방법을 통해 나의 적성, 흥미, 성격, 가치관, 신체적 조건, 나를 둘러싼 환경 등을 파악하는 단계는 나에 대해 이해하기 단계이다.

13 진로 의사 결정 시 가장 중요한 것은 내가 원하는 진로의 방향을 설정하는 것이다. 하지만 부모님의 요구, 사회적 상황, 직업에 대한 고정 관념 등 다양한 요인들의 영향을 받을 수 있다.

14 자신의 평가, 주위 사람들의 의견 수렴, 표준화 검사 등의 다양한 방법을 통해 나의 적성, 흥미, 성격, 가치관, 신체적 조건, 나를 둘러싼 환경 등을 파악한다.

15 다른 사람을 돕고 세상을 더 나은 곳으로 만드는 일에서 보람을 느끼고 있으므로 사회봉사에 더 많은 가치를 두고 있는 것으로 볼 수 있다.

16 A 씨가 무료 이발 서비스를 하는 배경은 자신이 가진 능력을 통해 사회에 봉사하고 보답하기 위한 것으로, 충분한 경제적 보상을 중요하게 생각하는지는 드러나지 않는다.

17 생애 주기의 각 단계에 수행해야 할 역할과 중요한 일들을 발달 과업이라고 한다. 발달 과업은 인생의 단계별로 어떤 목표를 세워야 할지, 어떤 일들을 경험하게 될지 예상하는 데 도움을 준다. 발달 과업을 잘 이루게 되면 삶에 대한 만족도를 높일 수 있고 다음 단계의 발달 과업을 이루는 데도 긍정적인 영향을 준다.

18 진로 선택의 1단계에서는 나의 가치관에 따라 인생에서 이루고자 하는 삶의 목표를 세우고 2단계에서는 나의 적성, 흥미, 성격, 가치관, 신체적 조건, 나를 둘러싼 환경 등을 파악한다. 3단계에서는 직업의 종류와 직업에 필요한 능력, 교육 수준 및 자격증, 취업 방법, 장래 전망 등의 직업 정보를 파악하고, 4단계에서는 상담을 통해 진로 목표를 설정하며, 5단계에서는 진로 목표를 달성할 수 있도록 구체적인 실천 계획을 세우고 이를 실행한다.

19 가치관이란 어떤 일이나 대상에 대해서 무엇이 옳고 바람직한지를 판단하는 생각을 말한다. 직업 가치관은 직업을 선택할 때 무엇을 중요하게 생각하는지, 직업을 통해 이루고 싶은 가치가 무엇인지를 가리키는 말이다.

3단원 _ 대단원 정리 문제

→ 86쪽

01 ②	02 ②	03 ③	04 ②	05 ①
06 ③	07 ①	08 ⑤	09 ①	10 ⑤
11 ②	12 ①	13 ⑤	14 ①	15 ④
16 ②	17 ④	18 ⑤	19 ⑤	20 ②
21 ④	22 ⑤	23 ④	24 가족 친화 인증제	

25 의사 결정　26 경제적 자립

27 ㉠ 육아휴직 제도 ㉡ 유연 근무 제도

28 생애 설계

29 생애 주기별로 수입과 지출의 수준이 달라질 수 있으므로 장기적인 관점에서 이를 대비하여 안정적인 생활을 유지하기 위해서이다.

30 노인 인구의 증가로 인해 노후 보장 비용 마련에 필요한 사회적 비용 및 국가 재정 부담이 증가할 수 있다.

31 출산이 지속되지 않아 언젠가 마지막 생존자가 나올 수 있다는 자료로서, 이 자료를 보았을 때 저출산이 지속되면 우리나라 인구가 급감하거나 인구가 소멸할 수 있음을 예측할 수 있다.

32 단순한 호기심으로 인한 즉흥적인 결정이 되지 않도록 나에 대한 객관적인 이해를 바탕으로 부모님과 충분한 의사소통을 할 필요가 있다. 꿈을 이루기 위한 다른 대안을 생각해 볼 수도 있다.

01 오늘날 사회 · 경제적 변화로 결혼과 자녀와 가족에 대한 가치관이 변화하고 있다. 여성의 경제 활동 증가, 자녀 양육 및 가사 노동에 대한 부담 증가, 주거의 불안정 등으로 결혼을 기피하거나 늦추는 추세이며, 이에 따른 출산율의 저하로 저출산 현상이 점점 심각해지고 있다. 또한, 의료 기술의 발달에 따른 평균 수명의 연장으로 고령 인구 비율이 빠르게 증가하고 있다.

02 부모-자녀 간 문제로는 자녀 수가 적어 부모의 자녀에 대한 관심도는 증가하는 반면 자녀의 부모에 대한 효심은 약화하여 세대 간 갈등이 초래될 수 있다. 형제자매 간 문제로는 형제 수가 적어 협동심과 배려심을 배울 기회가 적고, 동성 형제만 있는 경우 성 역할 학습에 제한이 있을 수 있다. 부부간 문제로는 부부간 친밀도를 더 중요시 하여 이를 만족시키지 못하면 자녀 중심의 관계에서보다 위기를 쉽게 겪을 수 있게 되었다. 노인 문제로는 노인 부양, 노인과의 세대 간 격차, 노인 소외, 경제 문제 등으로 가족 간 갈등 원인이 되고 있다.

03 우리나라의 직장 문화나 여성에 대한 사회적 편견 등은 일 · 가정 양립을 어렵게 만드는 요인으로 작용한다. 여성이 일을 할 수 있도록 양육과 보육 관련 제도와 시설을 잘 갖추고 가족 친화적인 기업 문화와 가정생활 문화를 만들어나가야 한다.

04 가족 친화 문화는 가족 구성원이 친밀감을 느끼고 서로 소통하여 가정생활과 사회생활을 조화롭게 할 수 있는 환경을 말한다. 일과 가정의 삶을 균형 있게 유지하고자 하는 사람들의 욕구와 사회적 분위기로 인해 가족 친화적인 기업 문화가 확산되고 있다.

05 가족 친화적인 직장 문화 조성을 위해서는 업무 강도를 적절하게 조절하고 정시 출근과 정시 퇴근 문화를 정착시켜야 한다. 이 외에 장기 근속자 휴가, 가족 돌봄 휴직 제도 운영, 배우자 전근 시 근무지 이동 지원, 가족 초청 행사 등도 도움이 된다.

06 그림은 맞벌이 부부의 경우에도 자녀 양육이나 집안일은 여자가 해야 하거나 더 많이 참여해야 한다는 성 역할 고정 관념이나 가부장적 가치관으로 인해 일 · 가정의 양립이 어렵게 된 사례이다.

07 한 개인에게 주어진 역할 외에 다른 역할을 요구할 때 생기는 갈등이므로 개인이 모든 역할을 하는 것은 좋지 않다.

08 가족 내에서는 가사 노동을 공평하게 분담하는 것은 맞지만, 의사소통은 수평적이고 민주적이어야 한다.

09 가족 차원에서는 가족원들이 가사 노동을 분담하거나 남성이 가사 노동에 적극 참여하는 등 양성평등한 성 역할 태도로 평등한 역할 분담이 이루어져야 한다. 그리고 가족 구성원 간의 의사소통을 통한 문제 해결과 자유롭고 솔직한 감정 표현을 하는 것도 일 · 가정 양립의 조화로운 생활에 도움이 된다. 모성 보호와 여성 고용 촉진도 중요한 사항이기는 하나 가사 분담 문제의

해결 방안과 직접적인 관련성은 낮다.

10 그래프에서 나타난 일 · 가정 양립의 어려움은 직장 생활과 관련되므로 직장 내 가족 친화적 분위기를 조성하는 일이 가장 관련이 높다. 직장에서는 남녀 평등한 기회와 대우를 보장하고, 모성 보호와 여성 고용을 촉진하여 남녀 고용 평등을 실현할 수 있는 사회적 분위기를 조성하도록 힘써야 한다.

11 일과 가정생활의 균형은 어느 한 구성원의 일방적인 희생이 요구되어서는 안 된다.

12 돌봄 서비스에 대한 설명이다.

13 유연 근무 제도는 남녀 근로자 모두에게 근무 시간과 장소를 조절할 수 있게 하는 제도로 유연 출퇴근제, 재택근무제, 일자리 공유제, 집중 근무제, 한시적 시간 근무제 등이 있다. 육아휴직 제도는 「남녀 고용 평등과 일 · 가정 양립 지원에 관한 법률」에 근거, 남녀 구분 없이 만 8세 또는 초등학교 2학년 이하의 자녀가 있는 경우 30일 이상 최대 1년의 육아휴직을 사용할 수 있도록 하는 제도로 유연 근무 제도와는 다른 종류의 가족 친화 제도이다.

14 가족이 수행할 자녀 양육, 가족 부양 등의 역할을 사회가 분담하는 가족 정책으로 아이 돌보미, 장애아 가족 양육, 노인 돌보미 지원 등이 있다. 육아휴직을 하지 않으면서 가족이 수행할 자녀 양육을 분담할 수 있는 정책으로 돌봄 서비스를 들 수 있다.

15 나머지 예시는 모두 개인이나 가정 측면에서의 실천 방안이다.

16 생애 설계란 자신의 인생을 어떻게 보낼 것인지에 대해 목표를 세우고 이를 실천하기 위한 구체적인 계획을 준비하는 과정으로, 자신을 좀 더 잘 이해할 수 있고 자신의 가치관에 따른 인생 계획을 세우는 데 도움이 된다. 생애 설계의 내용을 통해 자신의 인생 방향에 대한 지속적인 반성과 개선을 할 수 있으며, 앞으로의 삶을 예측해 봄으로써 삶의 안정성을 높일 수 있다.

17 결혼 및 가족 설계에 대한 질문이다.

18 성년기의 발달 과업이므로 생애 주기별 경제적 준비로 부부의 수입과 지출을 파악하여 가족의 전 생애 경제 설계하기, 육아 비용 마련 및 자녀 교육비 준비하기, 주택 마련 계획 세우고 이에 따른 자금 마련하기, 노후 생활 대비 자금 준비 시작하기 등이 있다.

19 청소년 시기의 발달 과업이다.
① 여가 잘 보내기 – 노년기, ② 인생 철학 확립하기 – 중년기, ③ 적절한 성 역할 습득하기 – 아동기, ④ 기본 생활 습관 형성하기 – 유아기에 해당한다.

20 진로를 설계할 때에는 자신에 대한 이해를 바탕으로 자신이 진정으로 원하고 가치를 부여하고 있는 것이 무엇인지 생각해야 한다. 즉, 내면적 가치를 존중해야 한다.

21 상담을 통해 진로 목표를 설정하는 단계에서는 진로를 선택하기 위해 부모님, 선생님, 선배, 전문가 등에게 조언을 구하고 합리적인 진로 의사 결정 과정을 통해 진학 및 취업에 관한 진로 목표를 설정한다.

22 다른 사람을 돕고 세상을 더 나은 곳으로 만드는 일에서 보람을 느끼는 가치관이 드러난다.

23 직업을 어떻게 받아들이는지에 대한 심리적 의미와 관련이 깊다.

24 가족 친화 인증제는 가족 친화 제도를 모범적으로 운영하는 기업 및 공공 기관에 대하여 심사를 통해 인증을 부여하여 다양한 혜택을 줌으로써 기업의 가족 친화 문화 정착을 독려하는 제도이다.

25 의사 결정에 대한 설명이다.

26 자신이 세운 생애 설계를 실현하려면 목표를 이루기 위한 구체적인 계획 및 실천이 따라야 한다. 여기에 신체적, 정신적 건강과 생계를 유지할 수 있는 경제적 자립이 무엇보다 중요하다. 경제적 자립이 뒷받침될 때 우리는 좀 더 자신의 인생 목표에 집중할 수 있다.

27 육아휴직 제도는 「남녀 고용 평등과 일 · 가정 양립 지원에 관한 법률」에 근거, 남녀 구분 없이 만 8세 또는 초등학교 2학년 이하의 자녀가 있는 경우 30일 이상 최대 1년의 육아휴직을 사용할 수 있다. 이 기간에는 고용보험을 통해 일정액의 육아휴직 급여가 지급된다. 유연 근무 제도는 남녀 근로자 모두에게 근무 시간과 장소를 조절할 수 있게 한 제도로, 선택적 근로 시간제라고도 한다. 유연 출퇴근제, 재택근무제, 일자리 공유제, 집중 근무제, 한시적 시간 근무제 등이 있다.

28 생애 설계란 자신의 인생을 어떻게 보낼 것인지에 대해 목표를 세우고, 이를 실천하기 위한 구체적인 계획을 준비하는 과정을 말한다. 생애 설계를 하면 자신을 좀 더 잘 이해할 수 있고 자신의 가치관에 따른 인생 계획을 세우는 데 도움이 된다.

29 생애 주기별로 수입과 지출의 수준이 달라질 수 있으므로 장기적인 관점에서 수입과 지출의 균형을 예상하고 소득보다 지출이 많아지는 시기에 대비하여 저축 · 투자 · 보험 등을 통해 안

정적인 생활을 유지할 수 있도록 계획해야 한다.

30 노인 인구 증가로 인한 영향을 경제적 측면에서 살펴보면 생산 가능 인구가 감소하여 경제 성장이 느려지고 노후 보장 비용 마련을 위한 세대 간 갈등이 발생할 수 있으며 재정 부담으로 국가 경제가 어려워질 수 있다(정답에는 노인 인구 증가로 인한 사회적 비용 증가와 이로 인한 국가 경제의 위기 측면의 내용을 서술하면 됨).

31 주어진 자료는 저출산 현상이 지속되면 대한민국 인구가 급감할 것을 예측하여 시도별 마지막 생존자가 나올 연도를 추정한 것이다. 지금과 같은 저출산이 지속되면 2750년에 대한민국 인구 자체가 소멸될 것이라는 전망이 나온다(정답에는 저출산으로 인한 인구 급감이나 인구 소멸에 대한 내용이 포함되면 됨).

32 부모님이 기대하는 진로와 내가 원하는 진로의 방향이 달라서 의견 충돌이 있을 수도 있고, 내가 하고 싶은 일이 사회적 인식이나 고정 관념 등으로 인해 주위의 지지를 받지 못할 수도 있다. 이때는 장기적인 관점에서 삶의 여러 가지 측면을 함께 고려하여 최선의 선택을 할 수 있도록 해야 한다(합리적인 의사 결정 과정에 따라 최선의 행동 방향을 결정해야 한다는 내용이 포함되어 있으면 됨).

IV 수송 기술과 에너지 활용

01 수송 기술 시스템과 발달 과정

→ 98쪽

01 ④	02 ③	03 ②	04 ⑤	05 ②
06 ①	07 ①	08 ②	09 ④	10 ②
11 ③	12 ⑤	13 ④		

01
- 제조 기술: 자연에서 얻은 재료를 가공하여 우리 생활에 필요한 제품을 만드는 것
- 건설 기술: 자연환경으로부터 자신을 보호하고, 좀더 편리하고 쾌적한 생활을 위해 주택, 도로, 교량 등 다양한 구조물을 만드는 것
- 정보 통신 기술: 정보의 수집, 가공, 저장, 송신, 수신의 과정으로 이루어지는데, 이때 사용되는 다양한 시스템, 도구 등을 말한다.
- 생명 기술: 생명체의 현상이나 기능을 이용하여 인간에게 유용한 물질을 만드는 것

02
- 투입: 인력, 에너지, 기계, 설비, 자본 등
- 산출: 목적지 도달, 사람의 이동 등
- 되먹임: 문제가 발생하면 이를 해결하기 위해 문제가 되는 단계로 되돌아가는 것

03 사회, 경제, 문화, 외교, 환경 등 인간의 삶에 전반적으로 영향을 미친다.

04 세계에서 가장 오래된 바퀴는 B.C. 3500년경으로 추정되는 고대 메소포타미아 유적에서 발견된 통나무로 만든 원판 바퀴이다.

05 1955년 한국인의 손으로 만든 최초의 자동차인 시발 자동차가 출시되었는데, 주요 부품을 미국 차량에서 가져왔고 우리나라에서는 50% 정도의 부품을 만들어서 차량을 생산하였다.

06
- 디젤 기관차: 디젤 기관의 동력으로 전기 에너지를 생산하여 전동기를 가동하고, 그 회전력으로 이동한다.
- 하이퍼 루프: 미래의 진공 열차
- 전동차: 초고속 열차라고도 하며, 전차선으로부터 받은 전기로 전동기를 가동하고, 그 동력을 바퀴에 전달하여 이동한다.

07 하이퍼 루프: 미국의 '하이퍼루프 원(Hyperloop One)'이 개발 중인 시속 1,200km로 달리게 될 음속 열차이다. 현재 서울에서 부산 간 이동 시간은 비행기로 55분이 걸리지만, 이 음속 열차를 타면 이동 시간을 16분으로 단축할 수 있다.

08

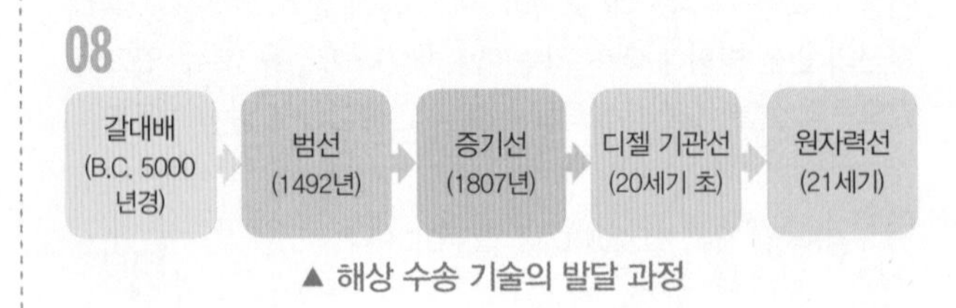

▲ 해상 수송 기술의 발달 과정

09 준설선: 물의 깊이를 깊게 파거나 물속에서 모래나 자갈을 파는 배

10

위성 이름	발사 시기	발사 목적
아리랑 1호	1999년	다목적 실용 위성
천리안	2010년	우리나라 최초의 정지 궤도 위성

무궁화 위성 1호	1995년	방송 통신 위성
나로 3호	2013년	우리나라 첫 우주 발사체 과학 위성

11 하이브리드 자동차는 천천히 달릴 때에는 전동기를 이용하고, 속도를 높이거나 오르막길에서는 내연 기관을 이용한다. 출발이나 가속 등의 높은 출력이 필요할 때에는 전동기와 내연 기관을 동시에 이용하기도 한다.

12 미래의 수송 기술은 다양한 신소재를 사용하여 가볍고 튼튼한 재료를 사용함으로써 수송 기관의 무게를 줄여 에너지 효율을 높일 것이다.

13 드론은 무인 항공기를 가리키기도 하며, 택배, 레저, 항공 촬영, 인명 구조, 통신, 농업, 감시 등에 쓰인다.

02 수송 수단의 이용과 안전 → 102쪽

01 ② 02 ⑤ 03 ③ 04 ⑤ 05 ①
06 ② 07 ④ 08 ③ 09 ② 10 ①
11 ③ 12 ④

01 지하철 승강장에서 장난치지 않도록 하며, 승강장과 열차 사이에 발이 빠지지 않도록 주의한다.

02 승무원이 안내하는 대피 요령과 구명조끼 비치 장소 및 착용 방법 등을 잘 듣고 숙지해야 한다.

03 위험 구역에는 절대 들어가지 않아야 한다.

04 이착륙 시 젖혀 놓은 등받이는 최대한 직각으로 세워야 한다. 등받이가 뒤로 젖혀진 상태로 사고가 나면 충격 범위가 넓어 사람들이 많이 다칠 수 있기 때문이다.

05 수송 수단의 사고 원인은 다음과 같다.
- 사람에 의한 원인: 체계적인 안전 교육 부족, 안전 의식 결핍, 보행자, 운전자의 주의 부족, 건강상의 장애
- 환경적 사고 원인: 눈, 비 등 자연 재해 발생, 도로 설계 체계 등 지원 시설 미비, 도로 설계 및 수송 과정 오류
- 수송 수단의 사고 원인: 수송 수단의 자체 결함, 수송 수단의 장비 부족, 불량 부품 사용 및 사용 기간 불이행

06 반대 선로 쪽으로 절대로 건너가지 말고, 선로 주변에 머무르지 않는다.

07 큰 선박이 침몰할 때는 거센 소용돌이가 발생할 수 있으므로 성급하게 바다에 뛰어들지 말고 배의 높은 곳으로 피신한다.

08 비상 탈출용 미끄럼틀을 이용할 때는 엉덩이로 미끄럼을 타고 내려가는 것이 안전하다.

09 ㉡과 ㉣은 규제 표지이고, ㉢과 ㉤은 지시 표시이다.

10 규제 표지는 도로 교통의 안전을 위하여 각종 제한·금지 등의 규제를 하는 경우 이를 도로 사용자에게 알리는 표지이다.

11 지시 표지는 도로의 통행 방법, 통행 구분 등 도로 교통의 안전을 위하여 필요한 지시를 하는 경우 도로 사용자가 이에 따르도록 알리는 표지이다.

12 골든 아워(Golden Hour): 사고나 사건에서 인명을 구조하기 위한 초반의 '황금 같은 시간'을 지칭한다. 예를 들어 응급 처치 방법 중 하나인 심폐소생술(CPR)은 상황 발생 후 최소 5분에서 최대 10분 내에 이루어져야 한다.

03 수송 기술 문제, 창의적으로 해결하기 → 106쪽

01 ⑤ 02 ④ 03 ① 04 ③ 05 ③
06 ② 07 ⑤ 08 ④ 09 ④ 10 ②
11 ② 12 ② 13 ㉡ 14 ㉢

15 베르누이 법칙에 따라 날개 위쪽의 공기는 빠른 속도로 흐르고 날개 아래쪽의 공기는 위쪽보다 느린 속도로 흐른다. 그러므로 날개 아래쪽의 공기는 압력이 높아지면서 날개를 위로 밀어 올리는 힘(양력)이 생기고, 이 힘으로 비행기는 떠오르게 된다.

01 비행기 동체는 물고기의 몸통처럼 부드러운 유선형이다.

02 부력은 배와 기구를 뜨게 하는 힘으로, 중력과 반대되는 힘을 말한다.

03
- 양력: 비행기를 띄우게 하는 힘
- 추력: 비행기 기관의 힘 또는 앞으로 가게 하는 힘
- 중력: 지구 중력, 땅으로 당기는 힘
- 항력: 바람의 저항, 속도를 늦추는 힘

04 받음각이 클수록 양력이 발생하기 쉽고 작아질수록 양력이 발생하기 어렵다. 또한 받음각이 일정한 수준을 넘어서면 양력이 감소하고 항력이 증가한다.

05 플랩: 날개의 면적과 받음을 증가시켜 추가적인 양력을 얻는다. 항력도 동시에 증가하므로 이착륙 시에 주로 사용한다.

06 제트 기관을 장착한 비행기는 주로 여객용 항공기에 이용

되고 있으며, 사람과 화물을 먼 거리까지 빠르게 수송한다.

07 비행기의 무게 중심을 고려하여 구상해야 한다.

08 공력 중심: 받음각이 변해도 피칭 모멘트의 값이 변하지 않는 에어포일의 기준점

09 콘덴서의 방향이 바뀌면 제대로 작동하지 않는다.

10 재료 준비(각자 준비) – 날개 제작(도면에 따라 제작) – 동체 제작(날개 조립을 예상하여 제작) – 꼬리 날개 제작(승강타와 방향타 주의) – 조립 및 완성(무게 중심 잡기, 시험 비행 통해 조정)

11 소형의 풍동 장치 모형을 만들어 실험을 하면 실물을 사용하여 직접 측정하는 것에 비하여 모형을 계통적으로 변화시켜 측정 결과를 해석할 수 있으므로 비용이 적게 들고, 쉽고 안전하게 실험을 할 수 있다.

13 무게 중심이 공력 중심보다 앞에 있는 경우

14 무게 중심이 공력 중심보다 조금 앞에 있는 경우

04 신 · 재생 에너지 개발의 중요성과 활용 분야 → 110쪽

05 에너지 문제, 창의적으로 해결하기

01 ①	02 ⑤	03 ②	04 ④	05 ③
06 ④	07 ④	08 ⑤	09 ②	10 ③
11 ④	12 ③	13 ⑤	14 ①	15 ③
16 ④	17 ③	18 ④	19 ①	20 ⑤

21 화석 에너지 사용으로 인하여 지구의 온난화가 가속화되어 이상 기후가 발생하고, 화석 에너지 자원이 고갈되었을 때 많은 문제점이 발생될 수 있기 때문에 친환경적이면서도 에너지 효율이 높은 신 · 재생 에너지 개발이 필요하다고 생각을 한다.

22 에너지 하베스팅 기술은 일상생활에서 버려지거나 소모되는 에너지를 모아 전력으로 재활용하는 기술이다. 에너지 하베스팅을 이용하면 바람, 물, 진동, 온도, 태양광선 등의 자연 에너지를 전기 에너지로 변환하는 것뿐만 아니라 사람이나 교량의 진동, 실내 조명광 등과 같이 주변에 버려지는 에너지도 전기 에너지로 변환하여 사용할 수 있게 된다.

02 역학적 에너지를 기계적 에너지라고도 한다.

03 전기 에너지는 빠르고 안전하게 전달할 수 있으며, 환경오염 물질을 발생하지 않기 때문에 많은 곳에서 사용을 하고 있다.

04 전기, 도시가스, 석유 제품 등은 2차 에너지에 속한다.

05 화석 에너지는 고갈되기 때문에 새로운 대체 에너지의 개발이 필요하다.

06 • 나프타: 원유를 증류할 때 LPG와 등유 사이에 나오는 것으로 합성수지, 섬유, 합성 고무, 암모니아 비료용 등으로 쓰임
• 우라늄: 원자력 발전의 에너지 자원

07 열병합 발전은 연료를 태울 때 발생하는 열로 전기를 생산하고, 이때 발생되는 폐열을 회수하여 지역 냉난방에 필요한 열로 전환시켜 에너지 효율을 높이는 도시형 발전 방식이다.

08 원자로는 우라늄의 핵이 분열하면서 지속적으로 에너지를 낼 수 있도록 만든 장치이다.

09 신에너지의 종류에는 연료 전지, 수소 에너지, 석탄 액화 및 가스화 등이 있다.

10 생산된 연료 전지는 일상생활 및 건물 발전소 등에 이용된다.

11 빛을 쬐면 전기를 생산하는 태양 전지로 햇빛을 전기 에너지로 변환하여 이용한다.

12 • 수로식 발전: 물의 양이 적고, 낙차가 높다.
• 양수식 발전: 위쪽 저수지에서 방류할 때 발전하고 남은 전기를 이용하여 다시 아래쪽 저수지에 있는 물을 끌어올려 다시 발전을 한다.
• 소수력 발전: 강이나 하천에서 아주 작은 발전을 할 때 사용한다.

13 시화호 조력 발전소는 세계적으로 조석간만의 차가 큰 서해에 위치한 세계 최대 규모의 조력 발전소이며, 수차 발전기 10기와 수문 8문으로 254MW를 생산한다.

14 • 바이오 디젤: 식물에서 추출한 기름이나 동물성 지방, 알코올과 반응시켜 만든 것
• 바이오 에탄올: 옥수수, 사탕수수, 밀, 감자 등의 식물을 발효시켜 차량 등의 연료 첨가제로 사용하는 방식

15 바이오 디젤: 식물에서 추출한 기름이나 동물성 지방, 알코올과 반응시켜 만든 것

16 재생 에너지로 지열 발전은 천연적으로 생성된 지하의 고

온을 이용하기 때문에 발전에 필요한 경비가 저렴하고 공해 물질을 배출하지 않는다.

17 온도차 발전: 표층의 따뜻한 물로 데워 증발시킨 암모니아나 프레온 따위의 작동 유체를 심해로부터 퍼 올린 냉수로 식히는데, 그때 생긴 압력차로 작동 유체가 팽창하여 터빈을 회전시킨다.

18 국제적인 자원의 수급 불균형으로 인한 에너지 가격 폭등과 일어나고, 산성비는 생태계에 나쁜 영향을 준다.

19 진동 에너지 하베스팅: 물체에서 발생한 진동 에너지를 전력으로 변환하는 기술

20 에너지 효율 등급이 높은 가전제품 구입, 저탄소 상품 인증 마크나 에너지 소비 효율 등급 표시 제품 구입, 연비가 우수한 자동차 구입, 친환경적인 대체 에너지 자원의 지속적인 개발을 통해서 에너지 효율을 높일 수 있도록 노력해야 한다.

4단원 _ 대단원 정리 문제

→ 113쪽

01 ②	02 ④	03 ④	04 ①	05 ③
06 ③	07 ⑤	08 ②	09 ③	10 ⑤
11 ④	12 ②	13 ①	14 ④	15 ②
16 ③	17 ②	18 ③	19 ③	20 ④
21 ②	22 ③	23 ②	24 ①	25 ③
26 ②	27 석탄 액화 및 가스화			

28 베르누이 법칙에 따라 날개 위쪽의 공기는 빠른 속도로 흐르고 날개 아래쪽의 공기는 위쪽보다 느린 속도로 흐른다. 그러므로 날개 아래쪽의 공기는 압력이 높아지면서 날개를 위로 밀어 올리는 힘(양력)이 생기고, 이 힘으로 비행기는 떠오르게 된다.

01 수송 기술은 인류의 발전과 더불어 지역 및 국가 간의 교류를 원활하게 하면서 다양한 형태로 발달하였다.

02 수송 기술 시스템의 '투입–과정–산출' 단계 중 ④는 산출, 나머지는 투입 단계에 해당한다.

03 수레바퀴 발명(B.C. 2500년경) → 퀴뇨의 증기 자동차(1769년) → 가솔린 자동차(1886년) → 포드 자동차(1908년) → 하이브리드 자동차(21세기)

04 동력원의 발달에 밀접한 영향을 받는다(내연 기관, 외연 기관, 로켓 기관 등)

05
- 컨베이어: 공장 등에서 재료나 제품을 자동적 · 연속적으로 운반하는 기계 장치
- 개별 생산 방식: 주문받은 제품을 하나씩 생산하는 방식
- 로트 생산 방식: 제품이나 부품을 일정한 수량만큼 모아서 생산하는 방식

07 유형거: 수원 화성을 만들 때 돌이나 목재 등의 건설 자재를 나르기 위해 사용한 수레

08
- 위그선: 물 위 5m 정도로 떠서 운항하는 비행 선박으로, 시속 500km로 운항이 가능하다.
- 수중익선: 배 아래에 설치된 수중 날개를 고속 회전시켜 날개에 양력이 발생하도록 하여 배 전체를 물 위로 떠올라 운항하는 배로, 물의 저항을 줄여 고속으로 운항할 수 있다.

09 조운선은 고려 시대 때 국가에 바치는 조세미(租稅米)를 운반하는 데 사용하였던 선박이다.

10 제임스 와트(증기 기관 발명), 몽골피(열기구 발명), 트레비식(증기 기관차 제작), 풀턴(증기선 클러먼트호 제작)

11 가솔린 기관: 가솔린과 산소의 혼합기를 실린더 내부로 흡입하여 압축한 후 전기 불꽃으로 폭발시켜 동력이 발생하는 기관

12 라이트 형제–동력 비행기, 트레비딕–증기 기관차, 닐 암스트롱–아폴로 11호(달 착륙 성공), 릴리엔탈–글라이더

13 아리랑 1호–1999년, 아리랑 2호–2006년(다목적 실용 위성), 무궁화 위성 5호–2006년(대한민국 최초 군용 통신 위성)

14 친환경 자동차에는 수소 자동차, 연료 전지 자동차, 하이브리드 자동차 등이 있다.

15
- 위성 항법 장치(GPS): 비행기, 선박, 자동차뿐만 아니라 세계 어느 곳에서든지 인공위성을 이용하여 자신의 위치를 정확히 알 수 있는 시스템
- 유비쿼터스: '언제 어디에나 존재한다'는 뜻의 라틴어로, 사용자가 장소에 상관없이 자유롭게 네트워크에 접속할 수 있는 환경을 의미

16
- 사람에 의한 원인: 안전 의식 결핍, 보행자, 운전자의 주의 부족, 건강상의 장애, 체계적인 안전 교육 부족 등
- 환경적 원인: 눈, 비 등 자연 재해 발생, 도로 설계 체계 등 지원 시설 미비, 도로 설계 및 수송 과정 오류 등
- 수송 수단 자체 원인: 수송 수단의 자체 결함, 수송 수단의 장비 부족, 불량 부품 사용 및 사용 기간 불이행 등

17 버스에서 서 있을 때는 손잡이를 꼭 잡는다. 특히 비나 눈이 오는 날에는 바닥이 미끄러워 쉽게 넘어질 수 있으므로 주의한다. 지하철을 타고 내릴 때는 전동차와 승강장의 간격이 넓은 곳도 있으므로 발이 빠지지 않도록 하고, 출입문에 신체, 옷, 휴대 물건 등이 끼이지 않도록 주의한다.

18 지시 표지: 도로의 통행 방법, 통행 구분 등 도로 교통의 안전을 위하여 필요한 지시를 하는 경우, 도로 사용자가 이에 따르도록 알리는 표지

20
- 추력: 앞으로 가게 하는 힘
- 항력: 속도를 늦추는 힘
- 양력: 위로 올려주는 힘
- 중력: 땅으로 당기는 힘

21 심미성은 제품의 아름다움, 내구성은 제품의 튼튼함을 뜻한다.

22 받음각이 클수록 양력이 발생하기 쉽고, 작아질수록 양력이 발생하기 어렵다. 또한 받음각이 일정한 수준을 넘어서면 양력이 감소하고, 항력이 증가한다.

23 나프타는 원유를 증류할 때 LPG와 등유 사이에서 나오는 것으로 합성 섬유, 합성 고무, 암모니아 비료용으로 쓰인다.

24 석탄, 석유, 천연가스, 우라늄, 태양, 지열, 수력, 풍력, 해양 에너지와 같은 자연 에너지는 1차 에너지에 속한다.

25
- 신에너지: 연료 전지, 수소 에너지, 석탄 액화 및 가스화 등
- 재생 에너지: 바이오 에너지, 태양광 에너지, 태양열 에너지, 폐기물 에너지, 풍력 에너지, 지열 에너지, 해양 에너지 등
- 석탄 등을 고온 및 고압에서 불완전 연소 및 가스화 반응을 시켜 일산화탄소와 수소가 주성분인 가스 제조
- 가스터빈 및 증기터빈을 구동하여 전기 생산
- 환경오염 물질을 줄일 수 있는 환경 친화 기술 사용

26
- 파력 발전: 파도의 상하 운동 이용하는 것으로, 해수면이 올라갈 때 공기를 밀어 올려 터빈을 돌리는 방식
- 소수력 발전: 높이로 인한 수력을 이용해 전기 에너지로 전환하는 발전 방식으로, 강의 상류나 다목적 댐의 높이차를 이용한다.
- 조력 발전: 밀물과 썰물의 차가 큰 지역에 설치
- 온도차 발전: 해면의 온수와 심해의 냉수의 온도차를 이용해서 발전하는 방식

27 석탄 액화 및 가스화는 석탄에 수소를 첨가하여 석탄을 액체로 만들고, 석탄을 합성 가스로 만드는 것으로, 환경오염이 적고 석유를 대처할 수 있어서 경제성이 높다.

V 정보 통신 기술 시스템

01 정보 기술 시스템과 정보 통신 과정 → 123쪽

01 ③ 02 ② 03 ④ 04 ③ 05 ④
06 ⑤ 07 ④ 08 정보 통신 기술

02
- 투입: 사람, 자본, 시간, 정보 통신 기기, 다양한 정보 형태 등
- 과정: 전송 매체를 통해 정보를 전달
- 되먹임: 산출물을 평가하여 문제점이 있으면 시스템을 개선

03
- 부호화: 작성한 정보를 컴퓨터가 인식할 수 있는 디지털 정보로 변환하는 것
- 복호화: 수신된 디지털 정보를 우리가 읽고 볼 수 있게 문자, 그림, 영상 등으로 복원하는 것

04 중앙 처리 장치와 주변 처리 장치는 정보 처리 시스템에 속한다.

05 디지털 신호는 시간에 따라 연속적으로 변화하는 수치를 0과 1로 끊어서 표현한다.

02 정보 통신 기술의 특성과 발달 과정 → 126쪽

01 ③ 02 ⑤ 03 ④ 04 ③ 05 ②
06 ⑤ 07 ④ 08 ③ 09 ⑤ 10 ⑤
11 ④ 12 ④ 13 멀티미디어
14 해설 참고

01
- 정보: 다양한 자료를 우리에게 유용한 형태로 가공한 것
- 자료: 단순히 관찰하거나 측정해서 얻은 사실의 값
- 통신: 적절한 매체를 통해 의사소통하거나 정보를 전달하는 것
- 정보 통신: 정보가 송수신자 간에 효율적으로 이동되는 과정

03
- 양방향 통신

– 반이중 통신: 무전기, 무선 송수신기
– 전이중 통신: 휴대 전화, 인터넷
• 단방향 통신: 라디오 방송, 감시 카메라 등

04 • 동축 케이블: 주파수 범위가 넓어 장거리 통신망이나 케이블 텔레비전 등에 사용
• UTP 케이블: 비용이 저렴하고 배선이 쉬워 근거리 통신에 주로 사용

06 • 클라우드 서비스: 각종 자료를 사용자의 PC나 스마트폰 등 내부 저장 공간이 아닌 외부 서버에 저장하고 다운로드 받는 서비스
• 빅데이터: 인터넷에서 생성되거나 스마트 기기에서 클라우드 컴퓨팅을 통해 모이는 데이터의 집합체

07 네트워크 서비스는 매우 넓게 분산되어 있는 컴퓨터 시스템, 프로그램 또는 데이터의 각종 자원을 통신 회로를 거쳐 이용하는 것이다.

09 이집트 상형 문자(B.C. 3000년경) → 벨 전화기(1876년) → 무선 전신기(1896년) → 라디오 방송(1906년) → 에니악(1946년) → 위성 방송(1962년) → 휴대 전화(1973년)

10 • Wi-Fi: 무선 접속 장치가 설치된 곳의 일정 거리 안에서 초고속 인터넷을 할 수 있는 근거리 통신망
• LTE: 4세대 이동 통신 규약으로 대용량 데이터를 전송할 수 있는 통신 기술

11 가상 현실은 어떤 특정한 환경이나 상황을 컴퓨터로 만들어서, 그것을 사용하는 사람이 마치 실제 주변 상황 · 환경과 상호작용을 하고 있는 것처럼 만들어 주는 인간과 컴퓨터 사이의 인터페이스를 말한다.

12 13세기 초에 만들어진 상정고금예문은 독일 구텐베르크의 금속 활자보다 200여년 앞섰으나, 현재 남아있지 않다.

13 • 가상 현실: 컴퓨터로 만든 가상 공간이나 물체를 보여주는 것
• 증강 현실: 현실 세계의 영상, 이미지 등에 3차원 가상 정보를 합성하여 보여주는 미디어
• 소셜 미디어: 자신의 생각과 의견, 경험, 관점 등을 서로 공유하기 위해 사용하는 개방화된 온라인상의 콘텐츠

14 NFC(Near Field Communication) 기술은 13.56MHz 대역의 주파수를 사용하여 10cm 정도의 거리에서 데이터를 송수신하는 근접 통신 기술이다. NFC 기술은 휴대용 단말기에 탑재되어 신용 카드, 신분증 등을 대체할 수도 있으며 노트북의 사용자 인증, 모바일 티켓, 쿠폰 등 다양한 분야에서 활용될 수 있는 성장 잠재력이 큰 기술이다. NFC 기술은 기존 RFID 기술이나 블루투스 등의 경쟁 기술에 비해 통신 거리가 짧아 보안이 우수하고, 가격이 저렴하여 차세대 근거리 통신 기술로 주목받고 있다. 또한, 데이터 읽기와 쓰기 기능을 모두 사용할 수 있다는 것이 장점이다.

03 다양한 통신 매체의 이해와 활용 ➜ 130쪽
04 정보 통신 기술 문제, 창의적으로 해결하기

01 ② 02 ① 03 ④ 04 ③ 05 ③
06 ⑤ 07 증강 현실

08 통신 매체는 의사소통 과정에서 송신자와 수신자 간의 정보를 전달하는 모든 수단으로, 정보 전달을 위해 사용되는 모든 형태의 경로이다. 통신 매체의 종류에는 활자 매체, 영상 매체, 음성 매체 등의 전통 매체와 뉴미디어 등이 있다.

01 활자는 가장 기본적인 형태의 정보 전달 수단으로써 많은 양의 정보를 다룰 수 있으며, 의미를 정확하게 전달할 수 있다.

02 컴퓨터, 인터넷, 스마트폰, SNS 등이 뉴미디어에 속한다.

03 해킹: 컴퓨터 네트워크의 취약한 보안망에 불법적으로 접근하거나 정보 시스템에 유용한 영향을 끼치는 행위

04 신체 인식 정보는 특징적인 값만이 추출되어야 한다.

05 RFID: 초소형 반도체 칩(전자 태그)에 상품이나 사물의 정보를 저장하고, 전파를 이용하여 태그 안의 정보를 인식하는 기술

5단원 _ 대단원 정리 문제 ➜ 131쪽

01 ⑤ 02 ⑤ 03 ④ 04 ② 05 ③
06 ② 07 ① 08 ⑤ 09 ③ 10 ④
11 ③ 12 ④ 13 ③ 14 ④ 15 ⑤
16 ③ 17 ① 18 ④ 19 ① 20 ⑤
21 ③ 22 ②
23 와이파이(Wi-Fi) 24 블루투스(bluetooth)
25 소셜 네트워크(Social Network) 26 가상 현실

27 ① 사물 인터넷(IoT; Internet of Things): 사람, 주변 사물, 데이터 등 모든 것이 유·무선 네트워크로 연결되어 정보를 생성·상호 수집·공유·활용하는 인터넷 기술과 환경을 의미한다. 최근 초고속 무선 통신 기술의 발달과 스마트폰과 태블릿 PC 등 네트워크를 기반으로 한 이동형 단말기의 보급이 가속화되고, 일상생활 속 사물의 통신 기능 구현이 가능해짐에 따라 사물 인터넷 시장의 규모가 급격히 증대되고 있다.

② 사물 인터넷 사례

- 스마트 오븐: 오븐 안의 상태를 스마트폰 앱으로 확인하고, 필요하면 앱으로 오븐 온도나 습도 상태 등을 조절
- 스마트 화장대: 얼굴을 비추면 모공, 주름, 피부 결, 잡티 등 피부 상태를 측정해 피부과 전문의의 조언과 스킨케어 방법, 추천 화장품 등의 정보를 제공
- 스마트 도어락: 얼굴 인식, 실시간 알림, 양방향 음성 대화, 출입문 개폐, 홈오토메이션 연결 등을 지원
- 스마트 가로등: 신기술이 적용된 스마트 가로등은 데이터를 수집하고 분석하여, 시민들에게 주차 가능 공간, 대기 오염 수준, 교통 상황 등을 안내

01 RFID(무인 결제 시스템), GPS(위성 항법 장치), AI(인공 지능), Wi-Fi(무선 인터넷 가능 근거리 통신망), ITS(지능형 교통 시스템)

03 정보 기술 시스템은 투입, 과정, 산출로 이루어지며, 결과가 잘못되었을 때 다시 되먹임 과정을 거친다.

04 PC, 노트북, 휴대 전화 등이 단말기에 속한다.

05 NFC(Near Field Communication, 근거리 통신 기술)

06 통신 제어 장치는 컴퓨터와 정보 통신망 사이에 정보를 전송할 수 있는 통로를 만드는 장치이다.

07 와이파이, 블루투스, LTE는 무선 전송 매체에 속한다.

08
- 정보 전송 시스템 장치: 단말 장치, 전송 회선, 통신 제어 장치, 신호 변환 장치(전화기, 모뎀 등)
- 신호 변환 장치: 변조와 복조
  - 변조: 정보를 전송 매체의 특성에 맞게 신호로 변환하는 것
  - 복조: 수신된 정보를 원래의 신호로 바꾸는 것

09
- 입력 장치: 마우스, 키보드, 터치펜, 마이크, 조이스틱 등
- 출력 장치: 영상 표시 장치, 프린터, 스피커, 플로터 등

10 정보 통신 기술의 특성: 용이성, 융합성, 변화성, 규약성, 정확성, 무제한성

11 반이중 통신은 무전기, 무선 송수신기 등에서 사용하는 방식이다.

12
- 유선 전송 매체: UTP 케이블, 동축 케이블, 광 케이블 등
- 무선 전송 매체: 라디오파, 마이크로파, 적외선 등

14 멀티미디어 통신 매체는 복합된 여러 매체를 전달하며, 원격 교육, 원격 진료, 원격 영상 회의 등에 적용된다.

15 최초의 컴퓨터인 에니악의 발명 시기는 1946년이다.

16 마르코니(무선 전신기), 벨(전화기), 에커트와 모클리(에니악), 마틴 쿠퍼(휴대 전화)

18 우리나라 최초의 텔레비전은 1961년, 컬러 텔레비전은 1980년도에 방송하였다.

19 RFID(Radio Frequency Identification): 초소형 반도체 칩(전자 태그)에 상품이나 사물의 정보를 저장하고 전파를 이용하여 태그 안의 정보를 인식하는 기술

20 NFC(Near Field Communication): 13.56MHz 대역의 주파수를 사용하여 10cm 정도의 거리에서 데이터를 송수신하는 근접 통신 기술

22 증강 현실 기술은 스포츠 중계방송 화면이나 기상 예보 진행, 스마트폰을 활용한 지역 정보 제공 서비스, 게임 분야, 교육 분야 등에 다양하게 활용되고 있다.

26 가상 현실 기술은 게임, 교육, 의료, 쇼핑, 광고, 공학 등 다양한 분야에서 활용되고 있다.

VI 생명 기술과 지속 가능한 발전

01 생명 기술 시스템과 활용, 그리고 발달 전망 → 142쪽

01 ③ 02 ① 03 ② 04 ① 05 ④
06 ④ 07 ③ 08 ③ 09 ②

10 생명 기술

11 토마토를 생산하기 위해서는 농부와 같은 인적 자원과 씨앗이나 모종, 토양, 양분, 햇빛, 각종 농기계와 같은 물적 자원 그리고 농사를 짓는 데 필요한 각종 이론이 투입될 것이다. 투입된 자원을 바탕으로 토마토 농사를 짓는 과정을 거쳐 최종 산출물인 토마토가 익으면, 농부는 토마토를 수확하고 우리는 유통 과정을 거쳐 토마토를 먹게 될 것이다.
만약 농사를 짓는 과정에서 투입된 자원이나 방법의 수정이 필요할 때에는 언제든지 피드백을 통해 수정 보완이 이루어질 것이다. 또한, 산출물을 수확할 때 토마토가 익지 않았거나 필요한 환경이 있다면 농부는 최상의 산출물을 위해 끊임없는 수정·보완을 하게 될 것이다.

12 • 식물 공장: 자연환경을 인공적으로 조절하여 기후 변화에 상관없이 고품질의 작물을 대량으로 재배·수확할 수 있는 시설 조성
• 동물 공장: 빌딩 형태의 인공적인 고층 건물에 가축을 대량으로 사육할 수 있는 시설 건설
• 빌딩 양식장: 바다나 강이 아닌 육지의 건물 안에서 대규모 수산물 양식이 가능하도록 조성

13 • 실시간 진단이 가능한 원격 진료 시대 도래
• 정확한 유전 정보를 바탕으로 맞춤형 유전자 치료 보편화
• 뇌의 일부분이 인공 뇌로 대체되면서 기억·전송 및 공유 활발
• 화학·고분자 공학과 제조 기술의 융합을 통한 인공 장기의 생산 가속화
• 3D 프린팅을 통한 바이오 장기의 생산, 신체 장기의 복제 및 치료 가능
• 정보 통신 기술, 생체 모방 기술, 나노 기술 등의 융합 제품을 통해 장애 극복
• 컬러, 향기, 그림, 소리 등 다양한 예술 분야와 융합한 치료 영역 확대 및 다양화
• 로봇의 활용이 보편화되면서, 진단, 치료, 수술 등에 활용되어 많은 질병 치료 가능
• 개인의 유전 정보를 완벽하게 분석하는 기술을 통해 유전적 결함의 정확한 발견 가능

01 ① 투입: 인적 자원, 물적 자원, 생물학적 이론과 법칙의 투입
② 과정: 새로운 생명체나 제품을 만드는 활동, 생명체의 기능을 변화시키는 활동
③ 산출: 새로운 생명체, 변화된 생명체, 생명 기술을 활용한 제품의 탄생

03 의료 분야에 활용되는 유전자 가위는 특정 염기 서열을 선택적으로 절단함으로써 유전자를 교정하는 데 사용되는 기술이다.

05 바이오 에너지는 식물이나 가축의 분뇨, 음식물 쓰레기 등에서 발생되는 미생물을 에너지원으로 이용하여 에너지를 추출한다.

06 자원 고갈에 대비하여 개발된 청정에너지가 보급되면서 에너지 부족에 대한 사회 불안이 감소할 것이다.

08 합성 생물학 기술은 소의 줄기세포를 이용한 인공 고기의 생산, 소 없이 생산한 합성 우유와 치즈 등과 같이 새로운 기능을 가진 생명체를 인공적으로 합성하는 분야의 기술을 말한다.

11 투입(인적, 물적, 이론 등), 과정(농사, 재배 등), 산출(토마토 수확) 및 되먹임(투입 자원의 수정, 재배 방법 수정 등) 과정이 빠짐없이 들어가야 한다.

12 인공적인 공간 조성, 공장, 빌딩, 건물 등에서 수산물 양식, 식물 재배, 동물 사육 등의 용어를 포함한다.

02 생명 기술의 특징과 영향 → 145쪽

01 ③ 02 ⑤ 03 ③ 04 ④ 05 ㉠
06 ㉢ 07 ㉡ 08 ㉤

09 • 부가가치가 높다.
• 친환경 기술이다.
• 활용 범위가 넓다.
• 기초 과학에 의존한다.
• 오랜 연구 기간이 필요하다.
• 연구 결과가 산업화로 직결된다.
• 다른 학문과 기술이 융합되어 있다.
• 살아 있는 생명체를 대상으로 한다.
• 이익이 돌아오는 기간이 오래 걸린다.

01 생명 기술은 살아 있는 모든 생명체를 대상으로 한다. 또한 의학, 약학, 과학, 공학, 농학 등 다양한 학문 분야와 관련이 있으며, 의료, 농업, 환경, 에너지 등 다양한 분야에 활용되고 있다.

02 인터페론, 인슐린 등의 의약품이나 사람의 유전자 이식 생산, 병충해에 강한 작물이나 특정 영양 성분이 함유된 식물 등을 얻고자 할 때 쓰인다.

03 하수도 시설 및 슬러지 소화 가스의 유효 이용 기술, 폐기

물 매립지에 발생하는 세균의 활용 기술 등이 마련되어 온실 효과 유발 가스의 발생량이 극소량으로 줄어들며, 유용한 미생물을 활용한 환경 정화 기술이 일반화되어 환경오염을 해결하는 데 크게 기여할 것이다.

04 경제적 이익에만 치중하여 무분별한 연구가 진행되어서는 안 된다.

05 모종 생산이나 품종 육성에 이용(씨감자, 마늘 등)하며, 작물 세포로 작물 개체를 얻을 때 많이 사용한다.

06 기존 동식물의 세포에서 세포핵을 제거한 후 우수 형질의 세포핵을 이식하는 기술이다.

07 서로 형질이 다른 두 개체의 세포막을 제거한 후 세포를 융합하여 양쪽 개체의 형질, 형태를 모두 포함하는 생명체를 얻기 위한 기술이다.

08 한 생물의 유전자(DNA) 일부를 잘라내어 다른 세포의 유전자 조직에 이식하여 특정 성질을 갖도록 하는 기술이다.

03 적정 기술과 지속 가능한 발전

→ 147쪽

01 ③ **02** ① **03** ② **04** ④ **05** ④

06 ③ **07** ① **08** 적정 기술

09 지속 가능

10 에너지 부족 문제와 환경오염 문제를 해결하기 위해 바이오 에너지가 주목받고 있다. 바이오 에너지는 생물체를 활용하기 때문에 에너지의 고갈 염려가 없다. 또한, 에너지를 생산하고 이용하는 과정에서 환경오염이 적어 화석 연료를 대체할 수 있는 가장 좋은 에너지로 평가받고 있다.

11 ① 지역성: 지역에 대한 관심과 이해가 우선시 되어야 한다.
② 경제성: 해당 지역의 사용자가 재료를 쉽게 구하고 가격이 저렴하여야 한다.
③ 기술 접근성: 누구나 쉽게 배워서 쓸 수 있어야 한다.
④ 지속 가능성: 지속적으로 만들어 사용할 수 있어야 한다.

12 (1) 라이프스트로
(2) 빨대 모양의 휴대가 가능한 개인용 정수기로, 수질이 나쁜 물을 바로 정화하여 마실 수 있다.

13 빈곤 종식, 기아 종식, 건강과 복지, 양질의 교육, 양성 평등, 깨끗한 물과 위생, 지속 가능한 에너지, 경제 성장과 고용 증진, 혁신과 인프라, 불평등 해소, 지속 가능한 도시, 지속 가능한 소비와 생산, 기후 변화 대응, 해양 생태계 보존, 육상 생태계 보존, 평화, 정의, 강력한 제도, 글로벌 파트너십 등

14 내복 입기, 이면지 활용하기, 냉장고 문 자주 열지 않기, 양치 컵에 물 받아서 사용하기, 에어컨 온도를 너무 낮게 설정하지 않기, 에어컨을 사용하면서 선풍기 같이 사용하기, 전기 콘센트는 전기 기구를 사용한 후 반드시 빼기, 백열전구나 형광등보다는 LED 전구·조명등 사용하기 등

01 기술의 발달로 편리하고 풍요로운 생활을 누리고 있지만, 기술에 의한 최소한의 혜택조차 받지 못하는 곳도 많다. 또한, 선진국에서 개발된 첨단 기술이 개발도상국이나 낙후된 지역에서는 오히려 해를 끼치는 경우도 종종 발견할 수 있는데 이러한 문제를 해결하기 위해 현지의 재료와 적은 자본, 비교적 간단한 기술을 활용하여 그 지역의 사람들에 의해 이루어지는 소규모의 생산 활동을 지원하기 위함이다.

02 적정 기술에 사용하는 재료의 가격은 저렴해야 한다.

03 • 플레이 펌프: 지하수를 끌어 올려 탱크에 물을 저장하는 놀이기구 펌프
• XO-1 컴퓨터: 저렴하게 제작되어 대규모로 보급하는 컴퓨터
• 사운드 스프레이: 소리로 모기를 쫓는 자체 충전식 모기 퇴치제
• 대나무 페달 펌프: 주변에서 구하기 쉬운 재료 만든 수동식 페달 펌프

04 현재 세대와 미래 세대가 함께 필요를 충족시키면서 삶의 질을 높일 수 있게 발전하는 것을 지속 가능한 발전이라고 한다. 최근에는 지속 가능한 발전에 환경 보호와 경제 발전뿐만 아니라 사회의 안정과 통합이 균형을 이루는 발전을 포함하고 있다.

05 양치는 물을 컵에 받아서 사용하는 것이 좋다.

06 과거에서 현재까지 지속 가능한 발전은 동일한 개념으로 발전하고 있다는 내용은 적절하지 않다.

07 우리는 지속 가능한 발전을 위해 경제 성장, 환경 보호, 사회 정의를 균형 있게 고려해야 한다.

10 바이오 에너지가 에너지 부족 문제와 이로 인해 발생하는 환경오염 문제를 해결할 수 있는 방안으로 주목받고 있으므로, 바이오 에너지가 어떻게 이러한 문제를 해결하는지 설명한다.

11 지역성, 경제성, 기술 접근성, 지속 가능성 등의 핵심어를 포함하여 서술한다.

12 라이프스트로, 휴대용 개인 정수기, 정화 등의 핵심어를 포함하여 서술한다.

6단원 _ 대단원 정리 문제

→ 149쪽

01 ② 02 ① 03 ④ 04 ② 05 ⑤
06 ③ 07 ③ 08 ⑤ 09 ④ 10 ④
11 ② 12 ⑤ 13 ③

14 유전자 재조합 기술: 한 생물의 특정 영양 성분을 가진 유전자(DNA) 일부를 잘라 얻고자 하는 작물의 세포 유전자 조직에 이식(삽입)시켜 병충해에 강하거나 특정 영양 성분이 포함된 작물을 생산하는 기술이다. 이 기술은 작물뿐만 아니라 인터페론, 인슐린 등의 의약품 생산에도 활용되고 있다.

15
- 인간 및 생명의 존엄성에 대한 가치 인식 갖기
- 다른 사람을 생각하는 바람직한 윤리 의식 갖기
- 생명 윤리법과 같은 정부 규제에 대한 인식 갖기
- 경제적 이익에만 치중하여 무분별한 연구 진행 자제하기
- 사회에 미치는 영향에 대하여 책임감 있는 윤리 의식 갖기
- 생명 윤리 문제를 합리적으로 해결할 수 있는 능력 기르기

06 다양한 신 · 재생 에너지와 생명 기술을 활용한 청정 바이오 에너지를 개발하여 다양한 분야에 활용하고 있다.

07 바이오 에너지는 에너지원이 고갈될 염려가 없으며, 에너지를 생산하고 이용하는 과정에서 환경오염이 적어 화석 연료 대체가 가능하다.

08 증강 현실, 가상 현실, 3D 디스플레이 등 첨단 장치의 보급을 통해 원격 진료 시대가 오게 된다.

09 미래에는 석탄이나 석유 등의 화석 에너지의 비중을 낮추고 환경 문제를 극복하기 위해 바이오 에너지 생산에 중점을 두어 발전한다.

10 생물 기술은 넓은 활용 범위, 기초 과학에 의존, 연구 결과가 산업화로 직결, 다른 학문과 기술 융합, 오랜 연구 기간, 이익 실현이 오래 걸리는 등의 특징을 가지고 있다.

11 적정 기술은 기술에 의한 최소한의 혜택조차 받지 못하는 곳을 지원하고, 선진국에서 개발된 첨단 기술이 개발도상국이나 낙후된 지역에서 오히려 해를 끼치는 문제를 해결하기 위한 목적이 있다.

12 적정 기술은 재료의 가격이 싸야 하며, 누구나 쉽게 배워서 쓸 수 있어야 하고, 지속적으로 만들어 사용할 수 있어야 한다. 또한 지역에 대한 관심과 이해가 우선시 되어야 하며, 해당 지역의 사용자가 재료를 쉽게 구할 수 있어야 한다.

13 벌레를 퇴치할 수 있는 문제가 해결되었는지 확인한 후 오류가 발견되면 수정 · 보완하여 제품을 완성한다.

14 유전자 가위, 유전자 이식(삽입), 병충해, 특정 성분 포함, 의약품 생산 등의 핵심어를 포함하여 서술한다.

15 생명, 올바른 가치관, 존엄성, 윤리 의식, 무분별한 연구 자제, 책임감, 합리적 해결 등의 핵심어를 포함하여 서술한다.

수행 활동지 1 내가 원하는 미래 가족 구상해 보기

단원	Ⅰ. 건강한 가족 관계 01. 변화하는 가족과 건강 가정
활동 목표	내가 원하는 미래 가족의 형태와 이유를 구체적으로 생각해 볼 수 있다.

● 내가 원하는 미래의 가족은 어떤 형태일까? 드라마나 책에서 본 가족 중에 골라보거나, 사진을 붙이거나 그림을 직접 그려 작성해 보자(잡지나 사진을 오려 붙여보거나 직접 그리기).

	내가 원하는 가족의 형태	
미래의 가족 형태		
이러한 가족을 원하는 이유	나는 자녀를 많이 낳아서 한 집에서 많은 가족이 함께 사는 확대 가족을 구성하고 싶다. 가족 구성원이 많고 3세대가 같이 살면 자녀 양육이나 교육에 도움이 되는 경우처럼 장점이 더 많을 것 같다.	나는 자녀를 낳지 않고 배우자와 즐기면서 여행을 다니고, 휴가를 즐기면서 나를 위한 시간을 많이 갖고 싶다. 만약에 마음에 맞는 사람이 없으면 독신으로 사는 것도 좋다고 생각한다.

수행 활동지 2 # 가족 내 역할 갈등 해결하기

단원	I. 건강한 가족 관계 02. 양성 평등하고 민주적인 가족 관계
활동 목표	가족 내에서 역할 갈등을 알아보고, 갈등을 해소하기 위한 방법을 탐색할 수 있다.

다음과 같은 상황을 역할극으로 표현해 보고, 이를 해결하기 위한 방법을 제시해 보자.

부부 관계: 둘 사이에 대화가 없고 TV만 시청하는 상황

| 상황 설정 |

자녀가 없는 맞벌이 부부가 퇴근하고 들어와서 심심해하면서도 부부의 공통 관심사나 취미가 없어 대화가 단절된 상황임

- 남편: TV 채널만 돌리며 하품함
- 아내: 자상하지 않은 남편에 대한 불만으로 화를 내고 있음
- 남편: 아내 쪽을 돌아보지도 않음
- 아내: 남편에 대한 불만으로 화가 터질 듯 함

| 해결 방법 |

1. 부부가 공통의 취미를 갖는다.
2. 가사 일을 분담하여 한다.
3. 자녀를 낳아 키운다.
4. 부부가 대화할 수 있는 기회를 만든다.
5. 종교 활동을 같이 한다.

부모-자녀 관계: 서로 의사소통이 되지 않아 화를 내는 상황

| 상황 설정 |

엄마는 보기만 하면 "공부해라.", "방 치워라." 하면서 늘 잔소리를 하심

- 엄마: "공부 좀 해라~"
- 딸 : "알았어요, 내가 알아서 해요."
- 엄마: "네가 알아서 한 게 뭐가 있니?"
- 딸: "내가 다 알아서 해요! 잔소리 좀 그만 하세요!!" (화를 냄)
- 엄마: 그래도 지속적으로 당신의 의견을 내세워서 설교를 함
- 딸: 귀를 막고 듣기를 거부함

| 해결 방법 |

1. 부모와 자녀는 서로 대화를 하려고 노력한다.
2. 부모의 입장에서, 딸의 입장에서 서로 생각을 바꾸어 보고 대화한다.
3. 부모와 자녀가 함께 여가를 즐기도록 한다.
4. 부모와 자녀가 공부 외에 다른 주제로 대화를 시도해 본다.

수행 활동지 ③ 효과적인 의사소통 실습하기

단원	I. 건강한 가족 관계 03. 효과적인 의사소통과 갈등 관리
활동 목표	효과적인 의사소통 방법을 익혀 다양한 관계 속에서 갈등을 해결해 볼 수 있다.

① 우리는 가족이나 친구 등 다른 사람들과의 대화 속에서 때로는 힘을 얻기도 하지만 반대로 큰 상처를 받는 된 경우도 있다. 내가 들은 말 중에서 가장 기억에 남고 나에게 힘과 용기를 주었던 말과 그 반대의 경우 나에게 가슴 아픈 상처가 됐던 말을 적어보자.

	기억에 남는 말	상처가 된 말
친구	• 넌 정말 멋진 녀석이야! • 네가 내 친구라서 너무 좋아 • 어쩜 이렇게도 잘 하니!	• 지지리도 못난 녀석이군! • 너는 항상 약속을 안 지키더라. • 너는 어쩜 매번 이런 식이니?
부모	• 내 자식이라서 너무 행복해! • 역시~ 우리 딸 최고야! • 넌 정말 든든한 아들이야!	• 너는 매번 이 따위야! • 네가 뭘 할 수 있겠어! • 네게 기대하지도 않아!
교사	• 역시 넌 최고의 학생이야! • 너 정말 잘 하는구나! • 약속 꼭 지켜낼 줄 알았지!	• 네가 약속을 지킬 리가 ~ • 내 그럴 줄 알았다니깐! • 네가 할 수 있을까?

② 위 내용을 쓰면서 느낀 점을 생각해 보고 나는 친구나 부모, 선생님에게 어떻게 말을 하면 좋을지 적어보자.

	나는 어떤 태도로 어떻게 말을 해야 될까?
친구에게	1. 친구의 장점을 먼저 칭찬하여 좋은 점을 찾도록 한다. 2. 단점은 직설적으로 비난하거나 비하하는 말로 지적하지 않도록 한다. 3. 불평이나 불만을 말하기보다는 나 전달법으로 내 의견을 전달한다.
부모님께	1. 부모님이 자식을 사랑하는 마음을 이해하는 입장에서 대화한다. 2. 부모님이 나에게 기대하고 바라는 마음을 이해하도록 한다. 3. 부모님이 표현하시는 속 뜻을 바르게 이해하도록 한다. 4. 내가 들었던 말로 속이 상할 경우 내 마음을 솔직하게 전달한다. 5. 부모님과 일상 문제를 대화로 풀려고 노력한다.
선생님께	1. 선생님이 칭찬해 주시는 말에 용기를 갖고 노력한다. 2. 선생님이 지적해 주신 말씀이 왜 나왔는지 내 자신을 반성해 본다. 3. 선생님과 한 약속을 지키려고 노력한다. 4. 선생님이 지적해 주신 행동이나 말을 이해하고 잘못된 점을 고치려고 노력한다. 5. 선생님과 자주 상담과 대화를 하도록 한다.

수행 활동지 1 우리 집 식단 작성하기

단원	II. 건강하고 안전한 가정생활 01. 균형 잡힌 식사 계획
활동 목표	다섯 가지 식품군과 식단 작성에 대해 이해할 수 있다.

● 중학생인 소정이네 가족의 요구를 반영한 균형 잡힌 식사를 계획해 보자.

- 아버지(55세): 고혈압이 있음
- 어머니(55세): 빈혈 증세가 있음
- 오빠(22세): 고기를 좋아하는 건강한 대학생
- 소정(14세): 야채만 먹는 건강한 중학생

1 식품군별 1일 섭취 횟수를 파악해 보자.

식품군	아버지	어머니	오빠	소정	계
곡류	4	3	4	3	14
고기, 생선, 달걀, 콩류	5	4	5	3.5	17.5
채소류	8	8	8	7	31
과일류	3	2	3	2	10
우유, 유제품	1	1	1	2	5
유지, 당류	6	4	6	6	22

2 끼니별로 1일 권장 섭취 횟수를 배분해 보자.

식품군	아침	점심	저녁	간식	계
곡류	4	5	5	0	14
고기, 생선, 달걀, 콩류	5	6.5	6	0	17.5
채소류	8	11	12	0	31
과일류	3	2	3	2	10
우유, 유제품	2	0	0	3	5
유지, 당류	7	6	6	3	22

3 끼니별로 음식의 종류를 결정해 보자. 단, 봄철 식단으로 가족의 특성을 고려하여 작성한다.

끼니	아침	점심	저녁	간식
음식명	흑미밥	쌀밥	콩밥	사과
	냉이 된장국	소고기미역국	달래 된장찌개	아이스크림
	소고기 메추리알 장조림	고등어 튀김	조기구이	우유
	김구이	어묵 조림	멸치볶음	
	김치	야채 샐러드	두릅나물	
	사과	김치(깻잎 장아찌)	달걀말이	
	요구르트	방울토마토	딸기	

④ 식품 재료의 분량을 결정해 보자.

식품군	아침	점심	저녁	간식	계
곡류	쌀 3 흑미 1	쌀 5	쌀 5		14
고기, 생선, 달걀, 콩류	소고기 1 메추리알 2 된장 2	소고기 3 고등어 2 어묵 1.5	된장 2 조기 3 멸치 1		17.5
	5	6.5	6		
채소류	냉이 3 김 3 김치 2	미역 4 샐러드 4 김치 2 깻잎 1	달래 3 김치 3 두릅 6		31
	8	11	12		
과일류	사과 3	방울토마토 2	딸기 3	사과 2	10
우유, 유제품	요구르트 2			아이스크림 2 우유1	5
유지, 당류	기름 7	기름 3 설탕 3	기름 3 설탕 3	설탕 3	22

⑤ 식사를 평가해 보자.

경제적인 면	제철 식품을 이용하였다.
능률적인 면	간단한 조리법을 활용하였다.
가족 기호면	• 가족이 좋아하는 음식을 위주로 선택하였다. • 고혈압이 있는 아버지를 위한 고려 사항이 부족하다. • 가족 모두를 위한 식품을 골고루 선택했다.

수행 활동지 ② 이웃과 더불어 생활하기

단원	II. 건강하고 안전한 가정생활 02. 이웃과 더불어 사는 주생활 문화
활동 목표	유니버설 주거의 개념과 의미를 이해하고 설명할 수 있다.

유니버설 주거의 의미와 유니버설 디자인의 4가지 목표는 무엇인지 알아보고, 유니버설 주거에 대한 이해를 통해 우리 학교 시설물을 점검하여 보자.

① 유니버설 주거란 무엇인가?

유니버설 디자인(universal design; 보편 설계, 보편적 설계)이란 장애의 유무나 연령 등에 관계없이 모든 사람들이 제품, 건축, 환경, 서비스 등을 보다 편하고 안전하게 이용할 수 있도록 설계하는 것으로, '모두를 위한 설계(Design for All)'라고도 한다. 이러한 유니버설 디자인의 원리를 주거에 도입한 것이 유니버설 주거이다. 즉, 주거 공간은 모든 사람이 편리하게 생활할 수 있도록 구성하여야 한다. 나이와 성별, 신체 조건, 장애 여부, 활동 능력, 개인적 습관 등에 상관없이 모든 사람이 원하는 생활 방식대로 편하고 안전하게 살아갈 수 있도록 디자인한 주거를 유니버설 주거라고 한다.

② 유니버설 디자인이 추구하는 4가지 목표를 간단하게 설명하고 예를 들어보자.

목표		설명	예시
목표 1	기능적 지원성	모든 사람이 사용하기 쉬우며 필요한 기능을 지원한다.	광센서가 달린 수도전이나 변기, 전등 또는 원격 조정기, 소리인식 센서 등
목표 2	수용성	모든 사람의 요구 변화에 맞추어 다양한 방법으로 사용할 수 있다(적응성).	필요에 따라 작업 공간을 보완할 수 있는 서랍형 작업대, 높이 조절이 가능한 수납장, 레버식 손잡이, 양손잡이 가위, 당겨쓰는 수도, 원터치 버튼 등
목표 3	접근 가능성	모든 사람이 쉽게 접근할 수 있고 방해가 되는 장애물을 제거한다.	문턱이 없는 넓은 출입구, 완만한 경사의 진입로, 적절한 높이의 초인종, 발판
목표 4	안전성	모든 사람이 안전하게 이용하고 사고를 미리 방지할 수 있다.	미끄럽지 않은 바닥, 욕조와 변기 주변의 손잡이, 화상을 입지 않도록 단열재로 감싼 욕실 파이프, 아파트 난간 콘센트 뚜껑 등

③ 유니버설 주거에 대한 이해를 통해 우리 학교 시설물을 점검해 보고, 설치물을 설치하거나 보수하여 편리한 생활을 할 수 있도록 해 보자.

우리 학교 시설물	현재 상태(사진 첨부)	설치나 시설 수리 및 보수
화장실 바닥의 타일	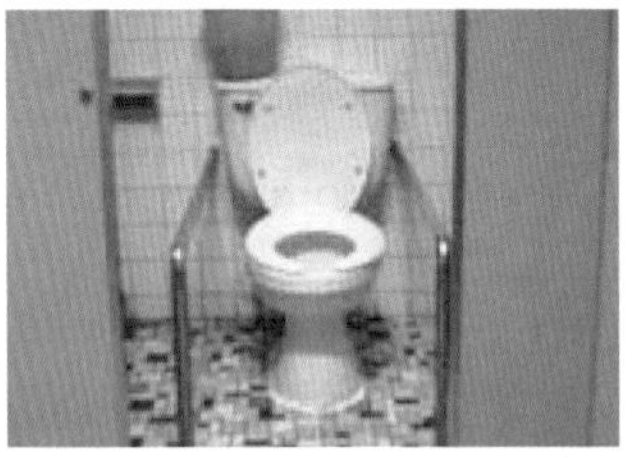	• 화장실 바닥에 미끄럼 방지판을 깐다. • 물청소 후 물기를 잘 닦아낸다. • 벽에 안전봉을 설치한다.
화징실과 복도의 문턱		• 문턱을 제거한다. • 경사로를 만들기 위해 디딤판을 설치한다.
계단에 난간이나 손잡이 없음		• 계단 손잡이를 설치한다. • 게단에 난간을 설치한다.
교실문 원형 손잡이와 도어체크가 없음		• 레버형 손잡이로 교체한다. • 도어체크를 설치한다.
출입구 경사로 없음		• 경사로를 설치한다.

수행 활동지 ③ 나의 주거 가치관과 주거 공간 구성하기

단원	**II. 건강하고 안전한 가정생활** 03. 주거 공간의 효율적 사용
활동 목표	주거 공간의 구성과 주거 공간에 대한 가족의 욕구와 필요성을 이해할 수 있다.

● 내가 결혼을 해서 집을 갖게 되면 살고 싶은 주거와 알맞은 주거 공간을 구성하기 위한 방법을 생각해 보자.

① 다음 그림에 알맞은 주거 공간 계획을 수립해 보자.

다양한 유형의 주거와 주거 공간 구성을 구성할 수 있다.

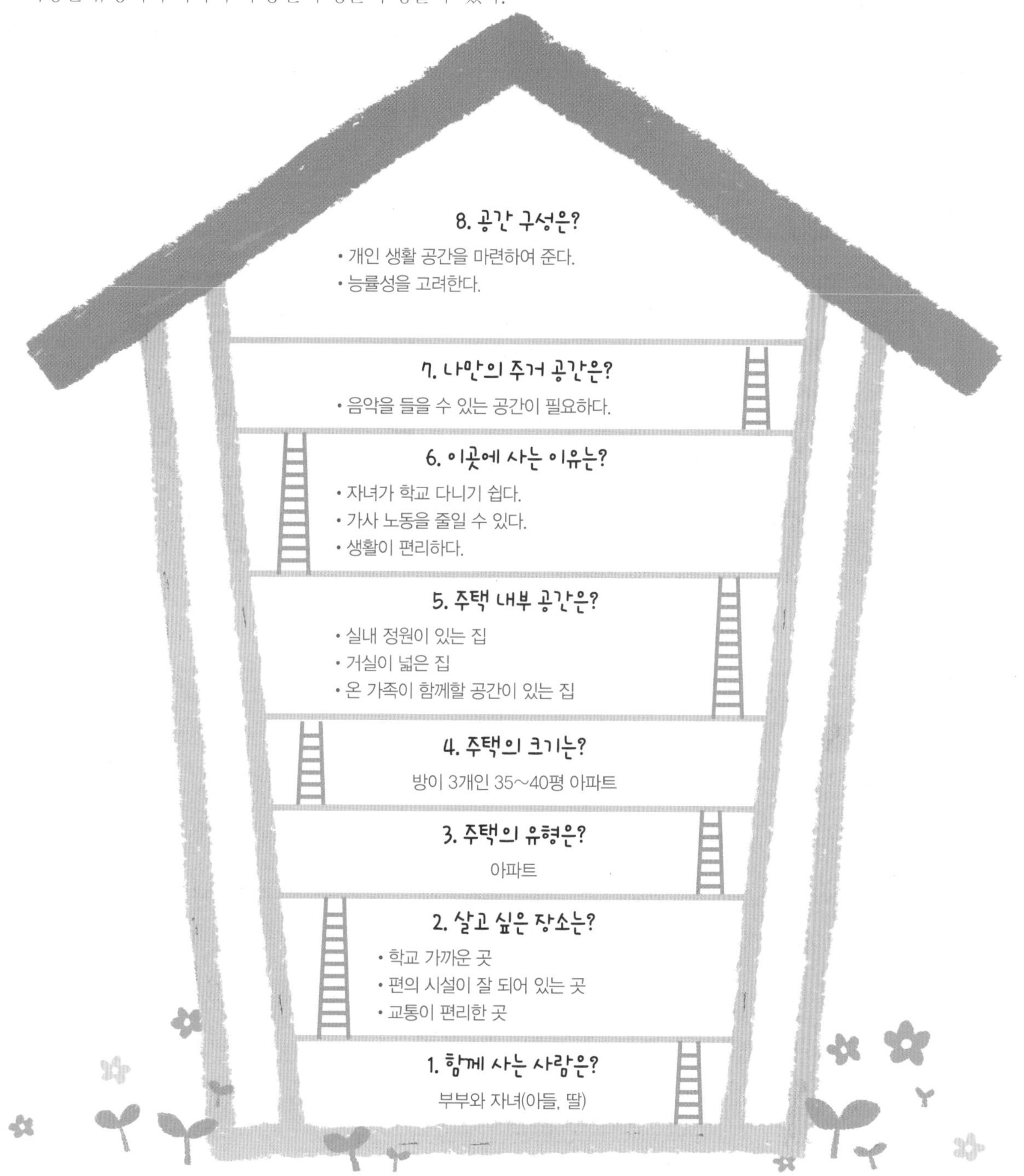

② 내가 살고 싶은 집과 그 집의 실내 공간 구성을 그림이나 사진으로 직접 표현해 보자.

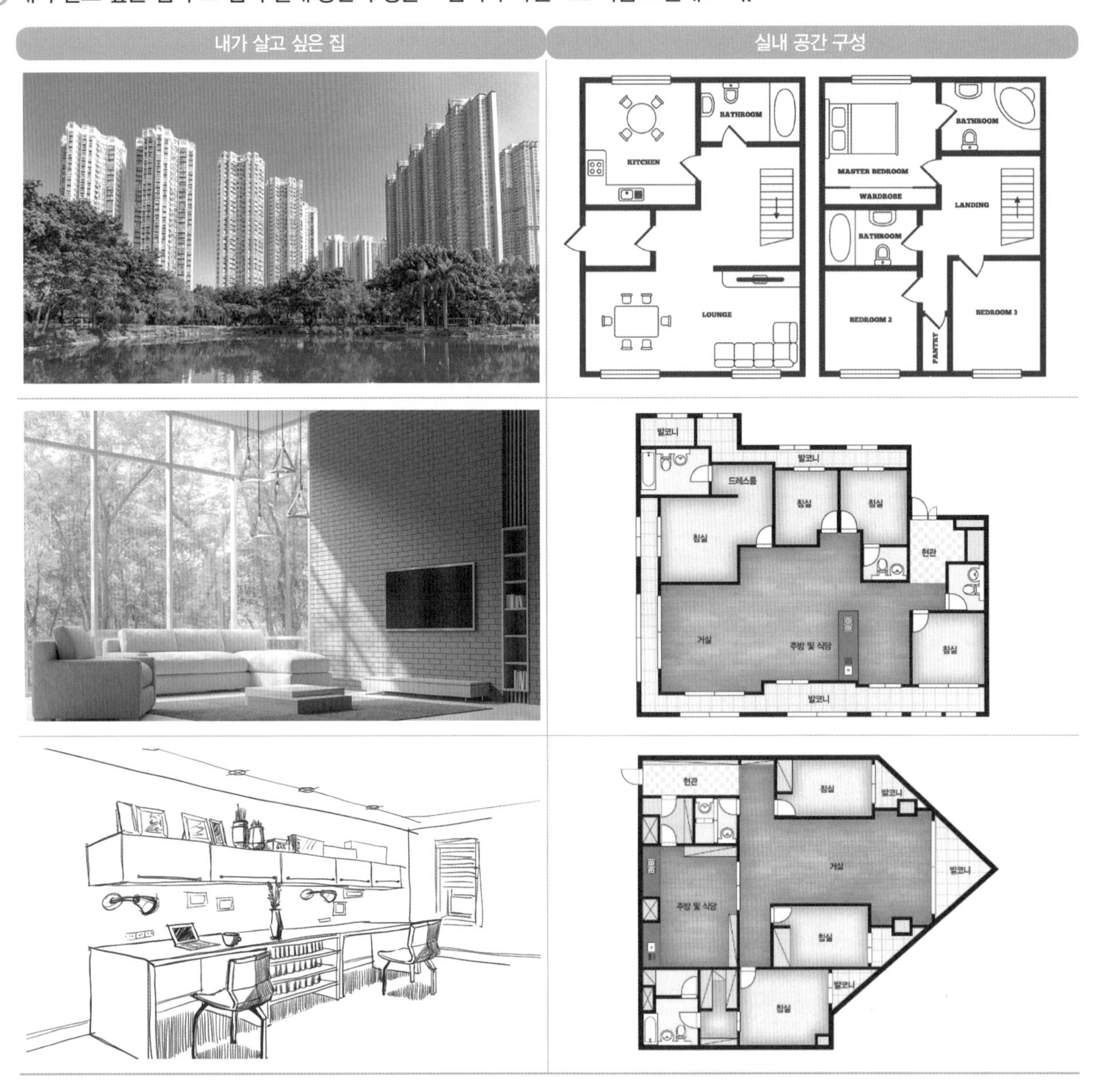

수행 활동지 4 성폭력과 가정 폭력

단원	II. 건강하고 안전한 가정생활 04. 성폭력 예방과 대처 / 05. 가정 내 인권 문제, 가정 폭력
활동 목표	성폭력과 가정 폭력에 대한 올바른 이해를 통해 이를 예방하고 대처할 수 있다.

● 성폭력이나 가정 폭력에 대한 다음 카드 뉴스를 보고 스토리를 만들어 보자. 그리고 성폭력과 가정 폭력을 예방하거나 대처하기 위해 실천할 수 있는 방법을 찾아보자.

1

2

3

4

5

	구분	내용
1	상황	성폭력 가해자는 대부분 가까운 곳에 있고, 이들은 권위와 지위를 이용하여 성폭력을 하므로 이에 대한 대처가 필요하다. 피해자는 성폭력에 대해 솔직하게 고발해야만 한다.
	예방이나 대처 방법 제안	〈 예방법 〉 • 자신의 느낌과 성격을 솔직하게 표현한다. • 성적 수치심이 드는 행동에 대해 불쾌감을 표시하고 거부 의사를 밝힌다. • 상대방에게 성적 불쾌감을 느끼면 즉시 중단할 것을 요구한다. 〈 대처 방안 〉 • 몸을 씻지 않은 채로 병원에 가기 • 피해 당시 입었던 옷가지 등의 증거물을 종이 봉투에 보관하기 • 진단서 및 다친 부위를 찍어 두기 • 가해자의 특징이나 모든 것을 상세하게 기억하기
2	상황	아동 학대가 가장 많이 일어나는 곳이 가정이며, 아이들 양육 책임이 있는 부모나 어른들이 아동을 학대하는 경우도 늘어나고 있다.
	예방이나 대처 방법 제안	〈 예방법 〉 • 자녀를 인격체로 대우하기 • 자녀와 대화를 자주 하기 〈 대처 방안 〉 • 전문가에게 상담 및 치료 받기 • 부모 준비 교육의 활성화 방안 찾기 • 정부나 공공기관의 강력한 처벌과 격리 조치 • 신고: 112, 1366, 1577-1391
3	상황	데이트 폭력이 점점 증가하고 있으며, 죽음까지 불러오는 등 심각해졌다.
	예방이나 대처 방법 제안	〈 예방법 〉 • 이성 교제 시 상대방의 의견 존중하기 • 서로의 감정을 존중하기 • 상대방에게 자신의 의사 표현을 분명하게 하기 • 상대방을 배려하는 마음 갖기 • 상대방의 인격을 존중하기
4	상황	취업난과 경제적 무능력으로 자녀가 부모를 부양하는 것이 아니라 오히려 부모에게 끝없이 요구를 하다가 결국은 경제적인 이유로 부모를 학대하거나 죽이기도 한다.
	예방이나 대처 방법 제안	〈 예방법 〉 • 가족 간의 대화 기회를 늘리기 • 가족이 같이 할 수 있는 문화 조성하기 • 노인 자신이 부양자에게 부담이나 스트레스를 줄이기 위한 노력하기 • 신고: 112, 129, 1577-1389
5	상황	부부 폭력은 부부만의 일로 생각하고 다른 사람이 관여하지 않는 경우가 늘면서 부부 폭력이 가정 폭력으로까지 더 심화되고 있다.
	예방이나 대처 방법 제안	〈 예방법 〉 • 부부 간에 모욕감을 주거나 경멸하는 언어 사용하지 않기 • 자주 대화를 하고 의사 결정에 함께 참여하기 • 부부 간의 의사 결정권에 침해 행위 하지 않기 • 신고: 112, 1366

수행 활동지 5 가정 폭력의 원인 탐색하기

단원	II. 건강하고 안전한 가정생활 05. 가정 내 인권 문제, 가정 폭력
활동 목표	가정 폭력의 원인을 4why 기법으로 탐색해 볼 수 있다.

● 가정 폭력 가해자 A 씨의 생각을 들여다 본 후 가정 폭력의 원인을 4why 기법으로 탐색해 보자.

1 Why	왜 가정 폭력을 휘두르게 될까? → 뚜렷한 이유가 있기보다는 다양한 불만을 가지고 습관적으로 하는 경우도 많고 폭력으로 지도하는 것이 효과가 크다고 생각함
2 Why	왜 불만을 가지며 습관적으로 폭력을 행사할까? → 대개 가장인 남성에 의해 이루어지는데 가족을 자기의 부속물로 생각하거나 한 번 폭력을 행사하면 그 다음에는 그보다 더 강한 폭력을 행하게 된다.
3 Why	왜 가장은 가족에게 권위적인 태도를 가져야 한다고 생각할까? → 가장은 가족 관계에서 권위적인 태도로 수직적인 관계를 가져야 권위가 서고 가장으로서 책임을 다한다고 생각함
4 Why	왜 가족을 상하관계로 생각하여 마음대로 폭력을 휘두를까? → 전통적인 관습의 결과 가장은 가족을 마음대로 해도 된다고 생각함
결론	우리나라 가장인 남성은 예로부터 전통적인 상하관계의 권위적인 가부장적 사고를 갖고, 가족 구성원을 하나의 인격체로 보기보다는 자신의 예속물, 혹은 하수인 정도로 생각하는 경향이 강했다. 이러한 권위적이고 수직적인 관계가 지금까지도 남아 있어 간혹 아내나 자녀에게 큰 이유도 없이 권위적인 태도나 폭력을 행사하는 경우가 있다.

수행 활동지 6 올바른 식품 보관

단원	II. 건강하고 안전한 가정생활 06. 안전한 식품 선택과 보관 · 관리
활동 목표	식품의 올바른 보관과 관리를 위해 냉장고 보관법을 이해할 수 있다.

다음 식품들을 각각 냉장고의 어디에 보관하는 것이 좋을지 냉장고 그림 위에 적어보고, 질문에도 답해 보자.

냉동실 문쪽

❶ 냉동실에 보관할 수 없는 식품은?

달걀, 통조림, 마요네즈, 요거트, 상추나 양배추

냉동실 안쪽

❷ 냉동실에 육류를 보관할 때 주의할 점은 무엇인가?

1회용씩 나누어서 보관함

아이스크림

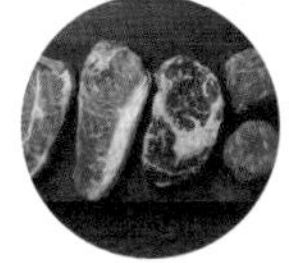
육류

햄

생선

닭고기

견과류

식빵

고춧가루

❸ 냉동실에 생선을 보관할 때 어떻게 하는 것이 좋은가?

핏물을 빼고 씻어서 보관함

냉장실 안쪽

❹ 냉장실에 음식을 보관하는 방법은?

뜨거운 음식은 충분히 식혀서 보관하고, 먹다 남은 음식은 재가열해서 보관한다.

❺ 바로 먹을 생선이나 육류는 어디에 보관하는가?

냉장실(신선실)에 보관

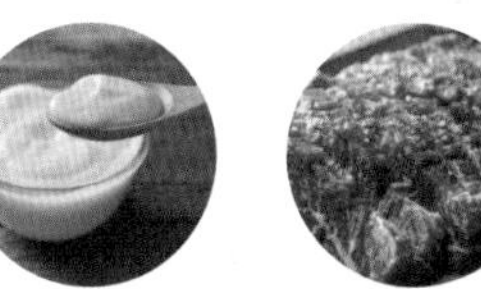
요거트 바로 먹을 육류

통조림

우유

참기름

마요네즈

과일

시금치 감자

당근 양상추

냉장실 문쪽

❻ 달걀을 보관할 때 어떻게 보관하는 것이 좋은가?

둥근 부분이 위로 가게 보관하며, 오래 두고 먹을 것은 포장 용기째 냉장고 안쪽에 보관한다.

달걀

❼ 채소나 과일을 보관하는 방법은?

흙이나 이물질을 제거하고 씻어서 밀폐용기에 보관함

수행 활동 정답

수행 활동지 ① 저출산 해결 방안 논술해 보기

단원	Ⅲ. 일 · 가정 양립과 생애 설계 01. 저출산 고령 사회와 가족 친화 문화
활동 목표	저출산이 우리 사회에 미치는 영향을 고려하고, 저출산을 극복할 수 있는 방안을 제시할 수 있다.

● 다음 신문 기사를 읽고 질문에 답해 보자.

한국 출산율 OECD와 세계 전체에서 꼴찌 수준

한국의 출산율은 선진국 클럽인 경제협력개발기구(OECD) 회원국 중 꼴찌에서 벗어나지 못하고 있다. 그런데 한국 저출산 심각성은 OECD가 문제가 아니다.

한국 출산율은 OECD뿐만 아니라 전 세계에서도 거의 꼴찌 수준이다. 아이를 2명도 낳지 않는 건 자녀 양육 부담이 갈수록 늘어 한 명이라도 제대로 키우기가 쉽지 않기 때문이다.

당장 5월 초 '황금연휴'가 다가온다고 하지만 맞벌이 부부 등은 아이 맡길 곳이 없어 황금연휴가 아니라 '한숨연휴'라는 말까지 나올 정도다. 이제 2%대 중반을 바라보는 한국의 경제성장률은 전 세계 110위권 수준이고 OECD 회원국 중에선 10위권 밖으로 밀려났다.

20일 미국 중앙정보국(CIA) '월드팩트북(The World Factbook)'에 따르면 지난해 추정치 기준으로 한국의 합계출산율은 1.25명으로 세계 224개국 중 220위로 최하위권이었다. 합계출산율은 여성 1명이 평생 낳을 것으로 예상하는 평균 출생아 수를 뜻한다. 전 세계에서 한국보다 합계출산율이 낮은 국가는 4곳뿐이다.

주요국 합계출산율 순위

순위	국가	합계 출산율
1	니제르	6.62명
73	이스라엘	2.66명(OECD 1위)
125	북한	1.96명
142	미국	1.87명
182	중국	1.60명
210	일본	1.41명
220	한국	1.25명(OECD 꼴찌)
224	싱가포르	0.82명(전체 꼴찌)

합계 출산율: 여자 한 명이 평생 낳을 것으로 예상되는 평균 자녀 수

※ 2016년 224개국 기준 추정치

〈출처〉 연합뉴스(2017.03.20.)

① 저출산이 우리 사회에 미칠 영향을 2가지 이상 서술해 보자.

저출산으로 인해 ① 노인 부양 문제나 노인과의 세대 간 격차 등 가족 갈등이 심화될 수 있으며, ② 생산 인구의 비율이 줄어들면 경제 성장이 느려지고 국가 경제에 손실이 초래될 수 있다. 즉, 사회 경제 발전 속도가 느려질 수 있다.

② 저출산을 극복할 수 있는 방법을 개인, 사회, 국가(정부) 차원에서 각각 1가지 이상 논술하시오.

구분	내용
개인	부부는 가사와 양육의 부담을 양성평등하게 함께 분담하는 자세를 가져야 한다.
사회	맞벌이 직원들을 위해 사내에 믿고 맡길 수 있는 보육시설을 확보하여 운영하고, 출산 휴가 중에는 현실적인 육아 수당을 지급하며 출산이나 육아휴직을 마치면 다시 안정적으로 직장에 복귀할 수 있도록 하고 탄력(유연)근무제 등을 활성화하여 마음 놓고 아이를 키울 수 있는 분위기와 환경을 만드는 데 앞장서야 한다.
국가(정부)	방과 후 학교, 영유아 보육시설 등 공적 보육시설을 확대하여 맞벌이 부부의 부담을 줄여주어야 한다.

수행 활동지 ❷ 일 · 가정 양립 방안 알아보기

단원	Ⅲ. 일 · 가정 양립과 생애 설계 02. 일 · 가정 양립하기
활동 목표	일 · 가정 양립의 어려움을 해결할 수 있는 방안을 제시하고, 가족 친화 프로그램의 종류를 설명할 수 있다.

❶ 아래 그림을 보고 일 · 가정 양립 과정에서 나타날 수 있는 갈등과 어려움에는 어떤 것들이 있는지 설명해보고 이를 해결할 수 있는 방안을 적어보자.

상황				
겪을 수 있는 갈등	한 개인에게 주어진 역할 외에 또 다른 역할이 요구될 때 생기는 역할 갈등을 겪게 된다.	자녀 양육, 집안일 등은 여자의 몫이라는 편견과 가부장적 가치관으로 인한 갈등을 겪게 된다.	핵가족화로 부부 외에 자녀를 돌봐줄 다른 가족이 없고, 양육기관이 부족하거나 돌봄 시간에 제한이 있어 자녀 양육에 어려움을 겪게 된다.	부부 모두 취업 시 가정의 전체적인 소득은 증가하지만 취업으로 인해 대신 지급해야 하는 경제적 비용이 발생할 수 있다.
해결 방안	• 중요한 역할에 먼저 집중하고 다른 사람에게 부탁할 수 있는 역할은 분배한다. • 역할에 대한 기대 수준을 적절하게 낮춘다.	• 양성평등한 가치관을 가지고 가정생활에 서로 협조하는 문화를 만든다. • 효과적인 가정 관리 방법을 찾아 익힌다.	• 사회, 국가 차원에서 양질의 보육 시설을 확충한다. • 유연 근무제 등을 이용한다.	• 취업으로 인한 기회비용을 고려하여 취업을 결정한다.

❷ 기업이나 국가에서 실시하고 있는 가족 친화 프로그램에는 어떤 것이 있는지 다음에 대해서 설명해 보자.

유연 근무 제도	남녀 근로자 모두에게 근무 시간과 장소를 조절할 수 있게 한 제도로, 선택적 근로 시간제라고도 한다. 유연 출퇴근제, 재택근무제, 일자리 공유제, 집중 근무제, 한시적 시간 근무제 등이 있다.
육아휴직 제도	「남녀 고용 평등과 일 · 가정 양립 지원에 관한 법률」에 근거, 남녀 구분 없이 만 8세 또는 초등 학교 2학년 이하의 자녀가 있는 경우 30일 이상 최대 1년의 육아휴직을 사용할 수 있다. 이 기 간에는 고용보험을 통해 일정액의 육아휴직 급여가 지급된다.
출산 전후 휴가 제도	임신 · 출산한 여성 근로자가 일을 하지 않고도 임금을 받으면서 휴식을 보장받는 제도로, 「근로 기준법」에서는 출산 전후에 90일의 휴가를 사용하도록 명시하고 있다.

수행 활동지 ③ 나의 생애 설계해 보기

단원	Ⅲ. 일 · 가정 양립과 생애 설계 03. 내가 꿈꾸는 인생 설계하기
활동 목표	가족생활 주기별 발달 과업을 설명하고, 가족생활 주기별로 나의 생애를 설계할 수 있다.

생애 설계는 자신의 인생에 대한 목표를 세우고 이를 실천하기 위해 구체적인 계획을 준비하는 것이다. 생애 설계에 관한 다음 질문에 답해 보자.

① 가족생활 주기별로 이루어야 할 발달 과업을 예시 외에 1가지 이상 쓰고 나의 생애 설계 내용을 적어보자.

가족생활 주기	발달 과업	나의 생애 설계 내용
가정 형성기	• 새로운 가족 관계에 적응 • 가족 계획 세우기(자녀 출산, 자녀 양육 등) • 주거 및 가정 경제 계획 세우기	• 부부간 성격, 취미 등을 서로 조화롭게 맞춰가기 • 자녀의 수와 출산 시기 결정하기
자녀 양육기	• 자녀 출산으로 새로운 가족 관계에 적응 • 자녀의 양육 방침을 확립 • 가사 노동의 역할과 책임을 조정	• 부모 교육 받기 • 가사 노동과 양육 합리적으로 분담하기
자녀 교육기	• 자녀의 사춘기 위기 극복 • 독립적인 자녀로 키우기 • 수평적인 부모-자녀 관계를 수립 • 자녀 진학 및 독립을 위한 경제적 준비	• 자녀 대학 교육비 마련하기 • 주말 중 하루는 자녀와 함께하여 사춘기 자녀와 소통하는 부모 되기
자녀 독립기	• 자녀의 독립과 결혼에 필요한 경제적 지원을 준비 • 자녀 독립 이후 부부의 친밀한 협력 관계를 재구성 • 직업 생활 은퇴 준비	• 자녀 독립을 위해 경제적, 정서적 지원하기 • 은퇴 후 취미 생활을 위해 악기 배우기
노후기	• 여가를 활용하여 교육, 봉사 등의 새로운 관심 분야 만들기 • 자녀 및 손자녀와 친밀한 관계 유지 • 배우자 사망 등 홀로된 생활의 대비	• 손자녀를 돌봐주고 자녀에게 정서적 지원해 주기 • 건강한 생활을 위해 꾸준히 운동하여 건강 관리하기

② 위의 가족생활 주기 중 우리 가정은 어디에 속하는지 찾아 보고, 우리 가족의 발달 과업을 잘 성취할 수 있도록 내가 할 수 있는 일을 2가지만 적어보자.

우리 가족의 가족생활 주기별 단계	자녀 교육기
내가 할 수 있는 일	나의 진로 탐색하고 계획하기, 내가 할 수 있는 가사일 돕기 등

MEMO

수행 활동 정답

수행 활동지 1 나의 미래 직업 체험_모형 비행기 설계사

단원	Ⅳ. 수송 기술과 에너지 활용 03. 수송 기술 문제, 창의적으로 해결하기
활동 목표	수송 기술과 관련된 문제의 해결책을 창의적으로 탐색하고, 콘덴서 모형 비행기를 효율적으로 제작할 수 있다.

나의 미래 직업은 모형 비행기 설계사이다. 콘덴서 모형 비행기 설계 시 날개 부분과 동체를 효율적으로 설계하여 모형 비행기가 오래 날 수 있도록 제작해 보자.

이슬이는 광주 국립과학관에 방문을 하였는데 한 전시실에서 레오나르도 다빈치가 발명한 발명품과 과학 기술의 원리를 이용한 여러 디자인을 볼 수가 있었다. 그 중에서 15세기에 레오나르도 다빈치는 새의 비행을 관찰하여 날개 장치의 상상도를 그렸다고 한다. 그래서 이슬이는 기술·가정 교과의 단원 중 수송 기술과 관련된 콘덴서 모형 비행기를 창의적으로 설계하여 비행의 원리를 이해하는 데 도움을 얻고자 한다.

1 콘덴서 비행기 날개를 제작할 때 각 부분별 유의 사항과 해결 방법을 알아보자.

구분	유의 사항	해결 방법
주 날개	• 비행기의 중량을 공중에서 지탱하기 위해서는 양력을 좋게 해야 한다. • 양력은 비행기의 날개 크기 및 모양에 따라 다르게 나타난다.	• 날개를 제작할 때 재료의 두께(1mm)가 얇은 우드보드를 사용해야 한다. • 양력은 공기를 통과하는 비행기의 움직임에 만들어지는 힘으로 비행기 무게의 반대쪽으로 작용하도록 한다. • 날개의 단면과 받음각을 고려해서 만든다.
수평 꼬리 날개	승강타의 크기를 고려하여 상하로 움직이도록 만든다.	승강타 크기의 비율을 잘 조절하여 상승과 하강이 잘 이루어지도록 한다.
수직 꼬리 날개	방향타의 크기를 고려하여 좌우로 움직이도록 만든다.	방향타 크기의 비율을 잘 조절하여 비행기가 곡선을 그리듯 진로를 바꾸도록 만든다.

2 콘덴서 비행 동체를 제작할 때 유의 사항과 해결 방법을 알아보자.

구분	유의 사항	해결 방법
동체	비행기가 비행하는 데 필요한 여러 가지의 계기, 유압 장치, 전기 장치, 라디오, 레이더 등이 대부분 동체 안에 있으므로 비행기의 무게 중심을 고려해야 한다.	동력 장치부와 저장 장치를 고정시킬 수 있는 공간을 비행기의 무게 중심을 고려하여 제작한다.

수행 활동지 ② 효율적인 에너지 이용을 위한 표어 만들기

단원	Ⅳ. 수송 기술과 에너지 활용 05. 에너지 문제, 창의적으로 해결하기
활동 목표	에너지와 관련된 문제를 이해하고, 효율적인 에너지 이용 방안을 설명할 수 있다.

● 다음의 에너지 나눔 기술에 대한 글을 읽고, 효율적인 에너지의 이용과 관련된 자료를 탐색하여 표어를 만들어 보자.

오늘날 다양한 종류의 태양열 조리기가 개발되었지만 그중 가장 많이 사용되는 제품은 볼프강 쉐플러(Wolfgang Scheffler)가 만든 '쉐플러 태양열 조리기'다. "기술은 사람을 돕기 위해 만들어지는 것이므로 모두에게 자유롭게 쓰여야 한다."는 볼프강 쉐플러의 말처럼 '쉐플러 태양열 조리기'는 에너지 절약은 물론 에너지 부족 국가에 에너지를 공급할 수 있는 길을 여는 데 크게 기여했다.

쉐플러 조리기

인도의 JNV 학교에 설치된 쉐플러 태양열 조리기

❶ 효율적인 에너지 이용과 관련된 주제를 선정해 보자.

친환경 주택과 적정 기술의 활용

❷ 위의 ❶에서 선정한 주제에 맞는 효율적인 에너지 이용 방안에 대해 조사해 보고, 수집한 자료의 내용을 써 보자.

- 적정 기술 온수기 활용: 태양열 집열판을 직접 만들어서 활용한 적정 기술로, 저렴한 나무판에 금속판을 붙여 태양을 직접 따라가면서 열을 모아 물을 가열하는 원리를 이용
- 태양열 건조기 활용: 집열판 안에서 따뜻해진 공기가 건조기(박스) 안으로 들어가서 곡물, 사과, 곶감, 고추 등을 건조
- 태양열 냉 · 난방기 활용: 집열판 안에서 따뜻해진 공기가 방 안으로 들어와 난방 기능을 하며, 여름철에는 순환 대기 현상을 응용하여 외부에서 찬 공기가 들어오도록 하여 냉방 기능으로 활용

❸ 효율적인 에너지 이용 방안을 바탕으로 표어를 만들어 보자.

- 내가 아낀 에너지는 미래 자원 적금 통장
- 생활 속 에너지 절약, 미래로 희망 愛너지
- 불을 끄고, 별을 켜다
- 걸어요 짧은 거리, 함께 타요 대중교통
- 에너지는 좋은 친구, 아껴 쓰면 평생 친구

수행 활동지 1 학교 폭력은 이제 그만! 동영상 콘텐츠 만들기

단원	V. 정보 통신 기술 시스템 03. 다양한 통신 매체의 이해와 활용
활동 목표	다양한 통신 매체의 특징을 이해하고, 통신 매체를 활용하여 직접 콘텐츠를 제작할 수 있다.

학교 폭력 관련 주제에 맞는 동영상 콘텐츠를 만들기 위해 창의적으로 스토리보드를 작성해 보자.

통신 매체의 발달로 인하여 누구나 다양한 매체와 자료를 활용하여 자신의 관심 분야에서 활동하는 사람들이 많다. 특히 청소년들은 다양하고 사실적인 동영상을 만들어 학교 폭력의 심각성을 알리고 있다. 또한, 한 대학생이 국내 과자류의 과대 포장을 고발하는 다큐멘터리 동영상을 만들어 많은 사람들의 공감을 얻기도 하였다. 〈과자 과대 포장 고발 영상〉이란 제목의 6분짜리 영상은 조회 수 약 27만 7천 건을 기록했고, 각종 SNS를 통해 퍼진 그의 영상은 많은 언론에서 기사화되기도 하였다.

1 동영상 콘텐츠 제작 과정

① 동영상 콘텐츠 제작에 대한 전반적인 과정에 대해 알아본다.
② 사진 콘텐츠 제작을 위한 기획을 한다.
③ 스토리보드를 작성한다.
④ 스토리보드에 맞게 사진을 촬영한다.
⑤ 사진을 컴퓨터에 옮긴다.
⑥ 편집 프로그램을 활용하여 사진을 꾸미고, 영상을 만든다.
⑦ 친구들에게 작품을 소개하고, 다른 친구의 작품을 평가한다.
⑨ 마지막으로 점검을 하고 인터넷에 올린다.

2 학교 폭력과 관련된 주제로 동영상 콘텐츠 만들기

1) 기획서 작성하기

① 기획: 기획은 '어떤 영상을 만들 것인가?'에 대한 계획을 세우는 단계이며, 기획 단계에서는 '기획 배경'과 '기획 내용'이 필요하다.
② 주제 설정: 전체 줄거리와 등장 인물을 고려하여 주제를 작성한다.
③ 대상 및 목적 설정: 누구에게 어떤 메시지를 전달할 것인지를 명확하게 설정한 후 영상을 제작하는 것이 좋다.

항목	내용
주제	학교 폭력
대상	모든 사람
제작 이유	학교 폭력의 심각성을 알리기 위해서
어떤 내용으로?	학교 현장에서 일어나는 학교 폭력의 유형
어떤 방법으로?	이미지 편집 및 실제 행동 모습 촬영

2) 스토리보드 작성하기

스토리보드란 제작하고자 하는 영상을 정확히 제시하기 위해 만화처럼 그림으로 영상 장면을 정리한 것을 말한다.

스토리보드 작성 시 유의 사항

- 영상의 제목 및 신(scene) 별로 시간대를 확인 후 작성한다.
- 사운드, 의상, 소품은 신 별로 필요한 요소들을 확인하여 기록한다.
- 시나리오의 기획 및 연출 의도가 충분히 반영되었는지 점검한다.
- 각각의 컷과 신 사이의 연결이 자연스러운지 확인한다.

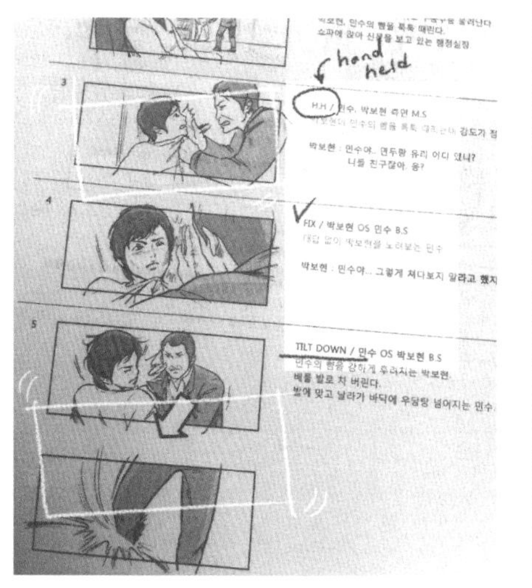

▲ 스토리보드 작성 예

위의 예를 참고하여 학교 폭력을 주제로 스토리보드를 작성해 보자.

#1
방문을 열고 들어간다. 벽에 걸린 교복을 쳐다본다.
(내레이션과 같은 자막이 뜬다)
"성적이 왜 떨어졌는지 모르겠어요."
여자는 교복을 한번 천천히 쓰다듬어 본다.
"그냥...친구와 놀다가 다친거에요."

#2
방을 둘러보다가 한 소년의 사진이 담긴 액자를 바라본다.
(내레이션과 같은 자막이 뜬다)
"저...용돈 좀 주세요."
사진을 천천히 쓰다듬는다.
"하나만 더 사주세요. 또 잃어버렸어요."

#3
책상 위에 놓여 있던 일기장을 방바닥에 앉아 읽는다. 슬픈 표정을 짓고 있다.
일기를 읽던 여자, 점점 눈물을 흘리는가 싶더니 오열하기 시작한다.
(자막들이 계속 떠 있다)

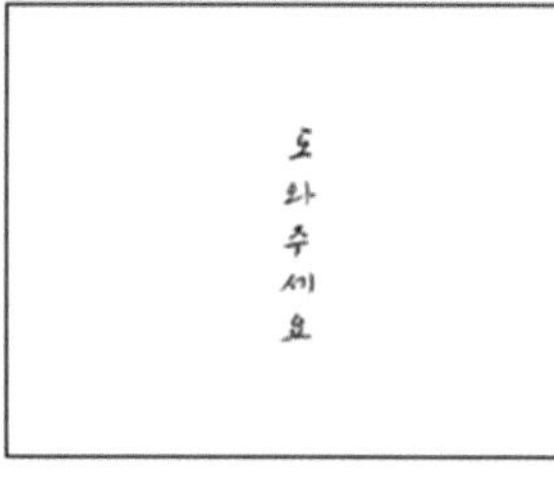

#4
다른 배경들은 사라지고 화면에 남아있던 자막들이 중앙에 크게 자리 잡는다.
'도와주세요'라는 글자만 남기고 자막들이 점점 흐려진다.

〈출처〉 http://blog.naver.com/qhdms5956/220409515257

수행 활동지 ② 정보 통신 기술 매체의 안전에 대한 픽토그램 만들기

단원	**V. 정보 통신 기술 시스템** 03. 다양한 통신 매체의 이해와 활용
활동 목표	다양한 통신 매체의 특징을 이해하고, 통신 매체를 활용하여 직접 콘텐츠를 제작할 수 있다.

정보 통신 기술 매체에 대한 안전 픽토그램을 만들어 보자.

정보 통신 기술의 발달로 형성된 사이버 공간은 국경, 인종, 언어를 초월하여 다양한 사람들이 모여 정보를 교환하고 의사소통을 하는 공간으로 정보 통신 매체를 사용하면 사이버 범죄나 유해 사이트에 노출되기 쉽고, 인터넷 중독이나 모방 범죄 등에 빠질 우려가 있다. 그러므로 미디어 및 이동 통신 기기를 올바르게 활용하고 사이버 윤리를 지키는 것이 매우 중요하며 올바른 윤리적 판단이 필요하다.

제목(주제)	정보 통신 매체에 대한 안전 픽토그램
픽토그램 표현	
설명	이미지에 대한 설명 및 전달하고자 하는 메시지 보행자가 횡단보도 또는 인도에서 핸드폰, 비디오 게임기, 태블릿 PC 등의 전자 기기 사용을 하지 말라는 표지이다.
느낀 점	픽토그램 적용을 통해 정보 통신 매체 사용에서 발생하는 문제에 대해 예방하고 실천할 수 있는 방법 제시 및 활동 후 느낀 점 미국의 하와이에서는 보행자의 핸드폰 사용 제재를 강화하는 법을 지난 2017년 10월 25일부터 시행하고 있다. 우리나라에서도 교통사고 예방을 위해 위와 같은 픽토그램을 사용한다면 보행자와 운전자가 주변 환경을 미리 인식함으로써 효과적으로 사고를 예방할 수 있는 방법이 될 것이다.

※ **픽토그램(pictogram)**: 사물, 시설, 행태, 개념 등을 사람들이 쉽게 알아볼 수 있도록 상징적인 그림으로 나타낸 일종의 그림 문자

수행 활동지 ❸ 증강 현실 기술의 긍정적 · 부정적 영향에 대해 토론하기

단원	V. 정보 통신 기술 시스템 04. 정보 통신 기술 문제, 창의적으로 해결하기
활동 목표	정보 통신 기술과 관련된 문제를 이해하고, 토론을 통해 문제점을 해결할 수 있다.

증강 현실 기술 등 다양한 정보 통신 매체 이용에 대해 모둠을 구성하여 토론해 보자.

2016년 6월 강원도 속초에서 시작하여 전국적으로 인기를 모았던 포켓○○ 게임, 자동차 자율 주행, 2018년 평창 올림픽 개회식 등에서 증강 현실 기술은 많은 사람들로부터 관심과 찬사를 받았다. 하지만 기술은 동전의 양면처럼 스마트폰이나 증강 현실 기기를 사용하다가 예기치 못한 사고를 당하고, 범죄의 표적이 될 수 있다는 부정적인 측면이 있다. 그러므로 일부에서는 증강 현실 기기를 특수 분야, 교육 분야, 게임 분야, 농기계 안전사고 대비 등에만 적용하자는 주장도 있다.

❶ 증강 현실 기술 등 다양한 정보 통신 매체 이용의 긍정적인 영향과 부정적인 영향을 조사해 보자.

긍정적인 영향	부정적인 영향
• 정보 통신 기술의 발달은 우리의 삶을 다양하게 변화시키고 그에 따른 삶의 질이 높아진다. • 의료, 교육, 복지 등 다양한 분야에 증강 현실 기술을 적용하면 그에 따른 부가 가치 창출과 새로운 일자리가 만들어져 경제 발전에 도움이 된다.	• 과도한 스마트폰 사용으로 인하여 중독 현상 및 예기치 못한 다양한 사고 발생 • 증강 현실로 인하여 예상하지 못한 사생활이나 개인 정보 노출로 많은 피해 발생 • 현실 세계에 대한 혼란 및 착각 현상이 자아를 상실하게 할 수 있다.

❷ 위의 조사 내용을 바탕으로 토론 활동지를 작성해 보자.

모둠 이름	Team Kim	모둠원 이름	김영미 외 5인
수행 과제	증강 현실 기술의 긍정적 · 부정적 영향에 대해 토론하기		
증강 현실을 한마디로 표현하기	가벼운 가상과 무거운 현실 사이		
내가 알고 있는 증강 현실이란?	현실에 존재하는 이미지에 가상 이미지를 겹쳐 하나의 영상으로 보여주는 기술		

증강 현실의 긍정적인 영향	증강 현실의 부정적인 영향
• 정보 통신 기술의 발달은 우리의 삶을 다양하게 변화시키고 그에 따른 삶의 질이 높아진다. • 의료, 교육, 복지 등 다양한 분야에 증강 현실 기술을 적용하면 그에 따른 부가 가치 창출과 새로운 일자리가 만들어져 경제 발전에 도움이 된다.	• 과도한 스마트폰 사용으로 인하여 중독 현상 및 예기치 못한 다양한 사고 발생 • 증강 현실로 인하여 예상하지 못한 사생활이나 개인 정보 노출로 많은 피해 발생 • 현실 세계에 대한 혼란 및 착각 현상이 발생할 수 있다.

증강 현실이 현실보다 좋은 점	증강 현실이 현실보다 나쁜 점
• 현실에서 보고 느낄 수 없는 것을 가상으로 언제 어디서나 체험할 수 있다. • 특수하고 다양한 분야에 접목시켜 활용을 할 수 있다.	• 가상과 현실 세계와 너무 달라 적응하기 어렵다. • 가상 세계에만 집중하다 보면 실제 사람과의 관계가 없기 때문에 친구나 가족과도 멀어질 것 같다.

수행 활동지 1 미래 바이오 분야의 신문 만들기

단원	Ⅵ. 생명 기술과 지속 가능한 발전 01. 생명 기술 시스템과 활용, 그리고 발달 전망
활동 목표	생명 기술의 활용 분야를 이해하고, 생명 기술의 발달 전망을 예측할 수 있다.

우리가 BIO TIMES의 기자가 되어 신문의 한 면을 구성해 보자.

1 문제 이해하기

BIO TIMES는 과거의 종이 신문이 아닌 디지털 콘텐츠로 제공되고 있는 신문으로, 생명 기술과 관련한 다양한 기사와 재미있는 읽을거리, 생명 기술에 관련된 특화된 광고로 큰 인기를 누리고 있다.

2050년 12월 1일, 오늘은 BIO TIMES에 어떤 기사와 광고가 실려 있을까? 몇 가지 기사로 구성해도 좋고, 기사와 광고, 연재만화, 사설 등이 실려도 상관없다. 모둠원이 상의하여 미래의 BIO TIMES에 실릴 기사 내용을 상상해 보자.

[준비물]
- A2 용지 1~2매, 가위, 풀, 색연필이나 사인펜 등의 필기구
- 오려 붙일 잡지 및 신문지 또는 사진 등

2 해결책 탐색하기

① 모둠을 구성하고 모둠원의 역할을 정한다.
② 기사, 광고, 연재만화, 사설 등 신문에 어떤 형식들을 실을 것인지 토의한다.
③ 각 형식에 농·축·수산업, 식품, 의료, 환경, 에너지 등의 바이오 산업 중 어떤 영역을 다룰 것인지 토의한다.

신문 형식	기사, 광고, 연재만화, 사설, 낱말 퀴즈, 독자 의견, 사건·사고, 취업 등	
신문 형식별 주제	형식	주제
	기사 1	제주도 농업 공장 폐쇄, 식량 안보 대책 마련 시급
	기사 2	○○병원, 환자 7,200명 유전자 지도 해킹 사고 발생
	사설	바이오 산업 부진, 규제 개혁이 우선이다.
	취업	유망 직업 소개: 맞춤형 인공 장기 제조 및 유통업

❸ 아이디어 실현하기

① 역할과 형식이 정해지면 본인이 맡은 부분을 어떤 내용으로 구성할지 함께 아이디어 회의를 한다. 미래의 기사이므로 다양한 분야에 대해 예측하고 함께 논의하여 기사, 광고, 연재만화, 사설, 취업 등과 관련된 내용을 정한다.
② 내용을 정한 후 역할에 따라 분담하고 자료를 수집한다.
③ 구성원들이 준비한 자료를 조합하여 신문을 제작한다.

❹ 평가하기

① 신문의 구성이 적절한지 토의한다.
② 구성 오류나 오탈자가 있으면 수정하여 신문을 완성한다.
③ 신문 제작이 끝나면 활동 과정에서 느낀 점을 적어 본다.

신문 제작이 끝나면 반에 모든 신문을 게시하고 전시회 형태로 설명하거나 한 팀씩 자신의 신문을 발표하는 등 신문을 소개하는 활동을 하고, 각자 느낀 점을 적어 본다.

수행 활동지 ❷ 생명 기술의 종류와 특징 알아보기

단원	Ⅵ. 생명 기술과 지속 가능한 발전 02. 생명 기술의 특징과 영향
활동 목표	생명 기술의 특징을 이해하고, 각 기술의 원리 및 과정을 설명할 수 있다.

생명 기술의 특징과 영역을 이해하고, 다음 질문에 답해 보자.

❶ 다음은 생명 기술의 특징을 설명한 것이다. 괄호 안의 내용 중 맞는 항목에 ○를 하시오.

① 부가 가치가 (낮은, 높은) 산업이다.
② (친환경, 환경오염) 기술이다.
③ 활용 범위가 (좁다, 넓다).
④ (오랜, 짧은) 연구 기간이 필요하다.
⑤ 다른 학문과 기술이 (독립, 융합)되어 있다.
⑥ (살아, 죽어) 있는 생명체를 대상으로 한다.
⑦ 이익이 돌아오는 기간이 (짧게, 오래) 걸린다.

❷ 다음 그림의 내용이나 과정이 어떤 생명 기술에 대한 설명인지와 각 기술의 특징을 알아보자.

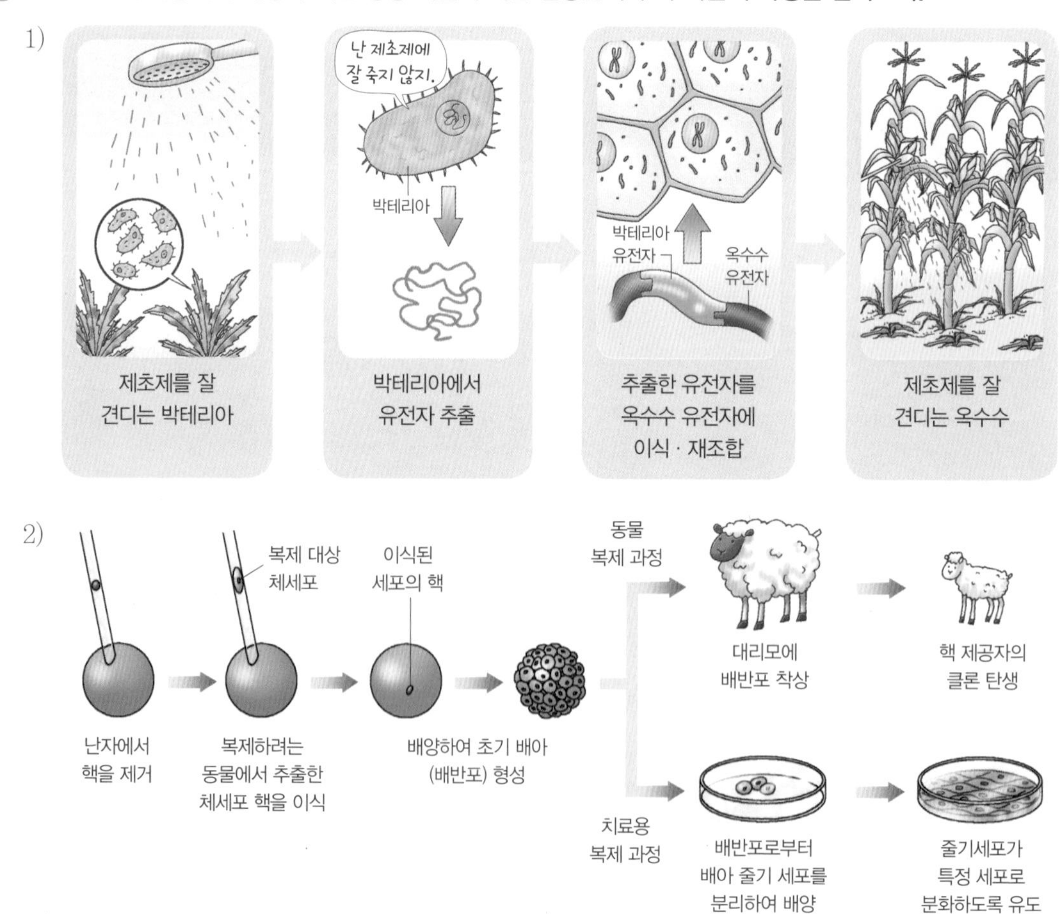

3)  

▲ 토감(감자+토마토), 무추(무+배추)

4) 

생명 기술	특징
1) 유전자 재조합 기술	• 한 생물의 유전자(DNA) 일부 분리 → 다른 세포의 유전자 조직에 삽입 • 인터페론, 인슐린 등의 의약품 생산 • 병충해에 강하거나 특정 영양 성분 포함 작물 생산
2) 핵이식 기술	• 세포의 핵 제거 → 우수 성질의 핵 이식, 복제 • 우량 가축 및 반려 동물의 복제 가능
3) 세포 융합 기술	• 세포막 제거(서로 다른 형질) → 세포 융합 • 양쪽 형질, 형태 등을 포함한 토감(토마토+감자), 무추(무+배추) 등 생산
4) 조직 배양 기술	• 생장점 분리 → 조직 배양(인공 배지) → 새로운 개체 육성 • 채소류, 화초류의 모종 생산이나 품종 육성에 이용(씨감자, 마늘 등) • 천연 색소의 생산, 작물 세포로 작물 개체 획득